AF240936

cond terme étant $= a + d$, et le pénultième $= z - d$, la somme de ces deux termes est aussi $= a + z$. Ensuite le troisième terme étant $a + 2d$, et l'antépénultième $= z - 2d$, il est clair que ces deux termes ajoutés ensemble font aussi $a + z$. On démontrera la même chose de tous les autres.

415. Donc pour parvenir à déterminer la somme de la progression proposée, on écrira dessous, terme pour terme, la même progression prise à rebours, et on fera l'addition des termes correspondans, comme il suit :

$$2 + 5 + 8 + 11 + 14 + 17 + 20 + 23 + 26 + 29$$
$$29 + 26 + 23 + 20 + 17 + 14 + 11 + 8 + 5 + 2$$
$$\overline{31 + 31 + 31 + 31 + 31 + 31 + 31 + 31 + 31 + 31}$$

Cette suite de termes égaux est évidemment égale au double de la somme de la progression proposée ; or le nombre de ces termes égaux est 10, comme dans la progression, et conséquemment leur somme $= 10.31 = 310$. Ainsi, puisque cette somme est le double de celle des termes de la progression arithmétique, il faut que celle qu'on cherche soit $= 155$.

416. Si on procède de la même manière à l'égard d'une progression arithmétique quelconque, dont le premier terme soit $= a$, le dernier $= z$, et le nombre des termes $= n$; en écrivant sous la progression donnée la même progression en rétrogradant, on aura, en faisant l'addition terme à terme, une suite de n termes dont chacun sera $= a + z$; la somme de cette suite sera parconséquent $= n\,(a + z)$, et elle sera le double de celle des termes de la progression arithmétique proposée ; celle-ci sera donc $= \dfrac{n(a+z)}{2}$,

417. Ce résultat fournit une méthode facile pour sommer une progression arithmétique quelconque ; elle se réduit à cette règle :

Multipliez la somme du premier et du dernier terme par

URANOGRAPHIE

ou

TRAITÉ ÉLÉMENTAIRE D'ASTRONOMIE.

URANOGRAPHIE

OU

TRAITÉ ÉLÉMENTAIRE

D'ASTRONOMIE

A L'USAGE DES PERSONNES PEU VERSÉES DANS LES
MATHÉMATIQUES;

ACCOMPAGNÉ DE PLANISPHÈRES;

Par L.-B. FRANCŒUR,

Professeur de la Faculté des Sciences de Paris, de l'École Normale et du Lycée Charlemagne, Officier de l'Université, Examinateur des Candidats de l'École Impériale Polytechnique, Membre honoraire du Département de la Marine russe, Correspondant de l'Académie des Sciences de Saint-Pétersbourg, des Académies de Rouen, Lyon, Cambrai, Toulouse, etc.

> ...... Juvat ire per alta
> Astra......
>   Virg.

PARIS,

Mme Ve COURCIER, Imprim.-Libraire pour les Mathématiques, quai des Augustins, n° 57.

1812.

A Son Excellence

Monsieur le Comte Regnaud
De Saint=Jean=d'Angely,

Ministre d'Etat, Grand Procureur-Général de Sa
Majesté Impériale et Royale près sa Haute-Cour,
Secrétaire de l'Etat de la Famille Impériale, Conseiller
d'Etat, Président de la Section de l'Intérieur du
Conseil d'Etat, Grand Officier de la Légion d'Honneur,
Chevalier Grand-Croix de l'Ordre Impérial de Saint-
Léopold d'Autriche, Chevalier Grand-Croix de l'Ordre
Royal de Wurtemberg, Membre de l'Institut de
France.

Monseigneur,

Le caractère du génie est de tout embrasser
et de répandre son éclat sur tout. Il montre
dans les Conseils l'Homme d'Etat, à la

Tribune l'Orateur, dans le Cabinet l'ami
des Sciences. Il apprécie tous les genres
d'Ouvrages, et il les honore quand il daigne en
agréer l'hommage. Veuillez, Monseigneur,
recevoir celui d'un Traité qui tient aux
Sciences par son objet, et à la Littérature
par les richesses qu'elle lui offre.

Je suis avec un très-profond respect,

Monseigneur,

De votre Excellence,

Le très-humble et très-
obéissant serviteur,
Francœur.

PRÉFACE.

Enseigner à connaître les constellations, à résoudre plusieurs problèmes utiles d'astronomie, à juger du mouvement des corps célestes, enfin mettre ces doctrines à la portée des hommes peu versés dans les sciences mathématiques, tel est le but que je me suis proposé dans cet Ouvrage. On ne doit donc pas y chercher des faits nouveaux, ni même des procédés plus exacts ou plus simples pour mesurer les mouvemens des astres. La nature de ce Traité ne comporte pas ce perfectionnement. Les Géomètres, accoutumés à des démonstrations sans nuages, blâmeront peut-être un essai dans lequel on a sacrifié la rigueur à la facilité des raisonnemens, quand la précision des résultats n'en était pas atteinte.

Mais ayant le dessein de mettre cet Ouvrage à la portée des personnes qui sont familières avec l'arithmétique et la géométrie seulement, on prévoit que mes explications sont plus souvent des moyens d'entrevoir la vérité, et d'avoir confiance aux résultats, que des preuves irrécusables de leur existence. Ces preuves eussent exigé l'emploi de calculs compliqués que mon plan ne pouvait comporter. D'ailleurs les résultats ont la rigueur la plus grande.

Je me suis efforcé d'écrire avec cette clarté et cette simplicité de style qu'il est permis de ne pas avoir dans un sujet aussi riche ; mais plus d'élégance dans le discours aurait peut-être détourné l'attention du but principal ; car il est inutile d'ajouter que j'exige de mon lecteur cette application d'esprit, cette habitude de suivre le fil d'un raisonnement et d'en lier les parties, facultés sans lesquelles il est inutile d'ouvrir un livre de science ; en un mot, je croirai avoir rempli mon dessein si tout lecteur, exercé à réfléchir, avec de l'application et une instruction médiocre, peut entendre ce Traité : je desire n'être jugé que d'après ces bases.

Je n'ai point compté recueillir de gloire en publiant cet Ouvrage ; j'ai seulement espéré que je serais utile, sur-tout aux littérateurs. Il n'est personne qui, en lisant les admirables écrits que l'antiquité nous a transmis, ne reconnaisse combien leurs auteurs étaient versés dans les sciences. Virgile, Ovide, Cicéron, Manilius, Homère, Anacréon, n'étaient pas étrangers à l'astronomie, à l'histoire naturelle, à l'agriculture, à la physique, etc. Nos plus célèbres traducteurs ont souvent senti qu'il leur était impossible d'avoir l'intelligence exacte de ces ouvrages sans le secours des savans qu'ils consultaient sans cesse. Combien de fois n'ont-ils pas regretté de manquer de cette instruction première, qui leur eût évité des sollicitations gênantes et quelquefois des erreurs?

Cet exemple doit rendre les littérateurs moins indifférens sur des sciences qui peuvent leur fournir tant de richesses. Combien de comparaisons brillantes, de sujets véritablement poétique peuvent fournir l'astronomie, la botanique, etc.! et si on nous recommande, avec tant de raison, l'étude et l'imitation des Anciens, pourquoi ne les imiterions-nous pas sur tous les sujets qui font notre admiration?

Ces pensées ont sans doute présidé aux grandes conceptions des hommes qui ont réglé le nouveau mode d'enseignement public. Ils ont senti qu'une instruction n'est solide qu'autant qu'elle joint la profondeur du jugement aux graces de la littérature. Les sciences fortifient et développent la raison de l'homme qui les cultive; elles lui fournissent plus de variété dans les idées, des sujets nombreux de comparaisons justes, plus de régularité dans le plan, et une intelligence plus vraie des écrits anciens, sur l'interprétation desquels on devient moins exposé à se tromper.

On doit l'avouer, le mérite du style, si digne d'être recherché, l'est cependant bien moins que celui du fond de l'ouvrage. Tout homme de goût peut avec du travail acquérir un style pur et plus ou moins facile; mais ce n'est pas là ce qui donne le génie; et ce qu'on admire le plus dans les grands écrivains anciens et modernes, n'est-ce pas plutôt la profondeur de leurs pensées et la connaissance du cœur humain?

D'ailleurs les sciences ont aussi leurs littérateurs. Le style de Pascal, Buffon, d'Alembert, Condorcet, Delambre, Cuvier, n'est-il donc pas à-la-fois noble, varié et nombreux? L'Exposition du système du monde n'est-il pas un ouvrage de goût où on voit briller la plus belle littérature? Si ces savans célèbres n'eussent été que de simples hommes de lettres; si on n'eût reconnu dans leurs écrits que la connaissance approfondie des langues anciennes, on les eût encore admirés; et c'est cependant la moindre partie de leur gloire: la grandeur de leurs conceptions, le nombre de leurs découvertes les immortalisent; et c'est, sans contredit, un mérite de plus que d'avoir su revêtir de formes agréables des sciences souvent arides.

Il faut pourtant convenir que les sciences ont reçu une si grande étendue, que le littérateur ne peut que les effleurer. Les Anciens eux-mêmes ne les avaient guère approfondies. Elles se lient les unes aux autres : l'astronomie tient à la physique, à la géométrie, à l'optique, et j'ai dû donner quelques détails peu étendus aux parties de ces sciences sur lesquelles je me suis vu forcé de m'appuyer. Si je réussis dans cet essai, qui, je crois, n'a pas ~~encore été tenté, peut-être~~ d'autres personnes se détermineront-elles à écrire, dans le même but, sur la physique, la chimie, la mécanique, la médecine, etc., à donner des idées précises de ces sciences aux hommes qui savent appliquer leur attention, et enfin à enrichir nos littérateurs de connaissances si utiles et même indispensables.

J'invite celui qui ne m'aura pas compris d'abord, à relire avec attention : la première tentative donnera une idée de l'ensemble, et l'ouvrage sera plus facile à une seconde lecture. Les difficultés qu'il éprouvera tiennent à la nature du sujet, et je n'aurai pas toujours pu les lever comme je l'ai souhaité. On trouvera au bas des pages quelques notes qu'on peut passer sans nuire à l'intelligence du texte : ces notes contiennent quelques propositions dans

PRÉFACE.

un langage algébrique très-facile, et qui serviront aux personnes qui ont une idée de l'analyse, à mieux concevoir les théories, ou à les appliquer plus aisément.

Au reste, on n'aura jamais de peine à concevoir la seconde partie de cet Ouvrage, qui en est le but essentiel, et dont la première n'est que l'introduction. Les gens du monde me sauront peut-être quelque gré d'avoir dévoré les ennuis de la composition d'un Traité du genre de celui-ci, pour leur donner, dans un langage à leur portée, les moyens de résoudre plusieurs problèmes utiles ou curieux; de leur avoir, par exemple, enseigné à s'orienter la nuit, à construire des cadrans solaires, à connaître l'heure par les étoiles, à distinguer les constellations, etc.

Je me plais à avouer tout ce que je dois aux conseils de mes amis, MM. Arago et Humbert; l'un astronome distingué et membre de l'Institut, l'autre professeur très-habile. Je les prie de recevoir ici ce témoignage de ma reconnaissance.

TABLE DES MATIÈRES.

PREMIÈRE PARTIE.

SECONDE PARTIE.

Fin de la Table des Matières.

URANOGRAPHIE.

PREMIÈRE PARTIE.

Principes généraux d'Astronomie.

I. *Figure de la Terre.*

1. AVANT que les hommes eussent été éclairés par les sciences et guidés par une observation approfondie , ils confondirent les apparences avec les réalités. C'est pour cela qu'ils regardèrent la surface terrestre comme à-peu-près plane , et que, la plaçant au milieu de l'univers, ils crurent que le soleil tournait autour d'elle.

Dans le jour nous n'apercevons aucune étoile : si l'un de nos sens est trop vivement affecté , il cesse d'être sensible à des impressions légères. C'est ainsi qu'on n'entend pas un son très-fort, lorsqu'il retentit auprès d'un bruit plus considérable : c'est aussi pour cela que si on entre dans un lieu un peu obscur , en sortant d'un lieu très-éclairé, on est d'abord dans une nuit profonde ; et ce n'est que peu-à-peu qu'on retrouve la faculté d'y distinguer les objets. Quoique le ciel soit parsemé d'étoiles dans tous les instants, on se rend aisément raison de la cause qui nous empêche de les apercevoir, pendant que

1

le soleil nous verse ses torrens de lumière : ces astres, invisibles pour nous durant le jour, y existent cependant au-dessus de nos têtes, et on peut encore les distinguer à l'aide d'une bonne lunette, sur-tout s'ils sont un peu éloignés du soleil. La lune, quoique son éclat soit bien plus faible, produit en partie le même effet ; lorsqu'elle est à-peu-près pleine, elle détruit aussi la clarté des petites étoiles qui en sont voisines.

2. En examinant les étoiles, on remarque qu'elles changent, il est vrai, de place dans le ciel ; mais qu'elles conservent leurs distances respectives. Les unes ne semblent décrire que de petits cercles, et ne quittent jamais notre horison : elles n'échappent à la vue, que lorsque l'aurore vient diminuer peu-à-peu leur éclat, et qu'enfin l'éblouissante clarté du soleil, anéantit leur trop faible lumière. D'autres au contraire décrivent des courbes très-étendues : on les voit se cacher sous l'horison et reparaître du côté opposé quelque tems après : elles ont donc continué de décrire, étant dérobées à nos regards, la courbe qu'elles avaient commencée sous nos yeux. Le *Lever* et le *Coucher* sont des phénomènes très-remarquables, sur-tout lorsqu'il s'agit du soleil et de la lune : mais presque tous les astres l'offrent aussi.

Fig. 1
et 2.
Lorsqu'on porte plus d'attention dans l'examen de ce mouvement, on reconnaît bientôt qu'il est uniforme, et que chaque étoile H, g, décrit en effet un cercle *AB, 86* parfaitement régulier. Il ne faut, pour s'assurer de ce fait, que l'usage de quelque instrument exact, propre à mesurer les angles (*) : tous ces cercles sont dans des plans parallèles, mais obliques à notre horison.

(*) Nous aurons souvent occasion, par la suite, d'employer la mesure des angles : ce n'est pas ici le lieu d'expliquer la construction

Ce premier examen porta les hommes à regarder le ciel comme une voûte sphérique *ABG*, qu'ils nommèrent *Firmament*, parce qu'ils la jugeaient solide, et sur laquelle les étoiles étaient fixées comme autant de points étincelans. La terre leur sembla immobile au centre, tandis que cette sphère tournait autour d'elle, d'un mouvement uniforme, entraînant dans sa rotation tous les astres qu'elle supporte.

Cette révolution diurne s'effectue autour d'une ligne idéale *PP'*, qu'on nomme *Axe du monde*; elle va marquer dans le ciel deux points opposés et immobiles qui sont les *Poles*; l'un *Boréal P*, l'autre *Austral P'*. Cet axe est incliné sur notre horison *DD'*. Les étoiles les plus voisines des poles ne décrivent que de très-petits cercles, et même s'il y en avait une au pole même, elle resterait fixe. C'est ce qui a lieu à-peu-près pour l'*étoile Polaire* qui n'est qu'à environ 2° du pole, et qui semble presque immobile. A mesure que les étoiles s'éloignent du pole, les cercles décrits sont plus grands. Bientôt ils le deviennent assez pour qu'une partie *kg'* plus ou moins grande de leur cours soit cachée sous l'horison *DD'*.

3. Une observation plus attentive fit bientôt distinguer ce qui est vrai de ce qui ne l'est point, dans ces premières apparences. On commença par reculer les limites

(marge : Fig. 1 et 2.)

---

et l'usage des instrumens qu'on emploie pour cet effet. De pareilles descriptions, peu intelligibles lorsqu'on est privé des instrumens, n'enseignent-pas l'art de s'en servir, qu'on n'acquiert que par l'exercice et l'étude, et ne donnent pas une idée de l'objet essentiel, qui est la précision du résultat. On devra donc accorder, dans tout ce qui suivra, qu'on est parvenu à exécuter ces instrumens avec une perfection qui permet de compter sur une rigueur absolue dans la valeur des angles mesurés.

du monde au delà des colonnes d'Hercule, et même on éleva des doutes sur l'existence de ces limites. On reconnut que la surface des mers n'est point plane : le navigateur en approchant des côtes, aperçoit d'abord le sommet des édifices les plus élevés ; ce n'est que successivement qu'il en découvre les parties inférieures que lui dérobait la convexité de la mer. De même les meilleures lunettes ne peuvent faire distinguer du rivage que le sommet du mât d'un navire éloigné : ce n'est qu'en approchant davantage que peu-à-peu ce mât semble s'alonger et qu'on distingue enfin le corps du vaisseau. Si la mer était plane, ne devrait-on pas voir le navire avant d'en distinguer le mât ?

La rondeur de la mer une fois reconnue, il était facile de juger qu'aux inégalités près, le continent devait également être arrondi. Les voyages de long cours vinrent confirmer cette opinion : Magellan fit le premier le tour du monde, et cette entreprise, mille fois exécutée depuis dans des sens divers, à démontré que *la terre a la forme d'un globe isolé de toutes parts dans l'espace et environné par le ciel* (*).

4. Si l'on a d'abord quelque peine à concevoir cette vérité, c'est qu'il s'y mêle une fausse idée de la pesanteur. On se demande ce qui peut soutenir ainsi la terre isolée, et ce qui empêche de *tomber* dans l'abîme de l'espace nos *Antipodes*, qui sont les habitans de la partie de la terre diamétralement opposée à la nôtre. Mais la gravité est une force résidente au centre même de la terre, qui retient à

____

(*) Les cercles des figures 1 et 2 représentent la sphère céleste dont P et P' sont les poles, et AB, GG', etc., les cercles parallèles entre eux, et perpendiculaires à l'axe PP', que semblent décrire les astres en 24 heures. Les cercles des figures 4 et 5 sont destinés à représenter ceux du globe terrestre dont A et B sont les poles.

sa surface tous les corps qui y sont placés, et attire tous
ceux qui sont proches d'elle. L'action de *tomber* n'est autre
chose qu'atteindre à la surface de la terre en se dirigeant
vers le centre. Ainsi d'une part nos antipodes ne peuvent,
non plus que nous, s'en éloigner sans une force expresse ;
et de l'autre la terre n'a besoin d'aucune puissance qui la
soutienne, si aucune force ne la sollicite vers quelque point
de cet espace, qui n'a ni haut, ni bas.

Tout poids tend vers le centre de la terre ; deux fils-à-
plomb y concourent, et il n'est permis de les regarder
comme parallèles que quand leurs longueurs et leur distance ne sont pas d'une étendue comparable aux dimensions du globe.

Si l'observateur placé en un point O de la surface terrestre GOG' suspend un fil-à-plomb sur la tête, et l'imagine prolongé; ce fil ira d'une part au centre C de la terre,
et de l'autre en un point Z du ciel; ce point est le *Zénith*.
Le plan LI formé par le prolongement de la surface des
eaux tranquilles, dans un bassin de peu d'étendue, est ce
qu'on nomme l'*Horison* : il est perpendiculaire à la direction *Verticale* ZOC du fil-à-plomb. L'observateur O doit
voir les astres qui sont élevés au-dessus de ce plan ; ceux
qui sont au-dessous sont actuellement invisibles pour
lui (*). Lorsque, par l'effet de la révolution du ciel, les
premiers viendront se placer sous l'horison LI, il cessera de les voir ; tandis qu'il découvrira du côté opposé de
nouvelles étoiles à mesure qu'elles monteront au-dessus
de ce plan LI.

Fig. 8.

(*) Nous fesons ici abstraction de la *Réfraction*, phénomène qui
fait paraître les astres plus élevés sur l'horison qu'ils ne le sont
réellement (107), et même qui les élève un peu au-dessus lorsqu'ils
sont encore au-dessous. C'est ce que nous aurons occasion d'expliquer
plus tard.

5. On a encore des preuves de la rondeur de la terre dans la figure conique de l'ombre portée par ce globe du côté opposé au soleil, et dans l'inégalité de l'angle que fait l'axe de rotation de la sphère céleste avec chaque horison : nous ne pouvons parler encore de ce premier phénomène dont nous nous occuperons en traitant des éclipses de lune (*voy.* n°. 58) ; mais il est facile d'expliquer le second.

En s'avançant vers les régions terrestres qui sont du côté de l'étoile polaire, on la voit s'élever davantage ; et quoique les cercles décrits par les étoiles qui en sont voisines (n°. 2), aient la même étendue que nous leur voyons à Paris, leur situation est moins oblique sur l'horison. Quelques-unes de celles qui se couchent pour nous, ne se couchent jamais pour ces peuples, tandis que d'autres étoiles, situées du côté opposé et visibles ici, ont cessé de l'être. On observe le contraire en s'avançant dans la région opposée au pole : on remarque un lever et un coucher à des étoiles qui sont constamment sur notre horison ; et d'autres, invisibles pour nous, commencent à y être aperçues.

Il est facile de reconnaître dans ces phénomènes autant de preuves de la rondeur de terre. En effet, si l'on conçoit du point O, une ligne OP dirigée au pole P, l'angle ZOP sera le complément à 90° de l'angle POI. Si l'on mesure cet angle ZOP en divers lieux, on trouve qu'il décroît à mesure qu'on s'approche du pole A de la terre, où il est nul. Ainsi l'angle POI augmente de plus en plus, et le pole du ciel s'élève sur l'horison jusqu'à se confondre même avec le zénith P de l'habitant du pole A. L'horison IL ne demeure donc pas le même ; et si on suit avec attention ce qui se passe ici, on verra que la terre a la forme d'un globe. Que l'observateur O se place en un autre lieu o de la surface terrestre, il aura changé de

zénith et d'horison : l'un sera Z', l'autre dd' ; la distance
du zénith au pole ne sera plus ZP, mais $Z'P$; et plus
on s'approche ou s'éloigne du pole A de la terre, plus
cette distance diminue ou augmente. Elle est nulle lorsqu'on se transporte au pole même A.

Les astres qui sont moins éloignés du pole que l'horizon,
seront toujours visibles en O, puisque le cercle qu'ils
décrivent et dont le pole P est le centre, a trop peu
d'étendue pour rencontrer l'horizon. Tel est le cercle
AB, qui ne coupe pas l'horison DD'. Les étoiles qui
sont plus éloignées du pole P que l'horison DD', ont
une partie kg' plus ou moins grande de leurs cours
située au-dessous de ce plan ; elles cessent donc d'être
visibles quand elles occupent quelque point de ce dernier
arc ; c'est ce qui a lieu pour la partie KG' du cercle
GG'. Les étoiles I plus voisines du pole opposé P' que
ne l'est l'horison ne sont jamais visibles.

Nous voyons donc que les cercles $AB\ GG'$ décrits par
tous les astres dans le mouvement diurne, sont obliques
à l'horison, et que plus on approche du pole A de la
terre, plus cette obliquité diminue, parce qu'en changeant
d'horison l'axe PP' ne conserve pas la même inclinaison.
C'est pour cela que les cercles décrits par les astres
voisins du pole céleste P se dégagent de plus en plus,
tandis que, du côté opposé, on cesse de voir ceux qui
ont une partie de leur cours visible en O.

Le contraire a lieu en s'avançant du côté opposé K.

6. Lorsqu'en suivant dans sa rotation une étoile circompolaire, on mesure avec précision les angles ATD
et BTD que forme l'horison DD' avec les rayons visuels
dirigés aux points A et B le plus élevé et le plus bas
de son cours; si on retranche ces deux angles, on obtient
l'angle ATB. Il semblerait que cet angle dût varier avec la

situation de l'observateur sur la terre , puisque si le sommet d'un triangle s'éloigne ou s'approche de sa base, l'angle diminue ou augmente. On reconnaît cependant que cet angle demeure le même en quelque lieu que se fasse cette opération; ce qui doit surprendre, sur-tout si on considère que les angles ATD BTD, d'où on a conclu ATB, changent avec le lieu de l'observateur.

Cette expérience réitérée sur un grand nombre d'étoiles, a conduit à la même conséquence : ainsi quoique pour chacune l'angle ATB fût différent; pour une même étoile, il était cependant le même en un lieu qu'en tout autre. On est donc contraint de reconnaître que les dimensions de la terre , immenses par rapport à nous , ne sont cependant pas sensibles , quand on les compare à la distance infinie qui nous sépare des étoiles. (Nous reviendrons bientôt sur ce sujet. *Voyez* N°. 3o et pag. 3₂).

Ainsi *la terre n'est réellement qu'un point dans l'espace.*

Il résulte de là diverses conséquences importantes.

Fig. 8. « 7. Le plan de l'horison IL ne peut être supposé différent de DD' qui lui est parallèle et qui passe par le centre C de la terre; du moins lorsqu'on en compare la situation à celle des étoiles. En sorte qu'elles sont levées ou couchées selon qu'elles sont au-dessus ou au-dessous du plan DD' perpendiculaire à la verticale OC. C'est ce plan que nous prendrons à l'avenir pour l'horison.

Il faut donc dire du plan DD' tout ce qui a été dit de IL, relativement à la distance des astres à l'horison, à la diversité d'inclinaison de l'axe du monde, et d'obliquité des cercles décrits par les étoiles. C'est pour cela que dans les figures qui nous ont servi aux explications précédentes , nous avons supposé la terre très-petite, et que d'avance nous y avons regardé l'horison DD',

comme passant par le centre du globe, afin d'éviter la
confusion. Il est d'ailleurs certain que cette circonstance
n'intéressait en rien la conséquence à laquelle nous pré-
tendions arriver, relativement à la petitesse infinie des
dimensions de la terre comparées à celles du ciel.

8. Si on conçoit par le centre C un plan EE' perpendiculaire à l'axe PP' de rotation du ciel, ce plan
se nomme l'*Equateur* : les cercles qu'il détermine en
coupant le ciel et la terre, prennent le même nom ;
on donne aussi à cette trace KK' sur la terre la dénomination de *ligne équinoxiale* ou *la ligne*. L'équateur
EE' coupe l'horison DD' en deux parties égales, puisque
ces deux plans passent par le centre C ; ainsi l'une des
moitiés TE de l'équateur céleste est au-dessus de l'horison
et l'autre TE' est au-dessous ; la première est donc visible
et la seconde cachée, et cela s'observe dans tous les lieux
de la terre. L'étoile qui décrit l'équateur même est donc
douze heures levée et douze heures couchée pour tout
observateur.

A mesure qu'elles s'éloignent du pole céleste P, les cercles
décrits par les étoiles deviennent de plus en plus grands :
l'équateur céleste est le plus grand de tous ; il est à égale
distance des deux poles P et P' (*).

(*) Pour l'habitant K de l'équateur terrestre, les deux poles P et P'
sont dans son horison, ainsi que l'axe PP'. Tous les astres qui sont
dans l'équateur céleste viennent tour-à-tour passer à son zénith E :
aucune étoile n'est invisible pour lui, si ce n'est à cause de l'éclat
du soleil et de la lune. Chaque cercle décrit par les astres est coupé
en deux parties égales par l'horison, et lui est perpendiculaire : durant
toute l'année, chaque jour est égal à la nuit et dure 12 heures. On dit
que l'habitant de l'équateur a *la sphère droite*.

Pour l'habitant du pole A de la terre, son zénith est sans cesse

Fig. 8.   9. L'immense éloignement du pole P, ne permet pas d'assigner de différence entre un angle observé ZOP et celui ZCP que forment au centre de la terre les lignes dirigées aux mêmes points Z et P. En général tout observateur doit supposer qu'il est placé au centre de la terre et que l'axe passe par son œil.

Fig. 1 et 2.   Si on prend la moitié de l'angle ATB qu'on vient de déterminer (n°. 6), on aura l'angle PTB, qui, ajouté à l'angle BTD, qu'on a trouvé par l'observation, donne la direction de l'axe TP du monde, ou son inclinaison PTD, sur le plan DD' de l'horison. Cet angle est ce qu'on nomme *l'élévation* ou *la hauteur du pole*, ou *l'inclinaison de l'axe*.

A l'observatoire impérial de Paris, l'élévation du pole est de 48° 50' 13".

10. La *distance* de deux astres se mesure par l'angle que forment entr'eux des rayons visuels dirigés d'un point quelconque de la terre : cet angle est le même, quel que soit le lieu d'où on observe ces astres. L'angle ZCP (de valeur égale à ZOP) est ce qu'on nomme *la distance du pole au zénith :* elle est le complément à 90° de l'élévation PCD du pole. A Paris la distance du pole au zénith est 41° 10'.

Fig. 4.   Comme l'angle ZCD' est droit ainsi que PCE, en ôtant l'angle commun ZCE, il reste $ZCP = D'CE$. Ainsi *la distance du zénith au pole est égale à l'inclinaison de*

---

le pole céleste P; l'équateur est son horison ; tous les astres sont perpétuellement ou au-dessus ou au-dessous : les uns sont donc visibles à-la-fois chaque nuit, tandis que les autres ne le sont jamais. On dit qu'ils ont *la sphère parallèle*.

Dans tout autre lieu de la terre *la sphère est oblique*.

l'équateur sur l'horison, et par conséquent aussi à celle de tous les cercles décrits par les étoiles.

11. Si par le point O on mène un plan OR parallèle à l'équateur, tous les points du cercle d'intersection auront même distance OK à l'équateur. Lorsque le ciel effectuera sa rotation, la verticale ZOC ira rencontrer différens points du ciel, tous à la même distance du pole. La série de ces points Z passera aussi au zénith de tous les habitans du cercle OR, parce que la distance de leur zénith au pole est la même, comme complément de la distance OK à l'équateur. Ainsi tous les habitans du cercle OR, quoiqu'ayant des horisons et des zéniths différens, ont cependant la même élévation du pole ; et les astres qui passent au zénith de l'un, viennent aussi au zénith de l'autre. Cela résulte de ce qu'en faisant tourner la ligne ZC autour de PP', elle décrit un cône qui va dans le ciel marquer la série des points Z tous à la même distance du pole, mesurée par l'angle ZCP, ou par l'inclinaison ECD' de l'équateur sur l'horison.

Fig. 4 et 5.

En général le cercle céleste dont le centre est au pole P et dont le rayon est la distance ZP du zénith à ce point P, rencontre toutes les étoiles qui, soit de jour, soit de nuit, viennent tour à-tour passer au zénith Z en 24 heures. Un second cercle qui a même centre P et dont le rayon est la distance PD du pole à l'horison, renferme toutes les étoiles qui ne se couchent jamais pour l'observateur dont le zénith est Z ; ces deux rayons sont complément l'un de l'autre à 90° ; le premier est l'inclinaison de l'équateur sur l'horison, l'autre est celle de l'axe ou la hauteur du pole.

Fig. 1 et 2.

Par exemple, si on conçoit un cercle décrit du pole P avec une distance PZ égale à 41° 10′, on aura la série des points qui viennent passer au zénith de Paris. De

Fig. 1 et 2.

même si du pole on décrit un cercle avec une distance *PD* de 48° 5o′, tous les astres renfermés dans ce cercle ne se coucheront jamais à Paris. Ceux qui, tels que *g*, sont plus éloignés du pole *P*, ne seront levés qu'un certain tems mesuré par la grandeur de l'arc *gk*, qui diminue à mesure qu'on s'éloigne de ce pole. Ceux qui décrivent l'équateur ont la plus grande course et semblent marcher plus vîte; ils sont toujours douze heures levés; au-delà de l'équateur, l'astre *G* est plus de tems couché que levé, et même s'il est en *I*, il n'est jamais visible à Paris, c'est-à-dire, si sa distance *IP′* au pole austral est moindre que 48° 5o′.

Fig. 4 et 5.

12. Si un observateur *O* imagine un plan qui passerait à son zénith et par l'axe *PP′* de la terre, ce plan sera son *Méridien*, il contiendra le rayon *OC*, ainsi ce plan sera vertical ou perpendiculaire à l'horison. On donne aussi le nom de méridien aux cercles *APP′G* (fig. 1 et 2) et *OABK* (fig. 4 et 5) suivant lesquels ce plan coupe le ciel et la terre. Tout étant égal à droite et à gauche de ce plan, il est visible qu'il doit couper en deux

Fig. 1 et 2.

parties égales tous les cercles parcourus par les étoiles; il passe donc par le point *A* le plus élevé et le point *B* le plus bas de leurs cours; et par conséquent, il divise en deux parties égales la durée du jour et de la nuit. Lorsque le soleil est caché sous l'horison et qu'il rencontre la partie inférieure de ce plan, il est minuit pour nous; et lorsqu'il le rencontre dans la partie élevée au-dessus de l'horison, il est *Midi*. C'est de là que dérive la dénomination de méridien (*Meridies*).

On se représentera aisément cette série de plans qui ont pour intersection commune l'axe de la terre, et dont les inclinaisons mutuelles sont de toutes les grandeurs

depuis zéro jusqu'à 180°. Chaque homme, chaque étoile
a son méridien, cependant avec quelques restrictions.
Tous les lieux du cercle terrestre $OGBK'$ ont le même
méridien, tandis que tous ceux qui ne sont point sur cette
circonférence ont un méridien différent. Par exemple, en
parcourant le cercle OR pour lequel l'élévation du pole
est la même en tous les points, on change à chaque instant de méridien.

Tous les peuples du demi-cercle $AOKB$ ont en même
tems l'heure de midi; mais ceux du cercle OR comptent
des heures différentes. Puisque le ciel effectue sa révolution uniforme de 360° en 24 heures, si on divise 360
par 24, on verra que toutes les étoiles décrivent par
heure un arc de 15 degrés Si on en observe actuellement
une dans le méridien AOB, les habitans du cercle OR,
qui sont distans de 15° du point O, la voyent une heure
plutôt ou plus tard, selon le côté où ils se trouvent.
Par conséquent, le soleil passera aussi à leur méridien
une heure plutôt ou plus tard, c'est-à-dire, qu'il sera
onze heures ou une heure pour eux, tandis qu'il sera
midi pour tous les habitans de OKB.

Cette différence d'heures est même sensible dans de
petits voyages, et lorsqu'on va de Brest à Strasbourg
on observe plus d'une demi-heure de différence à une
montre très-bien réglée, et qui serait même assez exacte
pour rapporter l'heure précise qu'on aurait comptée lors
du départ.

Les méridiens de Paris et de Vienne en Autriche, font
ensemble un angle d'environ 15°, celui de Vienne est
placé du côté du lever du soleil, ainsi il sera midi dans
cette ville et seulement onze heures ici; et lorsqu'on
comptera midi à Paris, il sera déja une heure à Vienne.
Enfin le voyageur qui ferait le tour du globe compterait

un jour entier de plus ou de moins, selon qu'il aurait marché, soit du côté où le soleil se lève, soit vers celui où il se couche, parce qu'il aurait changé chaque jour de méridien et devancé ou retardé son midi.

Fig. 1 et 2. 13. Le méridien $APBP'$ coupe l'horison suivant la droite DD'; le point D' situé vers le lieu du passage du soleil et des étoiles au méridien est nommé le *Sud* ou *Midi*; le point opposé D qui est vers le pole est le *Nord* ou le *Septentrion*. Si par le lieu T de l'observation (ce point coïncide avec le centre de la terre, *voyez* n° 6.), on conçoit dans l'horison une ligne perpendiculaire à DD', ce plan sera coupé en quatre parts égales : l'une des extrémités de cette dernière ligne est l'*Orient*, l'*Est* ou le *Levant* ; l'autre est l'*Occident*, l'*Ouest* ou le *Couchant* : le premier est du côté où les astres se lèvent, et l'autre vers celui où ils se couchent. Le spectateur qui regarde le midi a le nord derrière lui, l'orient à sa gauche et l'occident à sa droite. Ce sont *les quatre Points Cardinaux*.

14. Si un évènement céleste instantané, est remarqué en deux régions de la terre, il aura dû être observé à la même heure par tous les habitans d'un même méridien; mais s'ils comptent deux heures différentes, ils pourront en conclure, que leurs méridiens sont différens, et calculer l'angle qu'ils forment entre eux. Par exemple, s'il est 10 heures pour l'un et 11 heures pour l'autre, lorsque le phénomène a eu lieu, leurs méridiens sont inclinés de 15 degrés.

Cette expérience facile, et qu'on a fréquemment réitérée avec une précision extrême, a servi à connaître la figure exacte de la terre. Si deux observateurs O et o, sous

Fig. 4. un même méridien, ont à leur zénith des étoiles Z et Z' dont la distance au pole diffère de 10 degrés, l'angle

OCo sera de 10 degrés. Si donc en mesurant des arcs de la terre en différens lieux, on trouvait, dans toute son étendue, que l'arc d'un degré y a la même longueur, on serait en droit d'en conclure que la terre est parfaitement sphérique, et que toutes les verticales se rendent à un même point qui en est le centre *C*. Les procédés géométriques les plus parfaits ont été employés à cette importante opération par Picard, Bouguer, Masson et Dixon, Boscovich et le Maire, Delambre et Méchain, etc.; et on n'a pu trouver quelque différence, qu'en comparant des mesures fort éloignées. Le degré de Suède surpasse celui de l'équateur de 396 toises; et comme le degré a 25 lieues de 2280 toises, on voit que cette différence est très-petite, puisqu'elle n'en est que la 120e. partie. On peut, donc, par approximation, regarder la terre comme une sphère, dont la longueur de la circonférence se pourra aisément tirer de celle d'un de ses arcs.

Mais comme on trouve que les degrés croissent de l'équateur au pole, pour plus d'exactitude, *on devra regarder la terre comme un sphéroïde un peu applati vers les poles;* en effet, les degrés croissent lorsque le rayon d'un cercle est plus grand : ce qui prouve que vers les poles le rayon de la terre est plus grand qu'à l'équateur; que les verticales s'y croisent plus loin, et que la terre est moins convexe. Cet applatissement a même été calculé, et on l'a trouvé de $\frac{1}{305}$; c'est-à-dire que le rayon de l'équateur est surpassé par celui du pole d'un 305e. de sa longueur.

Voici les mesures précises qu'on a obtenues :

	lieues.		toises.
Rayon de l'équateur	1435	ou	3 271 864
Rayon du pole.	1430,4	ou	3 261 265
Rayon du point à 45°	1432,7	ou	3 266 611
Applatissement.	4,65	ou	10 600
Longueur du degré (*)	25	ou	57 000

Nous faisons ici abstraction des inégalités de la surface terrestre. En effet, les montagnes les plus élevées ne peuvent être regardées que comme de très-petites éminences sur une masse aussi considérable. Le *Mont-Blanc*, montagne la plus élevée d'Europe, n'a que 2275 toises d'élévation verticale au-dessus du niveau de la mer : le *Chimboraço*, la plus haute montagne du monde, n'est élevé que de 3200 toises. Ce ne sont donc que des irrégularités rares et peu sensibles, quand il s'agit de les comparer aux dimensions de la terre. M. Biot remarque qu'en représentant le globe par une boule de 8 pieds de rayon, ces montagnes n'y feraient pas une éminence d'une demi-ligne, et que les aspérités qui se rencontrent sur la peau d'une orange, sont beaucoup plus sensibles.

Fig. 5.   15. Lorsqu'on veut faire connaître la situation d'un point *M* sur un plan, on a coutume de le rapporter à deux lignes *Ax* et *Ay* connues ; nous les supposerons ici, pour plus de simplicité, perpendiculaires l'une sur l'autre. Soit abaissé du point *M* les perpendiculaires *MP* et *MQ* ; il est clair que si on en donne les longueurs, la

---

(*) Il n'est ici question que du degré d'un grand cercle de la sphère dont le rayon est moyen entre les extrêmes : sur les parallèles à l'équateur, les degrés sont décroissans vers les poles. On obtient la longueur de l'un d'eux en multipliant 25 lieues par le cosinus de la latitude du parallèle sur lequel cet arc de 1° est pris.

situation du point M s'ensuivra. En effet, on prendra sur Ay, AQ égal à la longueur donnée PM, et on mènera par le point Q la parallèle NM à Ax; le point M sera nécessairement l'un de ceux de cette droite NM. De même on prendra AP égal à la longueur donnée QM, et on mènera MM' parallèle à Ay, le point M sera aussi sur cette droite. Donc il sera à l'intersection M de ces deux parallèles. Les longueurs données AP et PM sont appelées *les Coordonnées* du point M.

Il est vrai qu'il faut qu'on sache en outre si le point M est situé dans l'angle yAx : car dans les trois angles droits yAX, XAY et YAx, on trouvera les points N, N' et M', pour lesquels les distances aux deux droites sont en effet les mêmes que pour le point M : seulement les longueurs données doivent être portées ou sur le prolongement de Ax vers la gauche, ou sur celui de Ay en dessous.

C'est d'une manière semblable, et à l'aide de deux coordonnées, qu'on donne la position d'un point de la terre ou du ciel.

16.   On fixe l'arc OK qui mesure la distance d'un point O de la terre à son équateur KK'. Cet arc QK est ce qu'on nomme *la Latitude terrestre*; si on conçoit un plan parallèle à l'équateur, et mené à cette distance OK, il coupera la terre selon un cercle OQR, et tous les points de ce cercle jouiront de la propriété d'avoir la même latitude OK, ou la même distance à l'équateur KK'. Le point O, qu'on veut désigner, est donc l'un des points de ce cercle; et il ne s'agit plus que de le distinguer des autres.

Remarquez seulement, que 1°. il y a un second cercle à la même distance de l'équateur, mais situé de l'autre côté; on doit donc dire en outre duquel de ces deux cercles on veut parler, c'est-à-dire, si la latitude doit être comptée vers le pole boréal A, ou vers le pole austral B.

2

Fig. 4
et 5.

2°. *La latitude* OK *est le complément à* 90° *de la distance* AO *au pole terrestre* A : et comme ces distances sont mesurées par les angles *ZCE* et *ZCP*, ou par les arcs célestes *ZE ZP* qui sont les distances du zénith à l'équateur ou au pole , on voit que le nombre de degrés qui exprime la latitude est facile à assigner , d'après ce qu'on a dit n°. 9. *La latitude de Paris est de* 48° 50' 13″.

3°. *La latitude terrestre est égale à la distance à l'équateur, ou à l'inclinaison de l'axe de la terre sur l'horison : cette latitude est le complément de la distance au pôle, ou de l'inclinaison de l'équateur sur l'horison.*

Fig. 5.

17. Il reste maintenant à distinguer entre eux les divers points du cercle *OQR*, dont la latitude est la même. Concevons que, par un lieu *K* de l'équateur, on ait pris un méridien *AOBK'*, et que par un autre lieu *Q*, pris sur le cercle *OR*, et dont on veut indiquer la situation, on ait fait passer un autre méridien *AQIB*, ces deux plans *AKB*, *AQB*, formeront entre eux un angle qui sera mesuré par l'arc *KI* de l'équateur intercepté entre ces deux plans; arc qu'on nomme la *Longitude terrestre*. Il est clair que ce second plan *AQIB* sera déterminé par la connaissance de l'arc *KI* : si donc on en donne le nombre de degrés , et que de plus on indique si le plan *AQIB* est à droite ou à gauche du premier méridien *AKB*, la situation du second sera connue , et par conséquent le lieu *Q* du point qu'on veut distinguer sur le cercle *OR*.

La situation du premier méridien *AKB* est arbitraire , pourvu qu'elle soit connue ; chaque peuple préfère celui de sa ville capitale : en France on se sert du méridien de Paris. Pour déterminer par expérience la longitude d'un lieu *Q*, on se sert du procédé indiqué n°. 14, qui consiste à observer avec soin , et à l'aide d'une bonne pendule, l'instant précis où arrive un phénomène céleste instantané

(comme une éclipse , etc.). Si la même observation a été faite en un autre lieu O, dont la longitude soit déja connue, ou qui soit sur le premier méridien , on pourra conclure , d'après la différence des heures., l'angle formé par les méridiens , ou la longitude KI, à l'aide d'une simple proportion , et à raison de 15° par heure de différence.

Il est facile de concevoir , d'après cela , que si on connaît la latitude et la longitude d'un lieu Q de la terre , c'est-à-dire les arcs KO et KI (sachant d'ailleurs si la latitude est australe ou boréale, et si la longitude est orientale ou occidentale) , le lieu Q aura une position connue sur le globe. En effet, la latitude sera un arc KO pris sur le premier méridien , et la longitude un arc KI pris sur l'équateur , et à partir du point K fixé d'avance. Par une construction analogue à la fig. 3, n°. 15, ces deux coordonnées serviront à trouver la situation du point dont il s'agit.

18. La détermination du lieu qu'occupe un astre dans le ciel, se fait d'une manière absolument semblable. Ainsi, pour une étoile située en Q, sur la voûte céleste GOB, on en donnera la distance QI ou OK à l'équateur ; distance qui prend le nom de *Déclinaison*, et qui est encore le complément de la distance AQ au pole céleste A : on donnera en outre l'arc KI compté sur l'équateur, et qui mesure l'angle formé par le méridien AQB de l'astre , et un premier méridien fixe, passant par un point choisi arbitrairement sur l'équateur. Cet arc KI se nomme *Ascension droite*.

Lorsqu'on parle du passage *supérieur* d'un astre O au méridien , on doit entendre qu'il arrive en un point de ce plan situé entre le pole A et l'horison G ; et les angles que forment les divers méridiens des étoiles avec le premier méridien fixe, sont mesurés par l'arc d'équateur intercepté et d'occident en orient ; ensorte que l'ascension droite d'une

étoile Q, est l'arc KI d'équateur compris entre un point
fixe arbitraire K, et le point I qui est sur le même méridien que l'étoile. Cet arc est de 180° pour l'étoile R qui est
sur le méridien *inférieur* AK', c'est-à-dire, du côté opposé
du pole : il surpasse 180°, et peut aller jusqu'à près de
360°, pour celles qui sont au-delà en continuant de faire
le tour de l'équateur $K'K$.

La déclinaison et l'ascension droite sont donc des arcs
mesurés sur la voûte céleste, correspondant à la latitude et
à la longitude terrestres.

Fig. 2. Nous avons expliqué (11) que plus le cercle GG' que décrit
un astre est abaissé par rapport à l'équateur EE', et moins
il y a d'étendue à la partie $k'GK$ visible de son cours ;
en sorte que le lieu K de son lever est d'autant plus rapproché du midi. Le contraire a lieu lorsque l'astre décrit un
cercle gg' élevé au-dessus de l'équateur. Le lieu, la durée
du lever dépendent donc de la déclinaison, et les astronomes la calculent. On voit que si sa déclinaison est
australe, l'étoile est pour nous moins de tems levée
que couchée ; et elle est sur l'horison d'autant moins de
tems, que cette déclinaison est plus grande. Mais si elle est
boréale, l'astre au contraire décrit un cercle gg', dont la
partie visible $kg'k'$ est très-étendue, et les lieux k, k' de
son lever et de son coucher sont voisins et situés du côté
du nord. Alors il s'élève bien davantage au-dessus de
l'horison à son passage au méridien, puisque l'arc qui
en mesure la hauteur est $D'g$, tandis qu'il n'était que $D'G$
dans le premier cas. La déclinaison peut surpasser la distance du zénith de l'observateur au pole (complément de
la latitude) ; alors l'astre ne se lève ou ne se couche jamais
selon qu'elle est australe ou boréale. Si la déclinaison est
nulle, l'astre décrit l'équateur EE', et pour tous les peuples de la terre, il est levé 6 heures et couché 6 heures.

Il se lève précisément au point de l'orient et se couche au point occidental; sa hauteur est, à son passage au méridien, l'inclinaison même de l'équateur.

II. *Mouvement de la Terre.*

19. Nous venons d'expliquer comment les hommes, d'abord subjugués par les apparences, sont devenus vainqueurs des préjugés qui leur avaient fait croire la terre plane et supportant le ciel : comment par le progrès des lumières, les fictions poétiques et leurs brillans prestiges se sont évanouis. Phébus n'alla plus éteindre ses feux brûlans dans les flots; l'Aurore n'ouvrit plus la barrière au Soleil; l'Olympe ne fût qu'une très-petite montagne de Thessalie, que n'habitait plus le maître du tonnerre.

Ce premier pas était le plus facile à faire, et on crut encore longtems que la terre était fixée au centre de l'univers, en mouvement autour d'elle. Il fallut, pour sortir de cette erreur et reconnaître les grandes lois de la nature, comparer entre eux les phénomènes, en cherchant à saisir leurs rapports, et à découvrir ces lois toujours empreintes dans leurs effets les plus variés.

Après avoir élevé des doutes si bien fondés sur l'existence des limites de la terre, il est bien naturel d'en former sur celles du ciel. Cette multitude d'astres sont-ils tous à la même distance de la terre, et placés sur une surface sphérique mobile autour de son diamètre? Tel est le problème qu'il s'agit de résoudre. Jusqu'ici les phénomènes n'ont pas été contraires à cette opinion : mais resistera-t-elle à une observation plus attentive?

Les étoiles se présentent à nos yeux avec un éclat différent; il en est des miriades qui sont imperceptibles, si ce n'est avec de très-forts telescopes (166). N'est-il pas assez vraisemblable qu'un grand nombre sont encore plus éloignées que les autres ? Mais ce qui donne de la valeur à cette conjecture, c'est qu'il y a réellement plusieurs astres, tels que le soleil et la lune, qui ont une marche particulière, en vertu de laquelle ils ne correspondent pas deux jours de suite au même lieu du ciel. Ils sont même beaucoup plus près de la terre que les étoiles, puisqu'ils passent entre elles et nous, et les *occultent*. Outre le soleil et la lune, il y a encore quelques astres dont la marche est irrégulière, et qui ont été nommés *Planètes*. On est donc contraint de les regarder comme isolés et doués d'un mouvement propre, puisqu'ils sont plus voisins de nous et qu'ils ne conservent pas des situations constantes à l'égard des étoiles.

On est même parvenu à en évaluer la distance et le volume ; cette opération surprend d'abord les hommes qui ne connaissent pas ce pouvoir, qu'a la géométrie de mesurer des distances inaccessibles. Mais nous pouvons en donner ici une idée claire.

Fig. 6.

20. Soit S un des astres irréguliers dont nous venons de parler, tel que le soleil. Si deux spectateurs placés en O et O' sous le même méridien $OO'K$, observent cet astre à son arrivée dans ce plan, l'un le verra suivant OS, et il lui paraîtra situé au point où la sphère céleste est rencontrée par OS. L'autre au contraire verra cet astre suivant la ligne $O'S$. Ainsi chacun des deux observateurs le jugera en un lieu différent du ciel ; et s'ils en mesurent la distance à leurs zéniths Z et Z', ils auront les angles SOZ et $SO'Z'$. Ils en concluront aisément les angles SOC $SO'C$ qui en sont les supplémens à 180°.

D'un autre côté, les lignes OC et $O'C$ sont deux rayons terrestres ; ils ont environ 1433 lieues de longueur (*voy.* n°. 14). Si K est un point de l'équateur, OK et $O'K$ sont les latitudes connues des points O et O' ; la différence de ces latitudes est donc l'arc OO', dont le nombre de degrés est connu, et mesure l'angle OCO'.

Il suit delà qu'on peut aisément déterminer, par deux observations simultanées, les angles SOC et $SO'C$; et comme on connaît en outre l'arc OO' ou l'angle OCO', ét les côtés OC et $O'C$ du quadrilatère $OCO'S$, on peut en conclure les autres parties. En effet, si on trace sur le papier un angle d'un nombre de degrés égal à la différence des latitudes, on aura l'angle C ; puis prenant des parties égales OC et $O'C$, pour représenter le rayon terrestre, on menera ensuite des lignes OS $O'S$, formant avec OC et $O'C$ des angles égaux à ceux qu'on a obtenus ci-dessus ; ces deux droites se croiseront en un point S, qui complettera le quadrilatère, et sera la représentation du lieu de l'astre. Les autres parties de cette figure seront par là connues ; savoir :

1°. Les lignes OS et $O'S$ qui sont les distances de l'astre aux lieux d'observation ;

2°. L'angle OSO' qui est celui sous lequel un spectateur placé en S verrait ces lieux O et O' ;

3°. L'angle CSO sous lequel il verrait le rayon OC de la terre, angle qu'on nomme *Parallaxe*;

4°. L'angle ZCS qui est la distance de l'astre S au zénith, en supposant l'observateur placé au centre de la terre : les dimensions de notre globe sont nulles si on les compare à la distance des étoiles (6). Il faut donc toujours remplacer la distance SOZ au zénith, par l'angle SCZ, dont nous avons ici la grandeur (*Voy.* p. 27).

5°. Enfin, la diagonale SC qui est la distance cherchée de l'astre au centre de la terre : on mesurera combien OC est contenu de fois dans SC, et on aura le nombre de rayons terrestres contenus dans cette distance, et par suite le nombre de lieues, en multipliant par 1433.

Nous n'employons ici ce procédé graphique que pour donner une idée de la chose ; car cette opération se ressentirait trop de l'imperfection des instrumens et du défaut d'habileté du dessinateur. Il est donc indispensable d'y appliquer le calcul ; d'autant plus, que pour faciliter les explications, nous avons beaucoup exagéré les véritables angles dans la disposition de notre figure. En général la parallaxe OSC est un angle si petit, qu'on peut reconnaître de suite combien cette construction serait défectueuse (*). Mais elle suffit à notre objet, qui n'est que de démontrer

---

(*) Voici le moyen de soumettre ces données au calcul.

Fig. 6.   Désignons pour Z et Z' les distances de l'astre S au zénith pour les deux observateurs O et O', ou les angles SOZ et $SO'Z'$; par R le rayon OC de la terre ; par P l'angle OSO' ; par x la distance cherchée SC ; par A et A' les parallaxes OSC, $O'SC$ ou les angles sous lesquels du point S on verrait les rayons terrestres OC $O'C$; enfin par C l'angle OCO' qui est la différence (ou la somme) des latitudes des points O et O'.

Comme la somme des quatre angles d'un quadrilatère $SOCO'$ vaut toujours 360°, si on retranche de 360° les trois angles observés SOC $SO'C$ et OCO', ce qui restera sera le nombre de degrés de l'angle OSO' ; l'angle $OCO' = C$, l'angle $SOC = 180° - Z$ et l'angle $SO'C = 180° - Z'$; on trouvera aisément que l'angle OSO' ou $P = Z + Z' - C$. Cela posé comme dans le triangle SCO, les sinus des angles sont proportionnels aux côtés opposés, ou :

$$\sin OSC : \sin SOC :: OC : SC,$$

ou $$\sin A : \sin Z :: R : x ;$$

donc $$x = \frac{R \sin Z}{\sin A} \quad \dots \dots (1)$$

Fig. 7.   Mais la parallaxe OSC variant avec la situation de l'astre, nommons H la valeur de cet angle lorsque l'astre est à l'horison : H

la simple possibilité de mesurer la distance qui nous sépare
des astres irréguliers , en laissant aux géomètres le soin de
la calculer avec rigueur.

Admettons donc qu'on ait trouvé qu'un spectateur ,
placé dans le centre du soleil, ne voit le rayon de la terre
que sous un angle de $8''$,73 ; une aussi petite parallaxe,
fera prévoir sur-le-champ combien est grande la distance
de ces deux corps célestes : le calcul la donne en effet égale
à 24096 rayons terrestres (environ 34 millions 500 mille
lieues). Pour donner une idée de cet immense éloignement,
nous ferons remarquer que la force qui chasse le boulet
d'un canon , lui fait parcourir environ 150 toises par se-

---

est ce qu'on nomme *la Parallaxe horisontale*; c'est l'angle OSC
(fig. 7). Le triangle SOC rectangle donne la proportion

$$1 : SC :: \sin S : OC$$

ou

$$1 : x :: \sin H : R$$

donc

$$x = \frac{R}{\sin H} \quad \cdots \cdots \quad (2)$$

égalant ces deux valeurs de x , on trouve

$$\frac{R}{\sin H} = \frac{R \sin Z}{\sin A} , \text{ d'où } \frac{\sin A}{\sin H} = \sin Z :$$

et comme A et H sont de très-petits arcs qui ont seulement quelques
secondes ($1°$ au plus); on peut remplacer leurs sinus par les arcs
mêmes A et H. Ainsi l'équation précédente se changera en

$$A = H \sin Z \cdots \cdots (3)$$

c'est cette équation qui servira à déterminer la parallaxe de hauteur A , lorsqu'on connaîtra la parallaxe horisontale H , ou réciproquement.

Nous supposons ici la terre sphérique ; ainsi l'astre S pouvant
être considéré à la même distance du centre C de la terre , durant
le tems assez court qu'il met à passer de S' en S, c'est-à-dire ,

conde ; ainsi il décrit par heure 237 lieues. Ce projectile qui parcourrait 5700 lieues par jour, si la pesanteur
ou nulle autre résistance n'altérait son mouvement , malgré cette prodigieuse vitesse, emploierait cependant 16 ans
et demi environ pour arriver au soleil.

De la lune , un spectateur verrait le rayon de la terre

de l'horison SO' de l'un des observateurs à celui SO de l'autre ,
les deux triangles SOC $SO'C$ sont égaux , et l'angle $S = S'$:
ce qu'on exprime en disant que la parallaxe horisontale ne change
pas en passant de S en S'. La valeur de x (n° 1) deviendra il
est vrai

$$x = \frac{R \sin Z'}{\sin A'},$$

mais celle du n°. 2 demeurera la même. En comparant ces deux
valeurs et raisonnant comme précédemment, on trouve

$$A' = H \sin Z' . \ldots . (4)$$

Fig. 6. ajoutant les équations (3) et (4), et remarquant que A et A' ont
pour somme l'angle OSO' qu'on connaît et qui a été désigné par
P; il vient

$$P = H (\sin Z + \sin Z')$$

d'où

$$H = \frac{P}{\sin Z + \sin Z'} \ldots . (5)$$

On voit donc que tout se réduit à chercher par l'observation la
valeur exacte de l'angle $P = Z + Z' - C$; car l'équation (5) donne
la parallaxe horisontale H; et par suite on obtient , à l'aide de la
relation (2) , la distance cherchée x ou SC; et même si on voulait
trouver la parallaxe de hauteur A, l'équation (3) pourrait ensuite
la déterminer. Cet angle A est sur-tout très-important à calculer
lorsqu'ayant observé l'angle SOZ, ou la distance au zénith , on
veut la rapporter au centre de la terre , c'est-à-dire, connaître la
valeur de cette distance SCZ , lorsque l'observateur est en C. Comme
l'angle SOZ est extérieur au triangle OSC, il est la somme des
deux intérieurs opposés SCO et OSC, ou $Z = SCO + A$; donc

$$SCO = Z - A \ldots . (6)$$

sous un angle d'environ un degré : ainsi la lune est plus de 400 fois plus près de nous que le soleil. On trouve en effet que la distance n'est que de 60 rayons terrestres (*Voy.* n°. 53.).

Si ces trois corps étaient situés sur une même ligne, comme cela arrive dans les éclipses, la distance de la

---

La valeur de P est très-petite et les observations propres à déterminer Z, Z' et C, doivent être faites avec une grande précision, si on veut en déduire P avec quelqu'exactitude. Cette difficulté conduit à préférer le moyen suivant, plus propre à donner la valeur de P.

Plus l'astre S s'éloigne, et plus l'angle OSO' diminue ; si S était une étoile, sa distance serait immense (n°. 6), et on sait que les deux lignes OS $O'S$ seraient parallèles, telles que OI et $O'I'$. c'est-à-dire, que *les étoiles n'ont pas de parallaxe.* Or si nos deux observateurs mesurent la distance zénithale de quelque étoile, qu'ils auraient choisie dans le plan de leur méridien commun, précisément à l'instant où l'astre S y arrive, l'un la verra suivant OI, l'autre suivant $O'I'$; $O'I'$ est parallèle à OI, à cause de la distance infinie : ainsi ils auront d'une part, les angles SOZ et IOZ, qui retranchés donneront $SOI = k$; d'autre part, les angles $SO'Z'$ et $I'O'Z'$ dont la différence est $SO'I' = k'$: k et k' sont les distances de la planète à l'étoile pour les deux observateurs O et O'. Mais en vertu des parallèles OI, $O'I'$, les angles I et $SO'I'$ sont égaux; ainsi dans le triangle SOI, on connaît les deux angles I et SOI, dont la somme est égale à l'angle extérieur OSO', ou $P = k + k'$. Voilà donc l'angle P connu, et par suite H et x.

Ce que cette méthode présente d'avantageux, c'est que le numérateur P de la valeur de H (n° 5) peut être obtenu sans recourir à des valeurs de Z et Z' très-précises.

En remplaçant ainsi les sinus de A et de H par les arcs A et H, nous ne devons pas craindre qu'il en résulte d'erreur grave : la lune, qui est le corps céleste le plus voisin de nous, ne donne qu'un degré de parallaxe : en substituant l'arc d'un degré à son sinus, l'erreur est à peine, dans ce cas, d'un quart de seconde.

Au reste, les procédés que nous venons d'exposer, suffisans pour

terre à la lune devrait être prolongée plus de 400 fois pour atteindre le soleil.

Les distances et les paraxalles que nous venons de donner, varient, comme nous le ferons voir, et il ne faut pas regarder ces nombres comme parfaitement exacts, mais seulement comme suffisant au but que nous nous sommes proposé, qui est d'expliquer le mouvement de la terre. On ne doit donc prendre ces nombres que pour termes moyens entre la plus grande et la plus petite distance.

21. *Le Diamètre apparent* d'un astre est le nombre de degrés sous lequel nous le voyons; on le mesure par le tems qu'il met à traverser le champ de la lunette; pour cela on remarque l'instant où le bord de l'astre vient toucher un fil très-fin qu'on y place, et celui où son bord opposé atteint le même fil. La durée écoulée dans cet intervalle donne le diamètre apparent, en calculant à raison de 15° par heure (12).

On place au foyer des lunettes un réseau de fils parallèles extrêmement fins et qui en partagent le champ en espaces égaux; cet instrument se nomme *Micromètre*; il sert à mesurer les plus petits intervalles : on peut aussi l'employer à la détermination des diamètres apparens. On

---

trouver la parallaxe des planètes, ne le sont plus lorsqu'il s'agit du soleil et de la lune : aussi a-t-on été obligé d'employer des moyens plus précis pour ces deux astres. Il nous importait seulement d'expliquer un procédé de calcul facile à concevoir; ce qui remplit tout-à-fait notre objet.

Quant au défaut de sphéricité de la terre, il peut bien en résulter de légères différences, qu'on ne pourrait pas négliger dans tous les cas ; mais il convient de laisser aux astronomes le soin d'apporter dans leurs calculs le degré de rigueur convenable : il nous suffit de présenter ici le résultat de leurs travaux, appuyé des preuves nécessaires pour en faire apprécier le degré de justesse.

trouve ainsi que celui du soleil est de 32′ environ, et que celui de la lune est à-peu-près égal.

Une fois ce diamètre connu, ainsi que la parallaxe, le volume s'obtient aisément. Par exemple, puisque le rayon de la terre est vu du soleil sous un angle de 8″,73, et que celui du soleil, vu de la terre, est de 61′; on est donc bien certain, qu'à la même distance où le rayon du soleil nous semble de 960″, celui de la terre nous paraîtrait de 8″,73. Ces rayons étant entre eux dans le rapport de ces nombres (*), on posera la proportion,

$$8''{,}73 : 960'' , :: \textit{rayon terrestre} : \textit{rayon solaire}.$$

Le rayon solaire est donc environ 110 fois celui de la terre (109,93), puisque le quotient de 960 divisé par 8,73 est à-peu-près 110.

Les volumes de deux sphères sont comme les cubes

(*) L'angle sous lequel nous apercevons les corps dépend de leurs volumes et de leurs distances; mais si le volume demeure le même et que la distance devienne double ou triple, il est certain que l'*angle optique* sera réduit à la moitié ou au tiers : car, si l'observateur S　Fig. 9. voit sous le même angle deux arcs ab et AT, celui-ci étant à une distance double, AT sera double de ab, puisque le rayon aS est moitié de ST : ainsi la moitié de l'arc AT ne sera vue que sous un angle moitié de AST; en sorte que si l'arc ab s'éloigne de aT égal à aS, sans changer de grandeur, il paraîtra moitié moindre. On suppose ici que les arcs ab, AT sont décrits du même centre S; car, si AT prenait la position BT, la conséquence serait fausse. Dans le cas des corps célestes, les arcs ab et AT sont de petites droites placées à de très-grandes distances.

D'après cela, on voit que si un corps s'éloigne en présentant ses dimensions dans une situation toujours parallèle, il sera vu sous un angle d'autant moindre, et nous semblera proportionnellement plus petit. C'est ce qui justifie notre calcul.

de leurs rayons ; le cube de 110 est 1 331 000 ; donc *le soleil est environ treize cent mille fois plus gros que la terre.*

On trouve de même que le rayon de la lune n'est qu'à-peu-près les $\frac{3}{11}$ de celui de la terre, et que son volume n'est que la 49e partie de celui de notre globe.

Pour nous faire une idée des grandeurs relatives de ces trois corps, et de l'immensité du soleil, il faut transporter cet astre, par la pensée, de manière à faire coïncider son centre avec celui de la terre. Puisque le rayon du soleil est 110 fois celui de la terre ; que d'un autre côté la distance de la terre à la lune n'est que 60 rayons terrestres, on voit que le soleil embrasserait la terre et l'orbe entier de la lune, puis s'étendrait presque une fois au delà.

22. Revenons maintenant au mouvement des astres.

Lorsque placés sur un bateau abandonné au courant d'un fleuve, nous jettons les yeux sur le rivage, il nous paraît se mouvoir en sens contraire, avec une rapidité qui semble s'accroître lorsque la distance diminue. Sans l'expérience qui nous apprend que tout est immobile, excepté le bateau et le courant qui l'entraîne, sans les secousses qui troublent par fois notre repos apparent, ne croirait—on pas que c'est le rivage qui court en sens contraire, transportant avec lui les arbres, les maisons, les côteaux ?

Rien de même ne prouve que ce soit plutôt le ciel qui tourne que la terre. Il est certain qu'un spectateur placé dans le soleil se croirait en repos, tandis que la terre lui paraîtrait tourner. Quant à l'opposition des mouvemens réels et apparens, il est aisé de la concevoir. Si le point O' est fixe, et si placé en C, la terre tourne sur elle-même, le rayon visuel $O'C$, entraîné par cette rotation, prendra position CO, et son extrémité O aura décrit l'arc $O'O$; nous ne verrons donc plus le point O' dans cette direction OC. Mais comme nous jugeons ce rayon fixe, le point

Fig. 6.

immobile O' nous aura paru s'éloigner de la quantité OQ', il nous aura donc paru décrire, en sens contraire de notre mouvement, un arc OO' de même grandeur angulaire que celui que notre rotation nous a fait parcourir.

Les apparences seront donc les mêmes pour nous, soit que le ciel exécute toutes les 24 heures sa rotation d'orient en occident autour de la terre immobile, soit au contraire que la terre tourne sur son axe en sens opposé, ou d'occident en orient, pendant que le ciel resterait fixe. Choisissons entre ces deux hypothèses celle qui s'accordera mieux avec les phénomènes.

D'abord si la terre tourne, chaque point Q de sa sur- Fig. 4 face décrit un cercle OR, dont le rayon est la distance et 5. OQ à l'axe AB; le pole A est en repos, et la vîtesse de chaque point s'accroît en s'approchant de l'équateur KK', qui a la plus grande vîtesse. Or, l'équateur terrestre étant une circonférence dont le rayon est de 1435 lieues (de 2280 toises), son périmètre a 9016 lieues : c'est l'espace que parcourt en 24 heures chaque point de l'é- quateur ; environ 376 lieues par heure, ou $6\frac{1}{4}$ lieues par minute, ou enfin 238 toises par seconde. Cette vîtesse est très-grande sans doute, puisqu'elle surpasse celle d'un boulet au sortir d'un canon. Mais si on la suppose trop con- sidérable, et qu'on s'en fasse un motif pour rejetter le mou- vement de la terre, il faudra, en supposant ce globe immo- bile, admettre la rotation du ciel : on est forcé d'opter entre ces deux systêmes.

Or, si le soleil tourne en 24 heures autour de la terre, sans parler de la force immense capable d'im- primer ce mouvement rapide à une masse aussi énorme, quelle prodigieuse vîtesse que celle d'un corps qui dé- crirait en 24 heures un cercle de plus de 34 millions de rayon! N'effraye-t-elle pas l'imagination? et l'hypothèse du mouvement du soleil n'est-elle pas plus inconcevable que celle du mouvement de la terre? Cet astre devrait en effet parcourir plus de 2500 lieues par seconde.

Pourtant ce n'est rien encore! Et ces étoiles, situées à des distances bien plus grandes, elles tourneraient aussi autour de nous, accomplissant en 24 heures le cercle entier! Leur vîtesse serait immense, même par rapport à celle du soleil. Comme elles n'ont pas de parallaxe, nous n'en pouvons apprécier ni la distance ni le volume. Si cet angle était seulement de 1″, la distance serait de plus de 7 millions de millions de lieues; elles parcourraient donc plus de 500 millions de lieues par seconde. Leur petitesse n'est qu'apparente à cause de leur immense éloignement; si quelqu'une avait seulement 1″ de diamètre apparent, elle ne pourrait être contenue dans l'espace qui nous sépare du soleil. Il est donc bien vraisemblable que les dimensions des étoiles et leurs distances, sont très-inégales, et que plusieurs sont même plus étendues que le soleil. Cette réunion de circonstances, rend encore plus difficile à admettre l'hypothèse de leur mouvement.

Et quelle puissance serait nécessaire pour retenir le soleil et les étoiles dans leurs orbites, et détruire l'effet de la *force Centrifuge* qui les porte à s'éloigner de nous? Cette force est celle qui tend le cordon d'une fronde en mouvement; elle réside dans la main qui la tient et la retient: le calcul prouve qu'elle croît comme la distance (*voy.* n°. 84).

Si nous ne sommes pas certains que les étoiles soient à des distances inégales de nous, du moins pour les planètes, le soleil et la lune, cette vérité est constatée: et, puisqu'ils participent au mouvement général, on rencontre ici une nouvelle difficulté qui s'oppose à l'immobilité de la terre. Il faudrait donc que ces astres eussent des vitesses respectives telles, qu'étant proportionnelles à leurs distances, elles

s'accordassent à se présenter ensemble sous la même apparence que si la terre tournait? Ce concert paraît encore plus
impossible à admettre, et tout nous indique que *la terre a
un mouvement de rotation sur son axe, et que les étoiles
sont, par rapport à nous, fixes dans l'espace.*

Animés d'un mouvement commun à tout ce qui nous
environne, nous sommes dans le cas d'un spectateur placé
sur un vaisseau. Il se croit immobile, et le rivage, les montagnes et tous les objets placés hors du vaisseau, lui paraissent se mouvoir. Mais, en comparant l'étendue du rivage
et des plaines, et la hauteur des montagnes, à la petitesse
de son vaisseau, il reconnaît que leur mouvement n'est
qu'une apparence produite par son mouvement réel. Les
astres nombreux, répandus dans l'espace céleste, sont, à
notre égard, ce que le rivage et les montagnes sont par
rapport au navigateur, et les mêmes raisons par lesquelles
il s'assure de la réalité de son mouvement, nous prouvent
celui de la terre. (Laplace, *Exp. du Syst. du monde*, liv.
II, chap. 1er.)

Ce qui nous persuade que la terre est immobile, est un
sentiment d'amour-propre, qui nous fait tout rapporter
à nous : mais la philosophie doit faire justice de cette erreur.
Peut-être doit-on l'attribuer aussi à quelque opinion religieuse mal entendue, qui nous égare ; mais sous ce rapport il faut encore moins la ménager : c'est attaquer la
puissance du Créateur, que de diminuer la majesté de la
création, en la réduisant à n'avoir pour objet que la terre,
qui n'est qu'un point insensible dans l'espace.

Mais ce qui confirme l'opinion du mouvement de la terre,
c'est l'accord que plusieurs phénomènes présentent.

1°. On observe que, sous l'équateur, les corps ont moins
de poids; en général, la pesanteur s'accroît à mesure qu'on
s'éloigne de l'équateur en allant vers le pôle. Cette vérité

est rendue incontestable, d'après le nombre d'oscillations qu'un même pendule fait en différens lieux de la terre ; et on trouve qu'il oscille plus lentement sous l'équateur, toutes circonstances égales d'ailleurs. On sait que le rayon de l'équateur est un peu plus grand : par cette raison, la pesanteur doit décroître, puisqu'elle diminue à mesure qu'on s'éloigne du centre de la terre. On en verra la raison n°. 87 ; mais ce fait est certain, d'après ce qu'on observe en s'élevant sur de hautes montagnes. Cependant cette cause ne suffit pas pour expliquer la diminution de la pesanteur qu'on trouve plus grande que cette raison ne le suppose. Or, si la terre tourne, la force centrifuge croît avec le

Fig. 4. rayon QO du cercle décrit par chaque point : ce cercle n'a pour rayon celui de la terre CK qu'à l'équateur même : il est nul sous le pole ; et pour tout point intermédiaire, il est égal à la perpendiculaire OQ menée sur l'axe de rotation PP'. En évaluant par le calcul la loi des diminutions du nombre d'oscillations, eu égard à ces deux causes, on trouve le résultat d'accord avec l'observation.

2°. Tout porte à croire que par l'effet des révolutions survenues dans notre globe, ou par la nature de sa constitution originaire, sa surface n'a pas toujours eu cette dureté qu'elle a maintenant. Mais si elle a autrefois été dans un état de mollesse, ses parties, soumises à l'action de la pesanteur et de la force centrifuge, ont dû, avant leur endurcissement, prendre la forme d'un sphéroïde renflé sous l'équateur ; parce que d'une part, la pesanteur y est moindre qu'aux poles ; et que de l'autre, la rotation terrestre doit y introduire l'action d'une force centrifuge croissante du pole à l'équateur. En soumettant ces circonstances au calcul, on trouve que l'applatissement doit être à-peu-près celui que l'observation a déterminé.

3°. Lorsqu'on abandonne, d'un sommet, un corps pour

qu'il descende librement par son poids, si la terre est fixe, il doit tomber verticalement. La même chose aura lieu si elle tourne, et que le sommet soit peu élevé ; car ce corps participera de la vîtesse commune dès le commencement de sa chûte ; il aura donc une vîtesse horisontale, outre la vîtesse verticale due à la pesanteur. En vertu des lois de la mécanique, le corps obéissant à ces deux forces, tombera encore verticalement. On éprouve un effet analogue sur un vaisseau qui s'avance sans secousse ; tout s'y passe comme s'il était en repos.

Mais si le sommet est très-élevé, la circonférence qu'il parcourt est sensiblement plus grande que celle que décrit la base ; la vîtesse y est donc plus grande dans le sens horisontal de l'occident vers l'orient : ainsi le corps pesant ne tombera plus verticalement, et se rapprochera vers l'est. C'est ce qu'on observe encore.

Outre ces preuves, l'analogie en offre d'autres que nous exposerons à mesure que l'occasion se présentera.

23. La portion du globe terrestre, qui regarde le soleil, en reçoit la lumière ; la partie opposée est dans l'obscurité : d'un côté on a le jour, et de l'autre la nuit. L'un commence et l'autre finit pour les habitans du cercle qui sépare ces deux moitiés de la terre. Si on imagine un second cercle perpendiculaire à ce dernier, les habitans de ce cercle compteront midi ou minuit à cet instant. Mais la rotation de la terre fait changer la situation de ces deux cercles, ce qui produit la succession des heures, des jours et des nuits. La cause de ce phénomène est donc dans *le mouvement diurne* : venons au mouvement annuel.

24. Le cercle gg' de *Déclinaison*, que le soleil semble décrire, varie chaque jour ; le mouvement diurne de la terre nous fait juger que dans les 24 heures l'astre a parcouru un cercle gg' ; mais ce cercle varie dans tous les tems

Fig. 1 et 2.

de l'année : la plus grossière observation suffit pour s'en convaincre, puisqu'à midi cet astre est bien plus élevé sur l'horison l'été que l'hiver ; la durée du jour, ou l'arc visible de son cours apparent, est tel que *kgk'* dans l'été est bien plus grand qu'en hiver où il n'est que *KGK'* ; le lieu de son lever change aussi tous les jours ; il se rapproche du nord pendant l'été et du midi en hiver. *Voyez* à ce sujet ce qui a été dit n°. 18.

Mais ces remarques ne suffisent pas, et il faut observer plus attentivement les variations solaires.

Si on mesure chaque jour à midi la distance au zénith du *bord supérieur du soleil et celle du bord inférieur*, un terme moyen entre ces deux observations, sera celle du centre ; on en déduit la distance de ce centre à l'équateur ou la déclinaison. *Une suite d'opérations semblables prouve que le soleil est tantôt dans l'équateur céleste, tantôt au-dessus de ce plan, tantôt enfin au-dessous* (*).

En remarquant une étoile qui passe aujourd'hui au méridien en même tems que le soleil, on voit qu'il y arrive plus tard le lendemain d'environ 4 minutes (**) ; chaque jour

---

Fig. 5.   (*) Il est inutile de dire que le soleil *S'* n'étant pas à une distance inappréciable de la terre, par un effet de la *parallaxe* (*Voy.* n°. 20), cet astre ne répond pas au même point du ciel pour tous les hommes. Or, on sait qu'il faut regarder les dimensions de la terre comme nulles, relativement à l'éloignement des étoiles (n°. 6), et supposer que les distances au zénith ont été prises en plaçant l'observateur au centre de la terre. La correction se fait alors en suivant la règle prescrite par l'équation (6) de la note du n°. 20, page 22. Ce sont ces distances zénithales corrigées qu'il faut employer dans ce qu'on vient de dire, et par la suite dans toutes les circonstances semblables.

(**) Plus exactement le retard du soleil est de 236″,9 : mais il ne faut prendre cette valeur que comme un terme moyen, parce

il s'en éloignera d'à-peu-près autant. Ainsi, lorsque la terre aura effectué 90 révolutions, l'étoile sera en avant du soleil d'environ 90 fois 4 minutes, à peu-près 6 heures : donc, le méridien de l'étoile et celui du lieu actuel du soleil, seront à angle droit. Après 180 révolutions ces deux astres seront éloignés de 12 heures; ensorte que le soleil passera au méridien 12 heures plus tard que l'étoile : l'un y sera à midi, l'autre à minuit : ils seront donc dans le même méridien; mais à 180° de distance, c'est-à-dire de côtés opposés (*voy.* n°. 18). Le retard du soleil s'accumulant encore, *après 365 jours et un quart environ, il est de 1460′ ou 24 heures.* Ainsi, à l'expiration de l'année, le soleil se retrouve dans le même méridien que l'étoile. Dans cette durée, il a passé une fois de moins au méridien, précisément par la même raison qu'un voyageur qui fait le tour du globe d'orient en occident, compte à son retour un jour de moins que nous (*voy.* n°. 12).

Concluons de là que l'*Ascension droite* du soleil varie chaque jour, comme sa déclinaison : ces variations sont aisées à mesurer l'une et l'autre. Puisque la connaissance de ces deux élémens suffit pour déterminer la situation d'un astre dans le ciel (*voy.* n°. 18), pour en avoir une idée juste, on pourra faire l'opération suivante. On marquera sur une sphère la situation des pôles P et P', de l'équateur EE', et celle de chaque étoile; puis, d'après la déclinaison et l'ascension droite du soleil chaque jour, on en déterminera le lieu. Unissant ces divers points par un trait continu gG', on aura l'image de la route qu'aura suivie le soleil, durant 365 révolutions et $\frac{1}{4}$ de la terre : route qu'il doit recom-

Fig. 1 et 2.

----

que ce retard n'est pas constamment le même à cause que la distance de la terre au soleil change ainsi que la vitesse, comme nous allons l'exposer.

mencer éternellement. Otons , par la pensée , à cet astre
cette lumière éclatante devant laquelle toute autre dispa—
raît , et supposons qu'on ne le voie que comme une simple
étoile ; nous le rapporterons chaque jour à un point diffé—
rent du ciel ; il s'approchera de quelques étoiles , s'éloignera
de celles qu'il nous cachait par son interposition , et nous
aura semblé décrire sur la voûte céleste une orbite en sens
contraire du mouvement diurne , et par conséquent en retardant chaque jour précisément de la quantité dont il se
sera avancé dans cette courbe.

L'observation a fait connaître que cette orbite gG' est
tracée dans un plan qui passe par le centre de la terre. On
sent bien que le peu d'exactitude des opérations graphiques
ne permettrait pas de compter sur la vérité de cette consé—
quence, si elle n'avait pour fondement que la suite de constructions que nous venons d'indiquer sur un globe céleste.
C'est en appliquant le calcul le plus rigoureux aux obser—
vations , qu'on l'a mise hors de doute. Le plan de l'orbite
solaire se nomme *Ecliptique* : on donne aussi ce nom au cercle
fixe, suivant lequel ce plan coupe la sphère céleste, et encore à la courbe décrite par le soleil : courbe qui est à une
distance infinie du ciel , et par conséquent très-différente
de l'écliptique céleste que cet astre nous semble décrire.

En prenant les plus grandes déclinaisons GE, ge de part
et d'autre de l'équateur EE', on a trouvé que ce plan fait ,
avec celui de l'écliptique, un angle de $23°27'41''$: c'est ce
qu'on nomme l'*Obliquité de l'écliptique*. Ainsi l'axe PP' de
la rotation diurne fait, avec l'écliptique, un angle PTg qui
en est le complément à $90°$; il est de $66°32'19''$.

25. La variation de l'ascension droite du soleil est ce
qui cause la différence qu'on remarque dans le spectacle
du ciel pendant les nuits : spectacle qui change et se re—
nouvelle avec les saisons. Les étoiles situées sur la route du

soleil, et qui ne se couchent qu'un peu après lui, se
perdent bientôt dans sa lumière, et reparaissent ensuite
à son lever. En regardant le ciel à 10 heures du soir, on
remarque dans les étoiles une disposition différente dans
les diverses saisons, parce que la partie de la voûte céleste
qui est tournée vers nous change peu-à-peu.

Mais la variation du soleil en déclinaison présente un
phénomène bien plus remarquable. Lorsque le soleil est
dans l'équateur céleste EE', la rotation de la terre nous
fait attribuer à cet astre un mouvement contraire, et il
nous paraît décrire un cercle qui est l'équateur même.
Mais à mesure que le soleil s'éloigne de ce plan, il nous
semble décrire des cercles parallèles à l'équateur : lorsqu'il
a atteint la limite g de son éloignement vers le pole boréal,
il se rapproche de ce plan en offrant la même série de
cercles; puis décrit de nouveau l'équateur céleste EE',
s'abaisse au-dessous, pour y revenir ensuite, après avoir atteint
la limite opposée G. C'est à ce mouvement qu'on doit le
retour des saisons; c'est par cette raison que le soleil s'élève
plus sur l'horison à midi en été qu'en hiver, et que les
ombres s'alongent et s'accourcissent successivement. (*Voy.*
n°. 18.)

Cette série de cercles offre une apparence très-compli-
quée, qui n'est qu'une combinaison très-simple de la rotation diurne de la terre et du déplacement annuel du soleil
dans l'écliptique. Cet astre nous semble parcourir la courbe
$AHPG$ en un an, tandis que la terre fixée en S tournerait
environ 365 fois et $\frac{1}{4}$ sur son axe oblique au plan $AGPH$
de l'orbite solaire. Nous reviendrons bientôt sur cette complication de mouvement (33) : il nous suffit ici de concevoir que chaque jour, de son lever à son coucher, le soleil
nous semble avoir parcouru le cercle diurne avec les autres
astres ; mais que ce cercle varie d'étendue, en changeant

de situation relativement à l'équateur, précisément par la même raison qui fait que les étoiles voisines du pole ne décrivent que de petits cercles autour de nous.

26. Instruits par l'expérience à ne pas regarder les mouvemens comme réels, par cela seuls qu'ils sont apparens, il est naturel de chercher si le soleil, au contraire, ne serait pas fixe dans l'espace en S, tandis que le centre de notre globe parcourrait l'écliptique $TAHPG$. On ne peut se dispenser d'adopter l'une de ces deux hypothèses : les apparences sont les mêmes dans l'une et l'autre. Comparons donc les phénomènes entre eux, afin de nous décider, ainsi que nous en avons agi pour le mouvement diurne.

D'abord, si le centre de la terre se meut en effet autour du soleil, et parcourt en 365 jours et ¼ une circonférence de 24096 rayons terrestres, ce centre décrit chaque jour un peu moins d'un degré : un calcul simple donne environ 400 lieues pour l'espace décrit dans une minute, mais si cette grande vitesse offre quelque chose de surprenant, elle le sera davantage encore si on admet que c'est le soleil qui l'a reçue. Ainsi, en comparant seulement le peu d'étendue de la terre à l'immensité de cet astre, treize cent mille fois plus gros, on voit qu'il est plus simple d'attribuer cette vitesse à la terre, puisqu'il est nécessaire que l'un ou l'autre en soit animé.

On sait, par les lois de la mécanique, qu'on ne peut faire tourner un corps libre sur un axe, qu'en le frappant dans une direction qui ne passe pas par son centre de gravité, et qu'outre sa rotation, il prend aussi un mouvement de translation, comme si la force imprimée passait par ce centre. Si on choque une bille sur un billard, suivant une direction oblique, on la voit tourner sur elle-même, en même tems qu'elle s'avance dans la ligne où le choc a été produit, comme s'il eut été imprimé directement sur le centre. Si on veut que la rotation subsiste seule, il faudra donc imprimer en même tems une seconde impulsion égale et opposée, capable, si elle était seule, de communiquer au corps une rotation égale et dans le même sens. Or il est certain que la terre a un mouvement gyratoire ; et quelle que soit la cause qui la produit, elle a dû prendre en même tems un mouvement de translation de son centre dans l'espace, si aucune puissance spéciale ne l'a arrêté. Il est donc encore plus simple de concevoir que la terre se transporte dans l'espace, que d'attribuer au soleil cette sorte de mouvement : il faudrait en effet trois impulsions pour l'expliquer ; l'une sur le centre du soleil, et deux opposées sur la terre.

27. Nous avons déja eu occasion de parler de quelques astres irréguliers dont la distance aux étoiles est immense, mais qui sont assez voisins du soleil et de la terre : ce sont les *Planètes*. Or, en observant attentivement les taches qu'on voit à leur surface avec de bons télescopes, on a trouvé que ces taches changent de place, ce qui a fait reconnaître que les planètes ont, comme la terre, un mouvement de rotation sur un axe ; qu'elles sont un peu aplaties vers leurs poles, et opaques comme elle ; qu'elles tournent autour du soleil dans différentes orbites, et qu'enfin le sens de leur mouvement est le même que pour la terre, c'est-à-dire d'occident en orient. De plus, quelques-unes ont des satellites, c'est-à-dire des corps qui tournent autour d'elles, comme la lune autour de la terre. Nous exposerons bientôt ces faits avec détails (Chap. VII).

Ainsi l'analogie avec les mouvemens diurnes et annuels de la terre, se soutient complètement. Ce n'est pas tout encore. Si on admet que la terre a son axe immobile, il n'en faudra pas moins reconnaître le mouvement des planètes autour du soleil; et alors quelle complication dans ces phénomènes! quelle vîtesse prodigieuse dans Jupiter, celui de ces astres qui est 5 fois plus éloigné que nous du soleil, et qui est 1500 fois plus gros que la terre! Que penser de Saturne, qui est 900 fois plus gros que notre globe et qui est 9 fois plus loin du soleil; d'Uranus, qui est 2 fois plus loin encore, et dont le volume est 80 fois celui de la terre? Tous ces astres cependant tournent sur eux-mêmes et autour du soleil. Un observateur à la surface de Jupiter, jugerait le soleil, la terre et les planètes en mouvement autour de lui; et le volume considérable de son globe rendrait cette illusion moins invraisemblable que pour la terre. N'est-il pas naturel de penser que le mouvement de ce système autour de nous, n'est semblablement qu'une apparence.

Nous ne disons rien ici de la puissance qui détruit la force centrifuge de ces corps, et les retient dans leurs orbites; nous en parlerons lorsqu'il en sera tems : ce n'est point de cela qu'il s'agit ici (*voy.* n°. 85). Le mouvement de la terre dans l'écliptique, ou celui du soleil, est un fait incontestable; il faut seulement admettre l'une ou l'autre hypothèse. La plus simple, n'est-elle pas de regarder comme mobile dans l'espace, la terre, ce point à peine visible du soleil; tandis que nous sommes obligés de reconnaître un semblable mouvement dans d'autres corps célestes bien plus éloignés et plus volumineux? On voit que cette opinion est conforme à toutes les conditions de l'analogie, qui serait détruite par l'opinion contraire.

Et quant à la réunion des deux mouvemens de la terre (sa rotation autour de son axe et la translation de son centre dans l'espace), loin de la regarder comme une complication, on doit reconnaître, qu'outre qu'ils existent dans les planètes où nous n'y trouvons rien de surprenant, d'après les lois de la mécanique, la translation semble être la conséquence de la même impulsion qui a communiqué le mouvement gyratoire ; et si ce dernier existait seul, il aurait besoin de plus d'efforts pour être conçu. C'est ainsi que ce jouet, qu'on nomme *Toupie*, par l'action latérale qu'on lui a imprimée, tourne rapidement sur son axe, et décrit en outre une courbe en posant sur sa pointe. Au reste, il faut regarder cet exemple comme une comparaison très-imparfaite, car le mouvement de la terre est éternel, parce qu'aucune résistance ne l'altère ; tandis que l'air, le frottement de la pointe de la toupie, la manière dont elle est lancée, changent l'état physique de ce mobile, de manière à détruire peu-à-peu son mouvement, en commençant par celui de translation (*).

Nous admettrons donc ce double mouvement de la terre ; et loin de regarder cette doctrine comme légèrement

---

(*) Pour expliquer le double mouvement de rotation et de translation de la terre, il suffit de supposer que, placée primitivement en un point quelconque *A* de son orbite, elle ait reçu une impulsion dont Fig. 11. la direction n'a pas passé par son centre de gravité. En comparant sa vitesse dans son orbite avec celle de sa rotation, on a cherché, par le calcul, à quelle distance elle a dû être frappée, pour qu'il en ait résulté ces deux mouvemens que nous lui reconnaissons ; et on a trouvé que dans l'hypothèse du globe homogène, cette distance au centre est très-petite et seulement la 160e. partie de son rayon (*Voyez* ma *Mécanique*, n°. 257). La terre aurait donc été frappée en *A*, perpendiculairement à la ligne *AS* menée au soleil, un peu plus loin de cet astre que son centre et dans le sens qui la porterait de *A* en ♒, ♓, ··· Cette seule impulsion aurait suffi pour produire les mouvemens diurne et annuel que nous observons. Ainsi, loin que ces deux mouvemens soient une difficulté de plus à admettre, il faut avouer qu'ils forment la combinaison la plus simple et que l'intelligence les conçoit plus aisément, que si l'on

admise, il est au contraire surprenant qu'elle réunisse autant de preuves. En effet, le mouvement, quoique réel, pourrait n'être pas confirmé par celui des planètes qui, ou n'existeraient pas, ou n'auraient pas elles-mêmes ces deux mouvemens dirigés l'un et l'autre d'occident en orient : elles pourraient ne pas avoir de satellites, ou être moins grosses et moins éloignées du soleil que la terre. Cependant il resterait, dans les seules apparences relatives à la terre et au soleil, assez de force pour préférer l'hypothèse du mouvement de la terre.

Mais ce qui donne plus de poids à cette opinion, c'est l'accord qu'elle établit entre les observations et les résultats : en descendant aux détails les plus minutieux, aidé des calculs les plus rigoureux et les plus délicats, on ne trouve partout qu'exactitude et identité. Les démonstrations que fournissent l'attraction, l'aberration, les rétrogradations des planètes, ne peuvent être exposées maintenant ; et ce sont cependant les plus concluantes. On doit regarder tout ce qui sera dit dans ce traité, comme tendant à démontrer cette doctrine. Ce qui n'était qu'une supposition infiniment plus vraisemblable que celle du mouvement du soleil, devient alors une vérité démontrée par plus de preuves que n'en peut réunir aucune théorie physique, soit par la simplicité des lois qu'elle suppose, soit enfin par l'analogie qu'elle respecte.

28. D'après cela, la terre décrit l'écliptique en 365 jours environ et d'occident en orient, en faisant un tour sur elle-même en 24 heures ; c'est-à-dire qu'elle tourne un peu plus de 365 fois de droite à gauche, pendant qu'elle

---

des deux existait seul. Car il est infiniment peu probable que la projection primitive de toutes les planètes ait passé exactement par leurs centres de gravité.

décrit son orbite entière $A \Upsilon P \triangle$, dans le sens $A \approx)(\Upsilon \ldots$ Fig. 11.
Un spectateur qui, séparé de la terre, marcherait en la sui-
vant dans l'écliptique, aurait sans cesse le soleil à sa gauche,
et verrait ce globe tourner devant lui ; de sorte que la face
dont il aurait l'aspect, passerait de sa gauche à sa droite.

Ce double mouvement de la terre explique les apparences que le ciel nous offre en différens tems. Par l'effet
de la rotation diurne, un peu après le coucher du soleil,
et lorsque la lueur crépusculaire vient de s'éteindre, nous
apercevons la moitié de la sphère céleste. Le ciel nous
semble tourner peu à peu d'orient en occident ; les étoiles
qui sont vers la région où nous avons cessé de voir cet
astre, se cachent sous l'horison, tandis que du côté
opposé, on en découvre de nouvelles qui viennent de
se lever. La révolution céleste apparente continue, et
la durée de la nuit détermine l'étendue du firmament,
qui vient tour-à-tour s'offrir à nos regards. Dans une
nuit d'hiver ou d'automne on peut le voir en entier,
excepté la partie voisine du pole austral, qui ne se lève
jamais pour nous (41° de déclinaison australe, *voy.* n°.11),
et celle qui est voisine du lieu de l'écliptique où le soleil
nous paraît être, et qui ne roule au-dessus de nos têtes
que pendant la clarté du jour.

Par l'effet du mouvement annuel, le soleil nous semble
parcourir l'écliptique dans le même sens que la terre la
décrit en effet. Si la terre est en Υ, le soleil paraît être
au point opposé $\triangle$, ou plutôt au point où le firmament
est rencontré par la droite ΥS prolongée indéfiniment. Si
la terre est transportée en ϑ, le soleil nous semble en $\mathfrak{m}$;
si elle est en π, il nous semble en $\leftrightarrow$. Nous jugeons donc
que l'astre a décrit l'arc $\triangle \mathfrak{m} \leftrightarrow$, ou plutôt l'arc correspondant de l'écliptique céleste, dans le même sens où la
terre s'est réellement transportée. Ainsi cet astre a passé

de notre droite à notre gauche, ou d'occident en orient, précisément parce que la terre a passé de gauche à droite, ou d'orient en occident. Mais si nous nous transportons dans le soleil, nous verrons la terre animée de son mouvement réel de ♈ en ♉ ♊,.. c'est-à-dire dans le sens même de la translation apparente du soleil, mouvement qui, rapporté aux étoiles, marque dans le ciel la même trace que le soleil, mais en des points opposés. Lorsque la terre décrira l'arc ♎ ♏ ♓, six mois après l'instant où le soleil nous a paru le décrire, ce mouvement vu du soleil, sera par conséquent le même que celui du soleil vu de la terre. Ainsi il est réellement dirigé dans le même sens que celui des planètes, ou d'occident en orient.

Le chapitre suivant offrira l'explication détaillée de toutes les apparences du mouvement solaire dues au mouvement réel de la terre.

Fig. 6.   Après avoir observé un astre du point O de la surface terrestre, nous avons exposé (20) les procédés à l'aide desquels on le réduit au lieu où il serait vu du centre C de la terre. De même on pourra le réduire au lieu où le verrait un spectateur placé au centre du soleil. Alors *la parallaxe* est l'angle sous lequel de l'astre on verrait le rayon de l'écliptique. C'est ce qu'on nomme la *Parallaxe annuelle* ou *de l'orbe terrestre*.

Nous acquérons donc ainsi, dans le rayon de l'écliptique, une base immense pour mesurer les distances des corps célestes. C'est par son moyen que l'on a exactement déterminé les distances des planètes au soleil. Ainsi le mouvement de la terre, qui, par les illusions dont il est cause, a pendant longtems retardé la connaissance des mouvemens réels des planètes, nous les fait connaître

ensuite avec plus de précision que si nous eussions été
placés au centre de ces mouvemens.

III. *Du Soleil.*

29. Supposons-nous maintenant placés au centre S Fig. 6,
du soleil, et jetons les yeux sur la terre T, nous verrons
qu'elle a deux mouvemens distincts dans l'espace ; l'un
de rotation sur son axe et qu'elle accomplit en 24 heures ;
l'autre de translation et en vertu duquel, son axe demeurant parallèle dans l'espace, le centre décrit une
orbite plane GTA, qu'il n'a parcourue qu'après environ
365 révolutions diurnes.

Puisque l'axe de la terre demeure constamment parallèle, il fait toujours avec le plan de l'écliptique un
angle de 66° 32′ : il semblera d'après cela que les deux
extrémités de cet axe devraient tracer dans le ciel, deux
courbes fermées autour des poles. Mais il n'en est pas
ainsi, et cet axe ne marque en effet que deux points
opposés : la prodigieuse distance des étoiles en est la
cause. Nous savons (6) que les dimensions de la terre,
comparées à cette distance, sont nulles ; et on en doit
dire autant de celles de l'écliptique. Quoique cette courbe
ait 70 millions de lieues, le spectateur placé dans l'é-
toile, qui, par son vif éclat, semble plus proche de nous,
ne verrait ce diamètre que sous un angle de moins de 2″.
Tel est du moins la parallaxe annuelle qu'on a cru remarquer dans Sirius, et qui peut être n'existe même point.
Il est facile d'en conclure que cette étoile est 100 mille
fois au moins, plus éloignée que le soleil.

Ainsi le diamètre de l'écliptique n'est encore qu'une
trop petite échelle pour mesurer l'éloignement des étoiles.
De cette distance, le soleil ne seroit vu que sous un angle

d'un 100e. de seconde au plus; l'orbe terrestre que sous un angle d'à peine 2″, et l'épaisseur d'un fil de soie suffirait pour cacher le système planétaire entier, quoiqu'il soit 20 fois plus étendu que l'écliptique. La lumière qui, comme nous le dirons, se propage avec tant de vîtesse, qu'elle n'emploie que 8′ à nous arriver du soleil, met donc plus de 3 ans à nous venir des étoiles. Si quelque phénomène se faisait remarquer dans l'une d'elles, nous ne le verrions que bien longtems après; et s'il arrivait qu'un de ces astres fut tout-à-coup créé, nous ne pourrions l'apercevoir que plus de trois ans après sa création.

Le plan de l'équateur est emporté dans le mouvement annuel, et conserve son parallélisme ainsi que l'axe de la terre; il fait toujours avec le plan de l'écliptique un angle de 23° 28′; et quoiqu'il soit transporté avec elle dans l'espace, il coupe cependant le ciel suivant le même cercle que si elle était fixe. Le mouvement de la terre ne contrarie donc en rien ce que l'observation à fait connaître sur la situation fixe des poles et de l'équateur célestes.

Fig. 12.   On a donné le nom de *Rayon vecteur* à la ligne *ST*, qui passe par les centres de la terre et du soleil. Dans son mouvement elle est supposée entraîner avec elle cette ligne, qui éprouve les variations de longueur nécessaires pour joindre toujours ces deux centres. En effet, nous ferons bientôt remarquer (37) que l'écliptique n'est point circulaire, et qu'elle n'est pas parcourue d'une vîtesse égale. La vîtesse du rayon vecteur se nomme *la Vitesse angulaire de la terre*.

30.   Le phénomène du renouvellement des saisons n'est qu'un effet de l'inclinaison constante de l'axe de la terre sur le plan de son orbite dans le mouvement annuel.

Fig. 13.   Soit *S* le lieu du soleil, et *T* celui de la terre. Le rayon vecteur *ST* coupera notre globe en un point *A*; si on mène un plan *AB* perpendiculaire à l'axe *PT* de la terre, dans la rotation diurne, chaque point de ce cercle *AB* viendra successivement passer en *A*, et les habitans de ce cercle auront le soleil à leur zénith. Les ombres d'une tour, d'une ligne à plomb, s'accourciront à mesure qu'on s'approchera du point *A*, où elles deviendront tout-à-fait nulles à midi : l'image du soleil s'y réfléchira au fond d'un puits. *AO* sera la latitude de ce cercle *AB*.

Si la projection de l'axe de la terre sur le plan de l'écliptique tombe sur le rayon vecteur *TAS*, c'est-à-dire si le plan *PTA* est perpendiculaire à celui de l'orbite, ce sera le jour du *Solstice d'été* pour tous les habitans de la partie *APB* de la terre ; ils ne verront pas, il est vrai, le soleil à leur zénith, mais ce sera le jour où cet astre en approchera le plus. Par la rotation diurne de la terre, il paraîtra décrire dans le ciel le cercle qui est au zénith de *BA*, et sera dans la situation la plus éloignée de l'équateur *TO*; *AO* sera de 23° 28' : ce cercle est *le Tropique du Cancer*, nom qu'on donne aussi au cercle terrestre *BA*.

Plus un lieu de la terre est voisin de ce cercle *BA*, et plus l'ombre y est courte le jour du solstice d'été, sans pourtant y devenir nulle. L'élévation d'un astre sur l'horison à son passage au méridien dépend de la position du cercle de déclinaison, que la rotation diurne lui fait décrire. A cette époque le soleil a acquis sa plus grande déclinaison ; il est donc plus élevé sur notre horison qu'à toute autre époque; et plus la latitude terrestre approche de celle du cercle *AB*, ou de 23° 28', plus la hauteur du soleil est grande ce même jour. C'est pour cela que dans les parties méridionales de l'Europe un toit un peu avancé suffit pour abriter une maison entière des ardeurs du soleil d'été : cet astre étant alors plus élevé sur l'horison qu'il ne l'est

ici. Vers le nord au contraire, les ombres y sont plus allon-
gées qu'à Paris à une même époque.

Fig. 15.   31.   Lorsque la terre aura quitté le lieu T et se sera
transportée dans son orbite, comme l'angle que fait l'axe
TP avec ce plan est toujours le même, mais que le rayon
vecteur aura changé de situation, l'angle PTA ne demeurera pas constant. Ici cet angle est aigu; mais quand la
terre sera à l'opposite en T', il sera obtus, $P'T'A'$. Le
soleil S sera alors au zénith du cercle $A'B'$ parallèle à l'équateur; l'axe $T'I$ de la terre se projettera de nouveau sur le
rayon vecteur $A'T'$; les habitans de la région $A'IP'$ auront l'été; nous serons au contraire au *solstice d'hiver*, et
le soleil sera à midi plus bas sur notre horison, qu'en
tout autre jour de l'année. L'arc $A'O'$ sera de 23°.28'; mais
situé de l'autre côté de l'équateur. Le cercle que paraîtra
décrire le soleil dans le ciel, sera le plus éloigné de l'équateur; sa déclinaison sera australe et de 23°. 28' : on nomme
ce cercle le *Tropique du Capricorne*; nom qu'on donne aussi
au cercle $A'B'$ de la terre, pour lequel le soleil est ce jour
au zénith.

32.   Examinons ce qui arrive dans l'intervalle de ces
deux positions de la terre, alors l'axe ne se projète plus sur
le rayon vecteur, et l'angle formé par ces deux lignes varie
depuis l'angle aigu PTA, jusqu'à l'angle obtus $P'T'A'$,
qui sont les deux limites.

Prenons la situation où la terre étant en t, l'angle taS
de l'axe avec le rayon vecteur est droit. Le globe sera coupé
en a par ce rayon, et le point a sera sous l'équateur aob.
Ainsi ce jour le soleil nous paraîtra décrire l'équateur céleste; la nuit sera égale au jour pour toute la terre (8);
c'est ce qu'on nomme l'*Équinoxe du printems*.

Pour passer de T' en t, la terre aura effectué environ 90
révolutions diurnes, durant lesquelles le soleil nous aura

semblé décrire autant de cercles parallèles à l'équateur, correspondans aux divers points de *A'* à *O'* ; il aura donc passé
graduellement du tropique du capricorne, à l'équateur, par
une suite de cercles en forme de spirale. On reconnaîtra une
pareille série de cercles, mais au-dessus de l'équateur, dans
le passage de la terre de *t* en *T*, c'est-à-dire de l'équinoxe
du printems au solstice d'été ; et de ce solstice à l'*Équinoxe
d'automne*, vers le 23 septembre, la terre arrivera à *t'*,
point opposé à *t*; l'axe *p't'* formant encore un angle droit
t'a'S avec le rayon vecteur. Dans l'intervalle de *T* en *t'*, le
soleil aura paru décrire, en sens rétrograde, les mêmes
cercles qu'en allant de *t* en *T*. Il reviendra du tropique du
cancer à l'équateur, pour passer de là au tropique du capricorne, et ainsi de suite.

33. Nous voyons donc comment l'inclinaison constante
de l'axe de la terre sur le plan de son orbite, produit l'illusion qui nous fait croire que le soleil décrit une série de
cercles en passant d'un des tropiques à l'autre, cercles qu'il
parcourt ensuite en rétrogradant pour revenir à l'équateur.
Chaque cercle apparent est l'effet de la rotation diurne, et
le passage d'un cercle à l'autre, ou le changement de déclinaison du soleil, est dû au mouvement de la terre dans l'é-
cliptique.

Pour les habitans de l'équateur terrestre *KK'*, les poles
PP' sont dans l'horison ; le cercle décrit par chaque étoile
s'élève verticalement sur cet horison, qui coupe en deux
parties égales tous ces parallèles : les jours sont donc égaux
aux nuits pendant toute l'année. Le soleil passe au zénith
deux fois par an ; ses hauteurs méridiennes sont les plus petites dans les solstices, elles ont 66° 32', inclinaison de l'axe
de la terre sur l'écliptique. Les ombres prennent toutes les
situations possibles, tantôt d'un côté, tantôt de l'autre, par
rapport à l'équateur : elles sont six mois à droite et six mois

Fig. 4
et 5.

à gauche du spectateur qu'on suppose tourné vers l'occident.
Au milieu du jour l'ombre est nulle si le soleil est dans l'é-
quateur; autrement elle se dirige tantôt vers un pôle, tantôt
vers l'autre. Or, c'est ce qui n'arrive jamais hors des tropiques. A Paris l'ombre est toujours dirigée au nord à midi.

Ainsi, à proprement parler, il n'y a par an sous l'équateur que deux étés et deux hivers. Il en est de même pour
tous les lieux situés entre les tropiques : la saison la plus
désagréable est l'été, à cause des chaleurs excessives et des
pluies abondantes.

34.   Soit EE' l'équateur, gg' le cercle que décrit le soleil, DD' l'horison d'un lieu quelconque : la partie $g'k$ du
cours de cet astre sera invisible et mesurera la durée de la
nuit; l'autre kg sera sur l'horison. Ainsi la longueur du jour
surpassera celle de la nuit. Ce sera le contraire, lorsque,
abaissé sous l'équateur, le soleil décrira le cercle GG'. Sa
hauteur méridienne sera $D'g$ dans le premier cas, et $D'G$
dans le second. On voit donc pourquoi durant l'été les jours
sont plus longs que les nuits, les ombres plus courtes et le
soleil plus élevé à midi sur l'horison qu'en hiver. Les solstices sont l'époque du jour le plus long et le plus court, de
la plus grande et de la moindre hauteur méridienne.

L'heure du lever des astres n'est pas la même pour tous les
peuples (p. 13); mais de plus le lieu du lever et du coucher
du soleil change pour un même peuple. Ce lieu sera en
K et en k aux solstices d'été et d'hiver, et en T aux équinoxes. Ce n'est donc qu'aux équinoxes mêmes que cet
astre se lève précisément à l'orient et se couche à l'occident : dans les autres saisons, il s'éloigne de ces points ; il
se rapproche du midi en hiver et s'en éloigne en été.

Plus on s'avance vers le pole et plus l'arc diurne s'étend
en été, c'est-à-dire plus le jour devient long : car la partie
kg' cachée sous l'horison devient plus petite lorsqu'on fait

tourner l'horison *DD'* pour le rapprocher du point *G* : en même tems le zénith *Z* de l'observateur s'avance vers le pole. C'est par cette raison qu'en été les jours sont plus longs, et qu'en hiver ils sont plus courts en France qu'en Italie.

Si on trace sur la terre un cercle *ZR* de latitude à 23° 28' du pole, les habitans de ce cercle qu'on nomme *Polaire*, auront un jour de 24 heures lorsque le soleil décrira le tropique voisin de ce pole, et une nuit de 24 heures lorsqu'il décrira le tropique opposé. Plus près encore du pole, le tems de la présence et de l'absence de cet astre sur l'horison, vers les solstices, sera de plusieurs jours et même de plusieurs mois.

Enfin, sous le pole, l'horison sera l'équateur même. Le soleil est au-dessus durant les six mois qu'il passe de l'équateur au tropique voisin, et qu'il revient à l'équateur; cet astre est constamment au-dessous, dans les six autres mois; il n'y a donc qu'un jour et qu'une nuit dans toute l'année.

Le froid est plus rigoureux en hiver à mesure qu'on s'avance vers le pole; mais l'été le soleil répare la faible intensité de chaleur de ses rayons obliques, par la longue continuité de son action, puisqu'il y est bien plus longtems sur l'horison. La température y est donc très-élevée, et il y fait une chaleur fort incommode, mais de courte durée. Les glaces polaires, accumulées par la rigueur d'un long hiver, se fondent alors avec abondance, pour se reproduire bientôt.

Au reste, mille circonstances physiques influent sur la température; telles que le voisinage des lacs, des mers, des montagnes et des forêts : c'est pour cela qu'on ne peut pas juger des rigueurs de l'hiver par la seule connaissance de la latitude d'un pays.

La zone terrestre comprise entre les deux tropiques est appelée *Torride*; on nomme *Glaciales* les zones qui, vers les pôles, sont renfermées par chacun des cercles polaires.

Fig. 11.   35. Lorsque la terre passe d'un point γ de l'écliptique à un autre point ϑ, le méridien γS tourne avec elle, et après une révolution complète est parallèle à γS. A raison de l'immense distance du firmament, les étoiles qui étaient situées dans le plan γS, s'y retrouvent donc maintenant : elles nous paraissent alors être revenues au méridien. Mais le soleil qui y était à la même époque, n'y sera pas encore, et la terre devra continuer sa rotation quelque tems de plus, afin que ce plan méridien passe de nouveau en S. Voilà pourquoi le mouvement annuel de la terre nous fait croire que le soleil retarde chaque jour sur les étoiles. L'étendue de ce retard est produite par celle de l'arc d'écliptique décrit, ce que nous allons expliquer.

A une heure marquée, dix heures du soir par exemple, les étoiles qui passent aujourd'hui au méridien, y passeront plutôt les jours suivans; trois mois après elles y arriveront 6 heures avant le soleil : six mois après, il y aura 12 heures de différence, et ces étoiles se retrouveront alors dans le méridien, à 10 heures du soir, mais du côté inférieur et au-delà du pôle. Celles qui ne sont pas du nombre des circompolaires qui ne se couchent jamais (11), seront alors invisibles. Le ciel d'hiver n'est donc pas le même que celui d'été, c'est-à-dire qu'à une heure fixe, les étoiles ne se présentent plus à la même place; elles semblent marcher vers la droite, c'est-à-dire qu'on les voit peu-à-peu s'avancer vers l'occident. Elles disparaissent enfin sous l'horison en même tems que le soleil et se lèvent avec lui, pour le devancer bientôt de la même manière. Voilà l'explication du retard de 4' que le soleil éprouve sur les étoiles, et dont nous avons parlé, *pag.* 36.

Lorsque par l'effet du mouvement annuel le soleil nous

paraît avoir traversé une constellation de droite à gauche ;
elle se couche et se lève un peu avant cet astre. Si elle
commence à paraître une heure avant son lever, la lumière
du soleil n'est pas assez forte pour la faire disparaître ; c'est
alors le *Lever Héliaque* de cette constellation ; observation si
importante dans l'étude de la chronologie ancienne. Le
Coucher Héliaque d'une étoile a lieu lorsqu'elle se couche au
contraire environ une heure après le soleil. Le lever et le
coucher *Cosmiques* arrivent quand elle se lève ou se couche
à l'instant même du lever de cet astre : enfin, le lever et
le coucher *Acronyques* ont lieu lorsque l'étoile se lève
ou se couche à l'instant du soleil couchant. Le lever cos—
mique précède le lever héliaque de 12 à 15 jours, et le
coucher acronyque suit le coucher héliaque d'une égale
durée.

36. Examinons maintenant la nature de l'orbite annuelle
de la terre, et sa vitesse en chaque point.

On remarque que le diamètre apparent du soleil éprouve
des variations périodiques, qui annoncent que sa distance
à la terre varie avec la position de celle-ci. Le point *P*, où
la terre est le plus près de cet astre, et où il nous semble
le plus volumineux, se nomme le *Périgée* ou le *Périhélie* ;
il est diamétralement opposé au point *A*, qui est le plus
éloigné, et qu'on appelle l'*Apogée* ou l'*Aphélie*. Ces deux
points se nomment les *Absides*. La terre arrive au premier
vers le solstice d'hiver, et alors nous sommes plus près du
soleil ; elle atteint le second vers l'autre solstice, et nous
nous trouvons plus éloignés de cet astre.

A l'apogée, le diamètre solaire est de 31′,516 ; il est
de 32′,593 au périgée : la différence est peu considérable.
Il en résulte pourtant que l'écliptique est une courbe un
peu ovale, et que les deux lignes *AS* et *SP*, de la plus
longue et de la plus courte distances, sont un peu inégales ;

Fig. 12.

et comme elles sont en raison inverse des diamètres apparens, on a la proportion

$$AS : SP :: 32{,}593 : 31{,}516,$$

ce qui permet de conclure que la plus grande distance
surpasse la plus petite d'environ le 34e. de celle-ci.

Voici le résultat des observations et des calculs des
parallaxes du soleil.

Distance du soleil à la terre lorsqu'elle est

Périgée . . 23691 rayons terr., ou 33 924 988 lieues.
Apogée . . 24501 . . . . 35 695 232
Moyenne . 24096 . . . . 34 515 110
La plus grande dimension de l'orbe
   entier est de 48192 . . . . 70 030 220

Il s'agit ici de lieues communes de 2280 toises. On voit
que la plus grande distance surpasse la moyenne de près
de 600 mille lieues.

37. En supposant à la terre la même vitesse en tout
tems, l'espace ou l'arc décrit serait de même longueur
pour des tems égaux : et puisque la distance ST varie,
si on prend sur l'orbite deux arcs égaux, qu'on supposera
parcourus dans des durées égales, ces arcs, vus du soleil,
paraîtront inégaux ; on les jugera plus grands pour des
distances moindres. C'est aussi ce qui arrive ; et l'espace
angulaire que le soleil semble décrire diminue en même
tems que le diamètre apparent, c'est-à-dire, lorsque
la distance augmente. Mais en comparant les diminutions
des rayons vecteurs aux augmentations de ces angles,
on reconnaît que celles-ci sont plus grandes qu'elles ne
le doivent être par l'effet de la seule différence des distances.

C'est ainsi qu'au périgée où le diamètre apparent est de 32′,593, le soleil nous semble décrire en 24 heures un arc de 61′,165 ; tandis qu'à l'apogée, où le diamètre est de 31′,516, l'arc décrit est de 57′,192. D'où il suit qu'un spectateur, placé dans le soleil, rapporterait la terre au point du ciel diamétralement opposé à celui où nous jugeons que cet astre se trouve, et verrait que notre globe décrit, en sens contraire du mouvement attribué au soleil, un arc d'environ 61′ au périgée, et seulement de 57′ à l'apogée. Si le rapport inverse des distances (*),

---

(*) Soient r et r' deux rayons vecteurs ou deux distances quelconques ; d et d' les diamètres apparens du soleil vus de leurs extrémités ; enfin a et a' les arcs décrits par le soleil, ou l'angle que parcourt le rayon vecteur et sous lequel on verrait du soleil l'espace décrit par la terre dans deux tems égaux : on a visiblement (note p. 29.)

$$r : r' :: d' : d; \text{ d'où } \frac{r}{r'} = \frac{d'}{d} :$$

d'une autre part, si les arcs parcourus dans l'orbite sont égaux, les angles a et a' décrits par les rayons vecteurs forment aussi la proportion

$$r : r' :: a' : a; \text{ d'où } \frac{r}{r'} = \frac{a'}{a}.$$

Donc, dans ce cas, on devrait avoir $\dfrac{d'}{d} = \dfrac{a'}{a}.$

C'est ce qui aurait lieu en tous les points de l'orbite, si les arcs décrits par le centre de la terre étaient réellement égaux et ne paraissaient inégaux, vus du soleil, que par l'effet du changement de distance. Mais au lieu de cette équation, l'observation prouve qu'on a

$$\frac{a'}{a} = \frac{d'^2}{d^2}, \quad \text{d'où} \quad \frac{a'}{a} = \frac{r^2}{r'^2} \quad \ldots \ldots (1)$$

Donc
$$r^2 a = r'^2 a' \quad \text{et} \quad \frac{r}{r'} = \frac{\sqrt{a'}}{\sqrt{a}} \quad \ldots (2)$$

ou le rapport des diamètres apparens, était égal à celui des arcs décrits, c'est-à-dire, si $\dfrac{61,165}{57,192}$ était égal à $\dfrac{32,593}{31,516}$, et que la même chose eût lieu dans toute l'étendue de l'orbite, on en conclurait que le mouvement de la terre est uniforme, et que l'inégalité de distance cause seule l'apparence du changement de vitesse. Mais, puisque ces deux fractions ne sont pas égales, on est forcé d'admettre un ralentissement réel à mesure que la terre s'éloigne du soleil, et une accélération quand elle s'en rapproche. Elle se meut donc avec plus de vitesse au périgée qu'à l'apogée.

Mais on trouve que la première de ces fractions est égale au carré de la seconde, et par conséquent aussi au carré du rapport inverse des distances; donc *si on multiplie le carré du rayon vecteur par l'angle qu'il décrit dans un jour, on*

Ainsi 1°. *Le produit du carré du rayon vecteur par l'angle qu'il décrit dans des tems égaux, est constant;*

2°. *Les distances de la terre au soleil sont entr'elles en raison inverse des racines carrées des angles décrits par le rayon vecteur dans des tems égaux.*

D'après cela, on peut calculer la valeur du rayon r, sans recourir aux diamètres solaires, pourvu qu'on connaisse l'angle α décrit par ce rayon en un jour. En effet, au périgée, cet angle est de $61',165$; à l'apogée il est de $57',192$: ainsi le rapport des distances correspondantes r et r', d'après l'équation (2), est

$$\frac{r}{r'} = \sqrt{\frac{61,165}{57,192}} = 1,03415$$

la plus grande distance r surpasse donc la plus petite r' de 3415 cent-millièmes de celle-ci. La distance moyenne entre ces deux rayons est de $1,01708$: en mettant cette valeur pour r dans l'équation (1),

trouve le même produit. Or, il suit des observations les plus précises, que cette propriété se vérifie pour toutes les positions de la terre dans son orbite : on doit donc l'admettre comme une loi de son mouvement annuel.

Donc si, du soleil S, on mène des rayons vecteurs ST, SB aux extrémités T et B de l'arc décrit en un jour par la terre, le produit de ce rayon TS par l'arc ab, qui mesure l'angle S, est le même dans toute l'étendue de l'orbite : mais on doit avoir soin de prendre le rayon de l'arc ab, le même pour tous les angles décrits. L'arc TB de l'écliptique, que la terre décrit en un jour, est vu du soleil sous l'angle TBS dont il s'agit ici.

Mais on remarquera que ce qu'on vient de dire suppose les points B et T assez voisins, pour que l'arc TB de l'orbite, ait même longueur que l'arc de cercle TA, décrit du centre S; afin que les deux rayons ST, SB puissent être censés les mêmes. Or rien n'empêche de prendre le tems

Fig. 9.

puis faisant $r' = 1$ et $\alpha' = 61,165$, on trouve pour l'angle α décrit par ce rayon moyen, $\alpha = 59',128$.

Donc si dans l'équation (2), on fait $\alpha' = 59,128$, et si on prend pour unité la distance moyenne r', on a

$$r = \frac{\sqrt{59,128}}{\sqrt{\alpha}} \quad \text{ou } r = \frac{7,6895}{\sqrt{\alpha}} \quad \ldots \ldots (3)$$

cette formule fera connaître la distance r correspondante à un angle connu α décrit en un jour par ce rayon vecteur en parties de la distance moyenne prise pour unité, laquelle est de 24096 rayons terrestres. L'observation du mouvement du soleil fait connaître α, qui est l'angle sous lequel nous voyons l'espace qu'il a paru décrire en 24 heures. C'est à l'aide de cette formule qu'on a construit la table, page 62. Si on veut obtenir la valeur absolue de chaque distance exprimée en rayons terrestres, il faudra multiplier le résultat par 24096.

d'assez courte durée pour que cette condition soit remplie; ce qui est ici facile à accorder, puisqu'on sait déja que la courbe diffère peu d'un cercle dont le centre serait en S, attendu que la plus grande distance ne surpasse la plus petite que du 30ᵉ. de celle-ci; encore cela n'arrive-t-il que pour deux points opposés, le périgée et l'apogée.

Ainsi on pourra prendre pour unité de tems, une heure, une minute, etc. Alors le produit ci-dessus sera constant, et le secteur circulaire STA sera censé égal à celui STB de l'orbite. Nous tirerons de là deux conséquences.

Fig. 9. 38. 1°. Puisque l'aire du secteur circulaire STA est proportionnelle au produit du carré du rayon ST par l'arc ab, ainsi qu'on le sait par la géométrie (*), et qu'en outre ce produit est le même dans toute l'étendue de l'orbite, concluons que *les aires décrites par le rayon vecteur sont égales pour des tems égaux.* A mesure que ce rayon s'ac-

---

Fig. 9. (*) On sait que le secteur circulaire STA a son aire égale au produit de l'arc TA pour la moitié du rayon ST. Mais on a la proportion

$$Sa : ST : : ab : : TA = \frac{ab \times ST}{Sa};$$

donc l'aire $STB = ST \times TA = \frac{ab \times \overline{ST}^2}{2 . Sa},$

lorsque Sa étant le même pour toute l'orbite, on voit que l'aire STB est proportionnelle au produit $ab \times \overline{ST}^2 = r^2 \alpha$; qui est constant et que nous ferons $= A$.

Ici l'arc a doit être très-petit pour que les secteurs STA STB puissent être censés égaux : mais si on prend la somme d'un nombre n de ces secteurs égaux très-petits, on formera un secteur de l'orbite sous un angle déterminé. Soient donc pris deux nombres quelconques n et n'. Ces nombres désigneront autant d'unités de tems, durant lesquelles chaque angle a a été décrit. On aura donc

croît, l'angle S diminue, et l'aire STB demeure la même : dans un tems double, l'aire décrite est double ; elle est triple dans un tems triple, En général, *les aires décrites par le rayon vecteur sont proportionnelles aux tems employés à les décrire.* Cette proposition a lieu quels que soient les tems, et il n'est plus nécessaire ici qu'ils aient une courte durée.

39. 2°. De ce que les produits des carrés de deux rayons, par l'angle que chacun décrit dans le même tems, sont égaux ; en mettant aux extrêmes d'une proportion les deux facteurs d'un de ces produits, et ceux de l'autre aux moyens, on conclut que *les carrés des rayons vecteurs sont en raison inverse des angles décrits dans des tems égaux très-courts.* Or, à l'apogée, cet angle est de $57',192$; on posera donc cette proportion qui fera connaître la longueur du rayon vecteur moyen, entre ceux du périgée et de l'apogée,

Le carré de la distance moyenne est au *carré de celle de l'apogée*, comme $57',192$ est à *l'angle décrit par le rayon moyen*,

ou $\quad 24096^2 : 24501^2 :: 57',192 : $ angle cherché ;

le 4°. terme est $59',128$. On pourra tirer de là, la valeur de chaque distance solaire, sans recourir aux diamètres apparens, en se servant des angles décrits, dont l'observation fait connaître la grandeur chaque jour avec plus

---

deux secteurs S et S' dont la situation et l'étendue seront déterminées ; d'où $S = nA$, $S' = n'A$, et

$$S : S' :: n : n'.$$

ainsi *les aires sont proportionnelles aux tems*, quels qu'ils soient d'ailleurs.

d'exactitude. On posera pour chacun la proportion sui‑
vante :

*Un rayon vecteur est à la distance moyenne, comme
la racine carrée de* 59′,128, *ou* 7′,6895 *est à celle de
l'angle décrit par le premier rayon.*

Mais il conviendra, pour simplifier les calculs, de prendre
pour unité la distance moyenne ; les rayons seront alors
exprimés en parties de cette distance ; et pour les trouver
en rayons terrestres, il faudra multiplier par 24096. La
proportion deviendra,

Un rayon vecteur est à un, comme 7′,6895 *est à
la racine de l'angle décrit par le premier rayon.*

Tout étant ici connu, excepté le premier terme, il sera
facile d'en obtenir la valeur. Voici le résultat de ce calcul
pour le 1er. jour de chaque mois.

JANVIER.	Angle décrit 61′.10″.	Distance 0,983.
FÉVRIER.	60′.51″.	0,986.
MARS.	60′. 5″.	0,992.
AVRIL.	59′. 3″.	1,0066.
MAI.	58′. 6″.	1,0088.
JUIN.	57′.26″.	1,0146.
JUILLET.	57′.13″.	1,0166.
AOUT.	57′.28″.	1,0144.
SEPTEMBRE.	58′.10″.	1,0082.
OCTOBRE.	59′. 7″.	1,0001.
NOVEMBRE.	60′.10″.	0,991.
DÉCEMBRE.	60′ 56″.	0,986.

Fig. 12. Il sera facile maintenant de tracer l'orbite de la terre :
en effet, après avoir marqué un point *S* pour le lieu fixe
du soleil, on tracera par ce point une série de droites

formant entre elles les angles décrits chaque jour; ces lignes seront dirigées par les centres de la terre et du soleil à chaque midi; portant sur ces droites les longueurs que le calcul donne pour chacun des rayons vecteurs correspondans, il ne restera plus qu'à joindre ces points par un trait continu, et on aura l'écliptique, telle qu'on la voit tracée fig. 12.

La ressemblance de cette courbe avec la section conique nommée *Ellipse*, ayant porté à les comparer, on a reconnu, d'après les calculs les plus précis, l'identité de ces deux courbes : donc *l'orbite de la terre*, ou *l'écliptique*, est *une ellipse dont le soleil occupe un des foyers.*

L'ellipse est une courbe *PHAG*, que coupe en deux parties égales sa ligne de plus grande dimension *AP*; le *Centre C* est le milieu de cette ligne *AP* qu'on nomme *Grand Axe* : sur *AP*, il y a deux points S et F, à égale distance du centre, qu'on nomme *Foyers*, et qui jouissent de cette propriété : si des foyers S et F, on mène des droites ST, FT en un point quelconque T de la courbe, la somme de ces deux distances est toujours égale au grand axe *AP*. Soit pris un fil qui ait pour longueur *AP*; si on en fixe les extrémités aux foyers S et F, on voit que si on tend ce fil à l'aide d'une pointe, il prendra la figure *STF*, et cette pointe sera en T sur la courbe : on la décrira donc en faisant glisser cette pointe sur le fil, et le laissant toujours tendu.

La longueur *CA* ou *CP* est la moyenne distance dont nous avons trouvé la valeur (p. 25 et n°. 36) : GH, perpendiculaire sur le grand axe au centre C, est appelé le *petit Axe*; et puisque *GS* est égal à *GF*, et que leur somme est *AP*, *GS* est donc égal à *CP*, c'est-à-dire à la moyenne distance. Enfin, *CS* ou *CF* est ce qu'on nomme l'*Excentricité*, qui est la différence entre la moyenne distance *CP*, et la plus grande *AS*, ou la plus petite *SP*: elle est ici les $\frac{168}$ *dix-millièmes de la distance moyenne*, ou du demi-grand axe, et équivalant à 408 *rayons terrestres*, ou 58022 lieues communes.

9°. En comparant les distances solaires, ou les angles décrits, on trouve que la terre est au périgée le 31 décembre 1811, à l'apogée le premier juillet suivant. La fig. 11 représente ces diverses positions.

40. La distance solaire étant nulle relativement à celle des étoiles, les plans de l'écliptique et de l'équateur sont fixes dans l'espace, puisque le soleil et la terre sont censés coïncider : ces plans doivent donc couper la sphère céleste selon deux grands cercles *AP* et *CD*, dont l'intersection est un diamètre ♈ ♎. C'est ce qui s'observe en effet, car si on remarque le lieu où le soleil, vu du centre de la terre, nous paraît être dans le ciel, lorsqu'elle entre dans l'équateur, on trouve que les deux points où ce phénomène a lieu, et qu'on nomme *les Équinoxes*, sont éloignés l'un de l'autre de 180°, et par conséquent diamétralement opposés. Cette ligne des équinoxes porte à l'une de ses extrémités le signe ♈, à l'autre, ♎ : le soleil nous paraît être situé au premier, à l'époque du *printems*, et au second, à l'automne ; mais c'est en effet la terre qui arrive au signe ♎ à l'équinoxe du printems, tandis que le soleil, placé en *S*, nous semble en ♈. A l'automne, la terre est en ♈, et

Cette ligne ♈ ♎ étant fixe sur le plan de l'écliptique et de l'équateur, est très-usitée par les astronomes. Nous avons dit (18) que pour faire connaître la situation d'un astre dans le ciel, ils en donnent l'ascension droite et la déclinaison : la première est un arc d'équateur qui s'étend entre deux méridiens, l'un qui passe par l'astre, et l'autre qu'on choisit arbitrairement. Comme ce second plan, ou

l'extrémité de l'arc d'équateur qui y correspond est arbitraire, on se sert toujours de l'équinoxe ♈; les degrés
se comptent sur l'équateur, depuis zéro qui répond à
♈, jusqu'à 360°, en faisant le tour entier de ce cercle
d'occident en orient, dans le sens du mouvement apparent
du soleil.

41. Au lieu de donner la position d'un astre dans le
ciel par son ascension droite et sa déclinaison, on peut le
rapporter au plan de l'écliptique. Pour cela, on abaisse de
l'astre un arc de cercle perpendiculaire sur l'écliptique céleste, et on donne d'abord le nombre de degrés de cet arc,
qui est *la Latitude* de l'astre : on donne en outre l'arc de
l'écliptique compris depuis le point ♈ jusqu'à celui où ce
cercle est coupé par le premier arc : c'est *la Longitude*. En
raisonnant comme on a fait n°. 18, on verra que la situation de l'astre est alors déterminée, comme si on eût donné
l'ascension droite et la déclinaison.

Il ne faut pas confondre les arcs de longitude et latitude
célestes avec ceux de même dénomination qu'on emploie en
géographie. Ce sont, il est vrai, des choses de même nature et destinées au même usage, qui est de déterminer la
situation d'un point du ciel ou de la terre : mais le plan dont
il s'agit ici, est celui de l'écliptique, tandis qu'en géographie, c'est à l'équateur qu'on rapporte tous les points de
la terre.

Comme l'écliptique est fixe, ainsi que la ligne des équinoxes, leurs situations sont indépendantes de la figure de
la terre et du lieu des observations; on comparera donc
avec plus de facilité certains phénomènes célestes, lorsque
les astres seront déterminés par leurs longitudes et leurs
latitudes. Elles sont, il est vrai, plus difficiles à mesurer
dans le ciel que les ascensions droites et les déclinaisons,
ce qui porte à chercher celles-ci de préférence; mais on

obtient les premières par le calcul ; à l'aide de la trigonométrie sphérique.

En observant avec soin les angles décrits chaque jour
par le rayon vecteur du soleil, on en a les longitudes, et
par suite les déclinaisons et les ascensions droites. Cet astre
n'a jamais de latitude, puisque la terre demeure toujours
dans le plan de l'écliptique ; mais sa longitude varie chaque
jour de l'angle qu'il paraît avoir décrit par le mouvement
de la terre. Lorsque sa longitude est nulle, il est en ♈ ;
Fig. 11. lorsqu'elle est de 180°, il est en ♎. Chaque année les différences angulaires se reproduisent dans le même ordre ;
ainsi, lorsqu'on les aura mesurées avec soin, et qu'on
aura fait éprouver aux résultats les corrections que la suite
des tems aura fait reconnaître, on aura construit les *tables
du soleil*, destinées à marquer le lieu de cet astre dans son
orbite pour tous les jours de l'année. Ces tables sont données par extrait dans *la Connaissance des tems*, mais on en
doit de très-étendues au célèbre M. De Lambre.

42. A partir de la ligne ♈ ♎ des équinoxes, concevons chaque portion de l'écliptique, de part et d'autre,
divisée en six parties égales ; elles seront de 30° chaque,
et formeront ce qu'on nomme les *Douze Signes du Zodiaque* ; car on donne le nom de *Zodiaque* à une zone
céleste, traversée dans son milieu par l'écliptique, et terminée par deux cercles qui lui sont parallèles à la distance de 10° de part et d'autre. Ces douze signes ont reçu
les dénominations et sont distingués par les caractères qui
suivent (*voy.* n°. 95) :

Le Bélier	♈,	*Le Taureau*	♉,	*Les Gémeaux*	♊,
L'Ecrevisse	♋,	*Le Lion*	♌,	*La Vierge*	♍,
La Balance	♎,	*Le Scorpion*	♏,	*Le Sagittaire*	♐,
Le Capricorne	♑,	*Le Verseau*	♒,	*Les Poissons*	♓.

Pour aider la mémoire, on a renfermé les noms des douze signes dans ces deux vers latins.

Sunt Aries, Taurus, Gemini, Cancer, Leo, Virgo,
Libraque, Scorpius, Arcitenens, Caper, Amphora, Pisces.

Le soleil nous paraissant décrire l'écliptique chaque année, il passe du 19 au 23 de chaque mois, de l'un de ces signes dans le suivant ; nous les avons énoncés ici dans l'ordre où le soleil les parcourt. Ainsi il est en ♈, à l'instant où sa longitude est nulle : c'est l'équinoxe du printems, dont on indique l'instant précis, vers le 21 mars. On se sert pour cela des tables du soleil qui marquent l'époque où la longitude et la déclinaison de cet astre sont nulles. On y trouve de même celle où la longitude a été de 30°, et cet instant est celui où l'astre est entré dans le signe du Taureau, ce qui a lieu vers le 19 avril. Le soleil entre de même dans les Gémeaux, lorsque sa longitude est de 60°, vers le 20 mai. Lorsqu'il arrive à 90° de distance des deux équinoxes, il entre dans l'Ecrevisse: c'est l'époque du solstice d'été, vers le 21 juin, etc. .

Les quatre saisons ont ainsi des époques fixées par les longitudes solaires ; mais il faut observer que leurs durées sont inégales, aussi bien que le tems que le soleil met à parcourir chacun des douze signes, c'est-à-dire à décrire 30 degrés de l'écliptique. En effet, la fig. 11 représente Fig. 11. les diverses positions où le soleil atteint les équinoxes et les solstices en 1812 : P est le périgée ; sa distance au solstice d'hiver est l'angle PS♋ $= 10°$; l'angle PS♎ est de 80°, ou, ce qui revient au même, la longitude du périgée est de 279°,7 ; la terre arrive en ce point le 31 décembre à midi moins 14' ; quant à l'apogée dont la longitude est ♎S♑ de 89°,5, le soleil y passe le 1er. juillet.

Or on voit que la ligne $\gamma \triangle$ des équinoxes coupe l'orbite en deux parties inégales; d'ailleurs, le soleil a précisément plus de vitesse vers le périgée P, où sa route est plus courte; il aura donc besoin de moins de tems pour décrire l'arc $\triangle P\gamma$, que pour parcourir le reste de l'écliptique. *Voyez* ci-après (65) la durée des saisons.

43. En observant le soleil avec des verres colorés, pour en affaiblir l'éclat, on y remarque des taches noires environnées d'une bordure très-vivement lumineuse; quelques-unes de ces taches ont égalé 4 à 5 fois la surface terrestre; elles ne restent pas fixes sur le disque de l'astre; on les voit passer et le traverser en 14 jours environ, et disparaître, puis revenir sur le bord opposé 14 jours après. Quelquefois ces taches s'effacent tout-à-coup, tandis qu'on en aperçoit de nouvelles; car leur nombre est très-variable, et elles se présentent avec une irrégularité perpétuelle: leur marche seule est fixe.

Doit-on en conclure, avec M. Laplace, que le soleil soit une masse de feu qui éprouve d'immenses éruptions, dont nos volcans peuvent à peine donner l'idée? Les taches seraient alors de vastes cavités, d'où sortiraient par intervalle des torrens de lave. Ou peut-on, avec Herschel, croire que le soleil serait un corps solide environné d'une atmosphère remplie de nuages enflammés, qui, s'entrouvrant quelquefois, nous laisseraient apercevoir le noyau obscur?

Quoi qu'il en soit de ces hypothèses, on n'en doit pas moins conclure, que le soleil est un corps sphérique qui, comme la terre, a un mouvement de rotation sur un axe incliné de 6° 22' à l'écliptique; qu'il emploie 25 jours 9 heures et demie à accomplir cette révolution, quoique cette durée paraisse d'un peu plus de 27 jours, à cause du mouvement de rotation de la terre dans son orbite, qui s'effectue dans le même sens. Les taches du soleil sont presque toujours comprises dans une zone de sa surface, dont la largeur, mesurée sur un méridien solaire, ne s'étend guère au-delà de 34° de son équateur : on en a cependant observé à 44° de distance.

Bouguer s'est assuré, par des expériences, que la lumière envoyée par le soleil, a plus d'intensité au centre que vers les bords ; et comme cet effet est contraire à celui qui devrait résulter de ce que l'astre étant sphérique, ses bords s'offrent obliquement à nos regards, et présentent plus de surface sous le même angle ; on voit que, par quelque cause, la lumière des bords doit être en partie éteinte. On peut donc croire que le soleil est environné d'une immense atmosphère qui en affaiblit l'éclat, mais davantage sur les bords où elle est traversée obliquement par les rayons. C'est ainsi que notre atmosphère diminue l'éclat des astres, et sur-tout à leur lever. *Voy.* n°. 105.

On a proposé encore l'atmosphère solaire comme un moyen d'expliquer cette lumière blanche qu'on aperçoit un peu avant le lever et après le coucher du soleil, et qu'on a nommée *Lumière Zodiacale* : elle est assez rare pour laisser distinguer les petites étoiles au travers. Sa forme est celle d'un fuseau très-étroit dont la base s'appuie sur le soleil, dont la longueur a souvent plus de 100°, et dont l'axe est dans l'équateur solaire. Au mois de mars la terre est placée plus favorablement pour distinguer ce fuseau lumineux, qui se dirige alors vers Aldebaran (*v.* n°. 140). M. Laplace a prouvé, sur-tout en considérant sa forme lenticulaire et son étendue, qu'on ne pouvait regarder l'atmosphère du soleil comme étant la cause de ce phénomène (Syst. du Monde, liv. IV, chap. 9).

IV. *Sur la Mesure du Tems.*

44. Pour mesurer le tems, on se sert des espaces parcourus d'un mouvement parfaitement uniforme. Un pendule se retrouvant, après chaque oscillation, dans le même état qu'avant de quitter le repos, peut servir de mesure à la durée; et c'est ce qui l'a fait choisir pour régulateur des horloges. Mais la rapidité de ses mouvemens dépend de sa longueur, et de diverses autres circonstances physiques, qui forcent de choisir dans la nature quelque procédé vérificateur. La révolution diurne des cieux nous en offre le moyen. Si on observe l'instant où une étoile passe au méridien et celui où elle y revient, la durée qui s'est écoulée, est ce qu'on nomme le *Jour Sydéral.*

Dans les usages de la société, on mesure le tems par les révolutions diurnes du soleil, parce que cet astre s'observe plus facilement et qu'il dirige tous nos travaux. Le *jour* est la durée qui s'écoule entre deux passages successifs au méridien, par exemple, d'un midi au suivant : on le partage en 24 *heures*, que les astronomes comptent à partir de midi, depuis o jusqu'à 24. L'heure est sous-divisée en 60 *minutes*, de 60 *secondes* chaque. Dans la vie civile le jour se compte à partir de minuit ; et les 24 heures sont formées en deux parties égales de 12 heures chaque.

Il suit d'abord de cet exposé, que le jour solaire est plus long que le jour sydéral, puisque si le soleil passe au méridien en même tems qu'une étoile, elle le devancera le lendemain, et y reviendra un peu avant cet astre, à cause de l'espace apparent qu'il a décrit vers l'orient (35). Cette différence s'accroîtra de jour en jour ; et après une révolution entière dans l'écliptique, l'étoile aura passé une fois de plus au méridien (*voy.* n°. 24).

45. La différence entre le jour solaire et le jour sydé-ral, n'est pas toujours la même, par deux raisons que nous allons exposer.

Imaginons deux méridiens menés par les extrémités de l'arc que décrit le soleil en 24 heures, arc qui est à-peu-près la 365ᵉ. partie de son orbite. Ces deux plans feront entre eux un angle mesuré, non par l'arc d'écliptique décrit, mais par l'arc d'équateur qu'ils interceptent; et le tems que le soleil met à traverser d'un de ces plans à l'autre, est la différence du jour sydéral au jour solaire : elle est donc égale à l'arc d'équateur divisé par 15, c'est-à-dire réduit en tems à raison de 15 degrés par heure (page 13).

Or, 1°. la vitesse du soleil dans les divers points de son orbite est variable, et les arcs d'écliptique décrits chaque jour sont inégaux : tantôt il parcourt 57ʹ, et tantôt 61ʹ : on compte toujours 24 heures d'un midi à l'autre; mais elles sont plus longues lorsque le soleil décrit 4ʹ de plus vers l'orient, ce qui équivaut à 16ʺ de tems.

2°. Même en supposant égaux les arcs décrits sur l'orbite, les angles que forment entre eux les méridiens qui les interceptent, ne seraient cependant pas les mêmes; parce qu'ils sont mesurés par des arcs d'équateur, sur lesquels ceux d'écliptique ont une inclinaison variable : aux équinoxes, ils se coupent sous un angle de 23° 28′; aux solstices, ils sont parallèles.

Telles sont les deux causes de l'inégalité des jours solaires. Une horloge, dont la marche serait parfaitement régulière, ne demeurera donc pas d'accord avec le soleil. Si cet accord existe aujourd'hui, dans quelques jours la différence sera plus ou moins grande; et si cette horloge a été réglée de manière à se retrouver d'accord dans un an, c'est-à-dire après une révolution complète dans l'écliptique, elle aura tantôt avancé, tantôt retardé dans l'intervalle. Les inégalités produisent des différences qui s'accumulent, et elles peuvent aller jusqu'à amener le passage du soleil au méridien, 16 minutes avant que l'horloge marque midi. Mais enfin, au bout de l'année, l'accord sera rétabli, parce que tout se trouvera compensé. On peut juger maintenant de la bonne foi et de l'instruction des hommes, qui, pour exagérer la perfection du travail de leurs montres, prétendent qu'elles marchent toujours avec le soleil.

Dans les usages de la société, nous ne tenons pas compte de l'inégalité des jours solaires, parce qu'elle est trop petite pour intéresser nos besoins ; mais les travaux astronomiques exigent plus de précision : voyons les moyens qu'on y emploie pour l'obtenir.

46. La durée de 24 heures marquées par l'horloge dont nous venons de parler, est le *Jour moyen* ; tandis que l'*heure vraie* est celle que marque le soleil. Il y a donc trois manières de mesurer le tems : l'heure vraie que nous donne le soleil ; l'heure sydérale que marquent les étoiles ; enfin le tems moyen qui est mesuré par les révolutions d'un soleil hypothétique, qui décrirait uniformément l'équateur en une année, et par conséquent qui n'aurait pas les deux causes d'irrégularité dont nous avons parlé. Il convient d'avoir les rapports de ces trois unités de tems.

L'*Année Tropique* est le tems qui s'écoule entre deux retours du soleil au même point équinoxe, ♈ par exemple, ou au même solstice : elle est de 365,2464 ou 365 jours 5 heures 49 minutes, le jour moyen étant pris pour unité.

Puisqu'une étoile qui passe aujourd'hui au méridien en même tems que le soleil, ne doit s'y retrouver avec cet astre qu'après un an révolu, et y avoir passé une fois de plus, si la marche du soleil était uniforme et sur l'équateur, c'est-à-dire, si d'accord avec notre horloge, il marquait

toujours des heures égales, l'étoile reviendrait chaque jour
au méridien 3',94 plutôt que l'astre : en effet, on produit
les 24 heures en multipliant la durée de l'année tropique
par ce nombre. *La différence entre le jour sydéral et le jour
moyen, est donc une durée égale à 3',94;* et comme le
premier est ainsi moindre que le second de près de 4 minutes, il faut en conclure que la sphère céleste fait son
tour en entier en 23,9444 heures solaires moyennes.

Ces nombres sont par fois trop grands ou trop petits,
par fois aussi exacts relativement au tems vrai ; et au bout
de l'année, tout se trouve compensé. Si on réglait une horloge sur le mouvement des étoiles, elle devrait donc
avancer chaque jour, sur le tems moyen, d'à-peu-près 1
seconde par 6 minutes (ou 9",85 par heure).

Chacune de ces trois unités de tems a ses avantages et
ses inconvéniens qui la font ou préférer ou rejetter. C'est
ainsi qu'on emploie le tems vrai dans les usages civils, parce
que les cadrans solaires permettent de l'observer avec facilité,
et qu'il est mieux en relation avec nos besoins. Dans les
éphémérides, au contraire, où on veut comparer les mouvemens du soleil, de la lune et des planètes, on se sert
du tems moyen. Il est assez ordinaire aux astronomes,
lorsqu'ils veulent mesurer des choses irrégulières, de les
soumettre à une régularité factice, en prenant un terme
moyen entre les écarts. Un calcul très-simple suffit alors
pour obtenir des résultats approchés qu'on corrige ensuite
s'il est nécessaire. Enfin, dans les observatoires où tout
est réglé sur le mouvement des étoiles, c'est le tems
sydéral qu'on préfère : aussi arrive-t-il souvent qu'on
n'y connaisse l'heure solaire, vraie ou moyenne, qu'après
avoir fait un calcul.

Maintenant que la différence entre le tems sydéral et le
tems moyen est bien établie, il s'agit de comparer celui-ci

au tems vrai : mais avant il faut convenir de l'époque à laquelle ces deux durées seront d'accord entr'elles.

47. Imaginons qu'un point mobile parcourre uniformément l'écliptique, arrivant à l'apogée et au périgée en
même tems que le soleil. Sa vitesse sera intermédiaire entre
celles que l'astre prend en ces deux points. Le mobile,
partant de l'apogée où la vitesse solaire est la plus petite,
devancera d'abord l'astre, qui accélérera de plus en plus
sa marche, pendant que celle du mobile demeurera la
même, les vitesses deviendront égales ; l'espace intermédiaire commencera dès-lors à diminuer, pour devenir nul
au périgée, où le soleil atteint sa plus grande vitesse. Il
devancera donc à son tour le mobile, jusqu'à ce que le
mouvement se ralentisse au point de laisser ces deux corps
se rejoindre à l'apogée, et ainsi de suite ; le soleil se trouvant toujours plus près de l'apogée que le mobile, et le
rencontrant chaque fois en ce point et au périgée. L'arc
qui mesure l'intervalle qui les sépare, est *l'Équation du
centre* ou de *l'orbite*, parce qu'on est convenu, en astronomie, de nommer *Équation* les nombres qu'on doit
ajouter ou ôter aux valeurs moyennes pour obtenir les
véritables.

Fig. 10. Ce point mobile partagera donc l'orbite en 365 arcs
égaux *Po, ol, lm, mn... ia, ab...* et il restera en outre un
petit arc *Px*, provenant de ce que l'année a quelques
heures de plus que 365 jours. Il est aisé d'en conclure que
chacun de ces arcs est de 59′, 1388, ou 59′ 8″, puisqu'on produit les 360 degrés, en multipliant 59′ 8″ par
365,242264 qui est la durée de l'année.

Concevons qu'à partir de l'équinoxe ♈ on ait pris sur
l'équateur des arcs d'un même nombre de degrés que ceux
de l'écliptique ; savoir : ♈a égal à ♈a′, ♈b à ♈b′, ♈c à
♈c′, etc. ; l'équateur sera ainsi divisé, comme l'était

l'écliptique, en arcs $k'i$, $i'a'$, $a'b'$,... égaux et de 59' 8'',
le point ♈ n'étant pas l'un de ceux qui répondent à ces
divisions égales. Cela posé, concevons un soleil fictif qui
décrirait l'équateur de manière à arriver aux points k', i',
a', b',.. précisément lorsque le mobile arrive en k, i, a, b,..
ce soleil fictif parcourra des arcs égaux dans des durées
égales ; ainsi son mouvement sera uniforme, dégagé des
deux sortes d'irrégularités que nous voulions éviter : ce
sont ses retours successifs au méridien qui déterminent le
midi moyen.

Nous pouvons, d'après cela, évaluer la différence qui
existe chaque jour entre le tems vrai et le tems moyen ;
c'est ce qu'on nomme l'*Équation du tems*. On calculera
d'abord le lieu c du point mobile sur l'écliptique , en considérant qu'il a décrit depuis le périgée P autant d'arcs de
59' 8'', qu'il y a eu de jours écoulés depuis l'instant où le soleil
vrai a passé par ce point P (depuis le 31 décembre 1812 à
11 heures 46' du matin) ; et comme la distance du périgée P
à l'équinoxe ♈ est un arc de 279°, on en conclut que le
mobile a passé en ♈ le 21 mars ; ainsi on a le nombre de
degrés de l'arc ♈c, ou de son égal ♈c', par une soustraction. Or les tables du soleil donnent son ascension droite
vraie pour chaque jour ; la différence sera donc l'intervalle
entre le midi moyen et le vrai, après avoir été divisé par 15,
pour le réduire en tems.

Les pendules à équations sont destinées à donner l'heure
vraie et l'heure moyenne, qui ne diffèrent que de 16' au
plus : pour cela elles ont deux aiguilles des minutes, dont
l'une, par sa marche régulière, est consacrée au tems
moyen ; tandis qu'à l'aide d'un mécanisme particulier,
celle de l'autre aiguille est accélérée ou retardée, de manière à être toujours d'accord avec le soleil. Au reste, les
tables qui donnent pour chaque midi la différence entre

le tems vrai et le tems moyen, peuvent servir au même
usage, lorsqu'on a une pendule très-régulière, et dont la
marche s'accorde avec le tems moyen.

48. Tantôt le vrai soleil devancera l'autre, ou en sera
précédé; tantôt ils arriveront ensemble au méridien, et
l'heure moyenne sera alors égale à l'heure vraie, ce qui
aura lieu quatre fois l'année. Le 23 décembre et le 15 avril
il y aura accord; mais dans l'intervalle, l'heure moyenne
avancera; elle retardera ensuite jusqu'au 15 juin; avancera jusqu'au 31 août; et enfin, retardera jusqu'au 23
décembre. Ces quatre périodes offriront autant de *maxima*
de retards ou d'avance : ainsi on trouvera,

Le 23 décembre. . . . . accord.

Les 11 et 12 février, la pendule avancera
de. . . . . 14′ 36″.

Le 15 avril. . . . . accord.

Les 14 et 15 mai, la pendule retardera
de. . . . . 3′ 58″.

Le 15 juin. . . . . accord.

Les 25 et 26 juillet, la pendule avancera
de. . . . . 6′ 6″.

Le 31 août. . . . . accord.

Les 1 et 2 novembre, la pendule avancera
de. . . . . 16′ 15″.

Le 23 décembre. . . . . accord.

Et ainsi de suite. La plus grande équation du tems est
de 16′ 15″; elle a lieu les 1 et 2 novembre.

Ce serait ici le lieu de traiter de la composition du
Calendrier; mais comme plusieurs phénomènes lunaires
y sont employés, nous remettrons à en parler plus tard.

V. *De la Lune.*

C'est en observant la lune et soumettant à l'analyse les apparences qu'elle offre d'après la même méthode que pour le soleil, qu'on a reconnu les lois de son mouvement et les nombreuses irrégularités dont cet astre est affecté. Nous allons les exposer successivement.

49. Le diamètre apparent de la lune change ; elle ne conserve donc pas la même distance à la terre : on a trouvé, soit par les moyens exposés (n°. 36), soit par le tems qui s'écoule entre l'*immersion* et l'*émersion* des étoiles que cet astre occulte, que dans sa plus grande distance, le diamètre est 29′,365, et dans sa plus petite 33′,518. Les valeurs correspondantes pour le soleil sont 31′,516 et 32′,593. Cette comparaison prouve que les rapports des distances de la lune à la terre varient bien davantage que ceux du soleil, puisque la première paraît tantôt plus grande et tantôt plus petite que l'autre.

Quelque étonnant qu'il soit qu'on puisse ainsi mesurer les corps célestes et leurs distances, nous avons exposé (n°. 20) des moyens tellement faciles d'y parvenir, que les hommes les moins versés dans la géométrie doivent avouer que les résultats sont incontestables : c'est au moins ce que l'expérience confirmera d'une manière tout-à-fait convaincante (voyez n°. 59). On cherche la parallaxe de la lune, c'est-à-dire l'angle sous lequel, de la lune, on verrait le rayon de la terre, et on trouve qu'à Paris, elle a pour valeurs extrêmes 53′,85 et 61′,48. En calculant les distances correspondantes, on obtient 63,84 d'une part, et 55,92 de l'autre ; le rayon terrestre étant pris pour unité. La moyenne arithmétique est 59,88, ce qui fait la 395e. partie de la distance de la terre au soleil

(plus exactement o,oo25328). Ainsi *la distance moyenne de la terre à la lune est soixante fois le rayon de la terre :* ce rayon ayant 1435 lieues (pag. 16), on trouve 87420 lieues pour cette distance.

5o. La parallaxe qui répond à cette distance moyenne est 57′569; mais de la terre, et par conséquent de la même distance, le rayon de la lune est vu sous un angle de 15′,722; donc (21) ces rayons sont dans le rapport de ces deux nombres, comme 57569 est à 15722, à-peu-près comme 11 est à 3. Concluons donc de là que *le diamètre de la lune n'est que les trois onzièmes de celui de la terre, ou 782 lieues; que sa surface en est le treizième, et son volume le quarante-neuvième.*

Nous avons déja (n°. 21) fait la comparaison des volumes du soleil, de la lune et de la terre, ainsi que des dimensions de leurs orbites.

51. Il est à remarquer que le diamètre de la lune doit éprouver quelques variations à mesure qu'elle s'élève sur l'horison, et qu'on a dû y avoir égard dans les observa-tions. En effet, la distance SC de l'astre S au centre de la terre, est à son lever la même, à très-peu près, que lors-qu'il est au zénith Z, c'est-à-dire que ZC est égal à SC. Or le triangle SCO ayant le côté SC très-grand, relati-vement à CO, SC ne doit guère différer de OS; ainsi CS est moindre que OS, d'environ la longueur OC du rayon terrestre.

Pour les étoiles et le soleil, qui sont séparés de nous par une immense distance, cette différence n'est pas appréciable; mais il n'en est pas de même de la lune; elle est plus près de nous d'environ un 60°, lorsqu'elle arrive au zénith; son diamètre doit donc paraître plus grand qu'à l'horison dans le même rapport. C'est à cette cause qu'on doit attribuer l'augmentation de près de 1′

qu'on trouve à ce diamètre dans l'espace de quelques heures, lorsqu'on l'observe avec soin, à l'aide du téles-cope.

Cependant le spectacle de la lune semble démentir ce résultat ; c'est sur-tout lorsqu'elle est *Pleine*, que son volume semble plus considérable ; nos yeux contredisent les micromètres, et par une illusion dont on ne peut se défendre, nous jugeons le soleil et la lune plus volu-mineux à leur lever : les constellations semblent aussi avoir plus d'étendue lorsqu'elles sont à l'horison. Expliquons cette singulière erreur.

En même tems que le tact instruit l'œil à rapporter au-dehors les images des objets et à en saisir les formes, il l'exerce sur l'estimation de leur position dans l'espace, de leurs grandeurs et de leurs distances ; et lorsque ces distances surpassent celles jusqu'où s'étendent les mouve-mens de la main, nous y suppléons par un autre exercice, qui consiste à nous approcher de l'objet jusqu'au point de le toucher, et à nous en éloigner ensuite ; et nous jugeons à-peu-près de sa distance par l'étendue des mouvemens que nous faisons vers lui, ou en sens contraire. Lorsque ensuite la distance surpasse la portée de nos mouvemens ordinaires, les rapports que nous sommes exercés à saisir, nous servent comme de règles, pour appliquer à des objets plus éloignés, les impressions qui se font en nous. Mais à mesure que l'éloignement augmente, les circons-tances deviennent toujours moins favorables à ces appli-cations, et au-delà d'un certain terme, les objets se présentent à nous sous des apparences plus ou moins trompeuses, qui nous induisent dans ces espèces d'erreurs qu'on a nommées *Illusions d'optique*. (Physique de Haüy, n°. 1061.)

Il existe donc entre la distance qui nous sépare d'un

objet, l'angle sous lequel nous le voyons, sa grandeur
réelle, la dégradation des teintes causée par l'éloignement
et les intermédiaires qui nous servent de points de comparaison, des relations dont nous sommes exercés à juger,
et qui deviennent trompeuses passé les limites que notre
expérience a établies. C'est pour cela qu'il est impossible
d'estimer la distance d'un navire, l'éloignement de deux
montagnes, etc., à moins d'avoir parcouru souvent de
semblables intervalles : le défaut d'intermédiaires nous
empêche d'estimer la distance par comparaison, et nous
sommes conduits à la diminuer considérablement.

Au lever de la lune, au contraire, les objets terrestres
sont autant de termes de comparaison qui nous manquent
lorsqu'elle est au zénith ; elle doit donc nous sembler plus
loin à l'horison, et le ciel entier doit nous paraître avoir
la forme d'une voûte surbaissée : c'est un effet involon-
taire de l'habitude ; nous ne pouvons y résister, non plus
qu'à voir brisé un bâton en partie plongé dans l'eau,
parce que nous sommes soumis à cette sorte de jugement,
d'une manière aussi irrésistible qu'aux impressions des
sens qui lui servent de base. Mais l'étendue de l'objet
demeurant le même, si nous le jugeons plus éloigné, il
doit donc évidemment s'agrandir. Cette sensation si trom-
peuse est encore fortifiée, parce que la lumière de la lune,
en traversant une atmosphère plus étendue et plus bru-
meuse à l'horison, doit perdre beaucoup de son éclat,
ainsi que cela arrive lorsqu'un corps lumineux s'éloigne
de nous.

La lune est réellement un peu plus près de nous à l'horison ; tous les astres sont dans le même cas, mais leur
distance considérable nous rend insensibles à cette différence. Nous éprouvons même un effet opposé, et cette
erreur tient à un calcul de nos sens, qui se rectifie en

regardant l'astre avec un tube, ou un verre enfumé, qui éclipse tous les objets, excepté celui dont l'éclat vient pénétrer jusqu'à l'œil.

52. Une autre observation confirme ce que nous avons dit n°. 14, que la terre est applatie aux pôles ; car la parallaxe horisontale de la lune change avec les lieux d'où l'on observe : le rayon terrestre, vu de la lune, n'est donc pas de même longueur partout. Imaginons, par le centre de la terre, un plan perpendiculaire à la ligne menée de ce centre à celui de la lune, ce plan coupera la surface terrestre suivant une courbe qui ne sera pas circulaire ; ce sera la figure sous laquelle notre globe serait vu par un spectateur placé dans la lune.

53. Des diamètres apparens de la lune on peut déduire les variations de son rayon vecteur ; on lui a reconnu un mouvement semblable à celui que le soleil nous paraît avoir en vertu de la translation de la terre dans l'écliptique. Dirigé d'occident en orient, comme celui de notre globe, le mouvement de la lune entraîne cet astre dans une ellipse dont la terre occupe l'un des foyers. Ce satellite s'écarte très-peu de ce plan ; et est tantôt en dessus, tantôt en dessous.

Voici donc l'idée qu'il faut se faire de ces diverses Fig. 12. rotations. Pendant que le centre de la terre décrit l'écliptique PTA en un an, autour du soleil S qui est fixé au foyer, la lune tourne elle-même dans une ellipse LO, dont le centre T de la terre est le foyer mobile ; en sorte que notre globe emporte avec lui la lune et son orbite, par l'effet du mouvement annuel ; cet astre parcourant à peu près 13 fois $\frac{1}{3}$ son ellipse, pendant que la terre ne décrit qu'une fois la sienne. Notre rotation diurne nous fait attribuer à tous les astres un mouvement d'orient en occident ; mais la lune, par son mouvement réel d'occident en orient, décrit en 24 heures, un arc de grandeur variable, et dont la valeur moyenne est de 13° 10′,58. Nous avons reconnu dans le soleil une apparence semblable ; mais l'arc qu'il décrit chaque jour est la 13e. partie de celui que la lune parcourt. Ces valeurs moyennes s'obtiennent en comparant entre elles des observations faites pendant des durées considérables, et prenant un terme moyen.

On peut maintenant expliquer les retards que la lune éprouve chaque jour dans son lever, son coucher, et son passage au méridien. Ces retards ont pour valeur moyenne 50′ ; ils sont d'ailleurs inégaux et s'étendent de $\frac{3}{4}$ d'heure à une heure, ce qui est causé par les variations de vitesse et de distance, comme nous le dirons (89).

54. L'orbite lunaire est incliné de 5⁵ 9′ sur l'écliptique ; l'excentricité est d'environ le 20e. de son demi-grand axe, ou de sa moyenne distance, qui est, comme on sait, de 60 rayons terrestres. Le grand axe de l'orbite de la lune, est à-peu-près le 400e. de celui de la terre, en sorte que les moyennes distances de la terre au soleil et à la lune, sont le 400e. l'une de l'autre. Le rayon moyen de l'orbe lunaire est de 87420 lieues, ou 59,88 rayons terrestres. La lune emploie 27 jours 8 heures à revenir à la même longitude (plus exactement 27ʲ,321582) : c'est ce qu'on nomme *le mois périodique lunaire*.

La vitesse de la lune est de 14 lieues par minute, environ le 29e. de celle de la terre dans l'écliptique ; celle-ci étant de 400 lieues (*voy.* n⁶. 26). On doit observer que cette vitesse se compose avec celle de translation de la terre, qui entraîne la lune avec elle. La vitesse du centre de la lune est donc de 414 à 386 lieues

par minute , selon sa position dans l'orbite. Ces valeurs ne
sont d'ailleurs que des termes moyens.

55. Les plans des orbes lunaire et terrestre se coupent
suivant une droite , sur laquelle sont les deux points ,
qu'on nomme les *Nœuds*, où la lune perce le plan de
l'écliptique. Elle est tantôt au-dessus de ce plan , tantôt
au-dessous : le nœud *ascendant* ☊ est celui où passe l'astre
lorsqu'il va s'élever dans la région supérieure ; l'autre
nœud est *descendant* ☋ : comme on connaît d'avance (165)
la série d'étoiles fixes que suit l'écliptique, et qu'à son passage par ses nœuds, la lune occulte quelqu'une d'entre
elles, ces points sont très-remarquables.

Mais les nœuds ne sont pas fixes: nous aurons bientôt
occasion d'en examiner la cause (92) ; mais l'observation a fait voir que la ligne des nœuds a une direction
sans cesse variable sur le plan de l'écliptique; ce mouvement des nœuds sur l'écliptique se fait en sens *Rétrograde* ou *contre l'ordre des signes* ; c'est-à-dire que ces
nœuds parcourent l'écliptique *en sens contraire du mouvement solaire apparent*, et par conséquent d'orient en
occident : chaque année ils décrivent environ $19° \frac{1}{3}$, ce qui
fait 1 degré tous les 19 jours, une révolution entière tous
les 18 ans $\frac{1}{2}$; la lune passe par ses nœuds deux fois chaque
mois. (Plus exactement les nœuds , en rétrogradant,
décrivent, dans le sens du mouvement diurne , $19°,3286$
par an ; ils parcourent l'écliptique entière en $6788^j,54019$
en tems moyen.)

56. La lune n'est point lumineuse par elle-même ;
l'éclat dont nous la voyons briller n'est qu'emprunté du
soleil. En effet, non-seulement quoiqu'elle soit environ
400 fois plus près de nous, sa lumière est 300 mille fois
plus faible que celle du soleil ; c'est pour cela que ses
rayons, réunis par une forte lentille , ne peuvent produire

la plus légère chaleur ; mais encore on reconnaît dans ses
Fig. 14. *Phases* la preuve certaine qu'elle n'est qu'un corps sphérique, opaque, éclairé de divers côtés successivement
par l'astre du jour que la partie lumineuse regarde sans
cesse. Donnons quelques détails sur ces singulières apparences.

  Si la partie éclairée de la lune est directement tournée
vers la terre, ce qui suppose que celle-ci est entre le soleil
et la lune, comme par l'effet de la rotation diurne, toutes
les parties de notre globe viendront s'offrir à la lune, à
mesure qu'elles se tourneront du côté opposé au soleil ;
tous les habitans de la terre verront tour-à-tour la lune
sous la forme d'un cercle lumineux durant la nuit entière ;
on dit qu'alors la lune est *Pleine. Voy.* la fig. 14.

  Mais si la lune et le soleil sont placés du même côté par
rapport à la terre, comme la partie éclairée est tournée du
côté opposé à nous, l'hémisphère qui nous regarde est obscur, et nous ne pouvons l'apercevoir. Ce n'est que pendant
le jour que nous pourrions voir la lune ; mais elle est invisible, non pas, ainsi qu'il arrive aux étoiles, dont l'éclat
est détruit par la clarté du soleil; mais parce qu'elle ne nous
renvoie aucune portion de lumière. La lune est alors *Nouvelle ;* on ne la peut voir ni le jour ni la nuit. Elle passe au
méridien vers midi, tandis qu'elle y est vers minuit dans la
pleine lune.

Fig. 15   Lorsque la terre est à droite ou à gauche de la ligne qui
et 16. va du soleil à la lune, il n'y a de visible que la moitié du
disque exposé à nos regards : la lune passe au méridien
vers six heures du soir, et c'est le *premier quartier ;* ou vers
six heures du matin, et c'est le *dernier quartier.*

  Voici donc la suite d'aspects que présente la lune. Après
avoir été invisible quelque tems, même pendant la nuit, on
l'aperçoit le soir près de l'occident sous la forme d'un

Croissant dont les cornes sont tournées à notre gauche. Ce n'est d'abord qu'une ligne lumineuse demi-circulaire, qui se perd dans les rayons du soleil couchant. Mais dans les jours qui suivent, le lever et le coucher retardent de plus en plus (le lever n'est pas visible à cause de l'éclat du jour), et le croissant acquiert plus de largeur : enfin on voit le *premier quartier* sous l'apparence d'un demi-cercle, et la lune passe au méridien vers six heures du soir.

Dans les jours suivans le quartier s'accroît et la lune devient pleine ; le lever et le coucher ont retardé de plus en plus, et la lune ne passe alors au méridien que vers minuit. Depuis quelques jours on a pu distinguer le lever de l'astre, et ce n'est plus que le matin qu'il se couche. Peu-à-peu son bord à droite s'efface, et on a bientôt le *dernier quartier* sous la forme d'un demi-cercle, mais cette fois la partie lumineuse est à gauche. Le passage au méridien a lieu vers six heures du matin; et depuis quelques jours le coucher a cessé d'être visible, à cause de la présence du soleil sur l'horison. On est alors dans le *Déclin*.

La phase se resserre de plus en plus, et ce n'est que le matin qu'on peut l'apercevoir à l'orient sous la forme d'un croissant, dont les pointes sont dirigées à notre droite. Bientôt ce n'est plus qu'un filet lumineux, et on cesse enfin entièrement de le voir pendant quelques jours. Enfin, lorsque cet astre invisible, quoique sous nos yeux, passe au méridien vers midi, on a la *nouvelle lune*. Peu après, elle reparaît le soir à l'occident et les mêmes phénomènes se reproduisent.

La lune a toujours sa partie lumineuse tournée du côté où est placé le soleil : vers le premier quartier cet astre se couche quelque tems avant la lune, et nous la voyons à sa gauche ; aussi la phase est-elle à notre droite : elle est à gauche dans le déclin, alors la lune ne se lève que quelques heures avant le soleil, qui est aussi placé à gauche. On ne voit pas ce dernier phénomène sans quelqu'intérêt, lorsqu'au premier printems ou même en automne, durant une nuit sereine, ce léger croissant brille le matin vers l'orient d'un éclat trop faible pour détruire celui des étoiles : le ciel tourne, entraînant ces points étincelans. La lune à peine a commencé sa carrière qu'on voit paraître à sa gauche l'astre du jour, précédé de l'aurore et de la lumière zodiacale ; annoncé par le chant des oiseaux, il s'élève avec pompe, resplendissant de cette clarté majestueuse qui répand la joie sur toute la nature.

Si la lune décrivait l'équateur, elle se lèverait à 6 heures du matin dans la nouvelle lune, et se coucherait à 6 heures du soir. Ce serait le contraire dans la pleine lune. Au premier quartier la lune se lèverait à midi et se coucherait à minuit; enfin, au dernier quartier, le lever se ferait à minuit et le coucher à midi. Mais comme l'orbe lunaire croise l'équateur, cet astre n'est dans ce plan que deux fois à chaque révolution, et ce n'est qu'alors que les circonstances que nous venons de décrire ont lieu.

On en dira autant de l'écliptique que de l'équateur : la hauteur de la lune sur l'horison est plus grande ou moindre que celle du soleil, selon que sa déclinaison est aussi plus grande ou moindre. L'orbe lunaire étant inclinée de $5^\circ 9'$ sur l'écliptique, la lune est, à de certaines époques, élevée ou abaissée de cette même quantité au-delà des points le plus haut ou le plus bas du soleil, c'est-à-dire des points solstitiaux, abstraction faite de la parallaxe.

57. La durée de chaque *Lunaison*, ou l'intervalle de deux nouvelles lunes successives, se tire d'une longue série d'observations, pendant lesquelles les inégalités se sont compensées. On a trouvé pour le *mois lunaire*, ou le tems de la *Révolution synodique* (on nomme ainsi le

retour à la même position par rapport au soleil) , 29 jours
et demi (ou plutôt 29ʲ,530588 , ou 29ʲ 12ʰ 44′ 2″,8). Nous
ne considérons ici que des mouvemens moyens , c'est-à-dire
dégagés des inégalités qui les altèrent et se détruisent
périodiquement (n°. 89). *L'année a donc douze lunaisons
et 11 jours* (12 lunes et 10ʲ,8752).

On trouve de même que le tems de la *Révolution synodique du nœud* est de 346ʲ,61963 ; c'est-à-dire qu'après
cet intervalle , le soleil se retrouve au nœud de la lune
dont le mouvement a été rétrograde : et comme le soleil
a dû le rejoindre avant d'avoir fait le tour entier du
ciel, cette durée est un peu moindre que celle de l'année.

Lorsque deux astres , vus de la terre , ont même longitude, c'est-à-dire que leurs arcs perpendiculaires à
l'écliptique se rendent en un même point de cette
courbe , on dit que ces astres sont en *conjonction* ☌ ;
ils sont en *opposition* ☍ lorsque leurs longitudes diffèrent
de 180″ ; les arcs de latitude répondent à des points
diamétralement opposés de l'écliptique céleste. Les astres
sont bien encore dans le même plan perpendiculaire à
l'écliptique , mais ils y occupent des points opposés.

Dans le cas de la conjonction , si les latitudes étaient
aussi égales, les deux astres nous paraîtraient coïncider ,
parce qu'ils seraient dans une même droite avec la terre.
La lune est visiblement nouvelle dans ses conjonctions
avec le soleil , et pleine dans ses oppositions : ces deux
points se nomment les *Syzygies*. Les *Quadratures* ☐ ont
lieu lorsque la lune est à égales distances des points de
conjonction et d'opposition. Alors les deux rayons menés
de la terre au soleil et à la lune sont perpendiculaires :
ces trois corps forment un triangle dont la terre occupe le
sommet de l'angle droit. Les longitudes de ces deux astres diffèrent de 90°, c'est-à-dire qu'ils sont distans de trois signes.

La détermination de l'instant précis où la lune entre dans une de ses phases, se fait d'après le mouvement réel de l'astre prévu dans les éphémérides, en tenant compte de toutes les irrégularités qui l'affectent. Mais si on ne veut avoir égard qu'au mouvement moyen du soleil et de la lune, qui ne peut différer de 24 heures du mouvement réel, rien n'est plus aisé que de prédire le retour des phases; il suffit en effet de connaître *l'époque* précise de l'une d'elles, pour annoncer son retour. On supposera donc connu pour le 1er. janvier *l'âge de la lune*, c'est-à-dire le tems écoulé depuis la dernière nouvelle lune : c'est ce qu'on nomme l'*Épacte astronomique*. En retranchant de $29^j,530588$, qui est la durée de la lunaison, on aura l'époque moyenne de la prochaine nouvelle lune ; 14 jours au-delà on aura la pleine lune ($14^j,765294$); et ainsi pour toutes les syzygies successives. Nous reviendrons sur ce sujet, n°. 69.

Mais on remarque qu'après 19 ans, il s'est écoulé 235 lunaisons, et que les nouvelles et pleines lunes se retrouvent les mêmes jours. En effet, la durée de l'année et celle de la lunaison, ou les nombres 365^j, 242264 et $29^j,530588$ sont à très-peu-près entre eux dans le rapport de 235 à 19; en sorte que ces quatre nombres sont en proportion : c'est ce qu'on reconnaît parce qu'en multipliant le premier par 19 et le second par 235, les produits ne diffèrent pas de $\frac{7}{100}$. Il suit donc de là qu'on peut regarder 235 lunaisons comme complettant 19 années. Les 11 jours dont l'année solaire surpasse l'année lunaire, s'accumulant peu-à-peu, il en résulte donc qu'on produit 7 lunaisons sur 19 ans, de plus que les 228 qui proviennent des 12 lunaisons annuelles : 7 années sur 19 ont donc 13 nouvelles lunes au lieu de 12, et l'un des mois en compte alors deux.

Il suit de là que si on avait une série de 19 années
d'observations lunaires, les phases reviendraient périodiquement les mêmes jours, du moins avec de légères
corrections. Ce *Cycle* de 19 années est remarquable dans
la chronologie : nous y reviendrons n°. 69.

58. En observant que la terre et la lune sont des corps
opaques derrière lesquels la lumière du soleil ne peut
pénétrer, et que leurs volumes sont bien moins considérables que celui de cet astre, on verra qu'ils doivent
porter une ombre conique *ABC*. Si la terre est direc- Fig. 17.
tement entre le soleil et la lune, celle-ci en passant dans
l'ombre de la terre, cessera de recevoir la lumière : à
mesure qu'elle y pénètrera, les parties de sa surface
s'obscurciront par degrés : il y a alors *Eclipse de lune*. Ce
phénomène ne peut donc arriver que lorsque la lune est
en opposition, c'est-à-dire dans la nuit de l'époque de
la pleine lune : encore faut-il que le rayon vecteur solaire
coïncide avec celui de la lune, et par conséquent que
celle-ci soit dans son nœud ascendant.

De même, si la lune se place directement entre nous
et le soleil, nous cesserons de le voir, et il sera
éclipsé : la terre se trouvera dans l'ombre de la lune,
qui sera alors en conjonction et dans son nœud descendant.
Ainsi l'éclipse de soleil n'a lieu que le jour de la nouvelle
lune : encore faut-il que les rayons vecteurs coïncident.

Les éclipses ne peuvent donc avoir lieu qu'aux syzygies.
Comme l'orbite lunaire est incliné de 5° sur l'écliptique,
la lune est souvent au-dessus ou au-dessous de ce dernier
plan ; elle est donc hors de l'ombre de la terre, ou
celle-ci est hors de l'ombre lunaire dans la plupart des
syzygies ; c'est ce qui fait qu'il n'y a pas éclipse de lune
à chaque pleine lune, ou de soleil à chaque nouvelle
lune. Ces trois astres doivent être en ligne droite pour

qu'il y ait *éclipse totale*, ou très-près de cette ligne pour qu'il y ait *éclipse partiale*. Si le diamètre apparent de la lune est moindre que celui du soleil, dans les éclipses de cet astre, il ne nous paraîtra que comme un anneau lumineux; l'éclipse sera *Annulaire*. Les apparences causées par la parallaxe modifient encore celles des éclipses; ce sont ces diverses causes qui amènent tant de variétés dans ces phénomènes.

Le cône d'ombre de la lune est assez court, parce qu'elle est très petite par rapport au soleil; d'ailleurs, lorsqu'elle l'éclipse, elle en est plus proche que nous, ce qui diminue l'étendue de ce cône : on conçoit que sa pointe pourra ou ne pas atteindre la surface terrestre, ou n'en couvrir qu'une partie. Voilà pourquoi les éclipses de soleil ne sont visibles que pour une partie de la terre. Celles de lune, au contraire, sont *universelles*, c'est-à-dire visibles de tous les habitans de la terre qui ont la lune sur l'horison, parce que dès qu'une partie est privée de clarté, la terre entière ne peut la voir que sous ce même aspect.

L'éclipse de soleil ne commence pas en même tems pour tous les lieux. L'occident est déja dans l'ombre lunaire, que l'orient n'y est pas encore. On voit souvent l'ombre d'un nuage emporté par les vents, parcourir rapidement les côteaux et les plaines, et dérober aux spectateurs qu'elle atteint la vue du soleil dont jouissent ceux qui sont au-delà de ses limites : c'est l'image exacte des éclipses totales de soleil.

59. La justesse avec laquelle on est parvenu à calculer et prédire la durée, l'étendue, l'instant des éclipses, doit convaincre de l'exactitude des calculs astronomiques; car ces circonstances dépendent de la situation relative de ces corps, de leurs distances, de leurs volumes, de leurs vîtesses et de la parallaxe. Ceux qui s'étonnent qu'on

puisse mesurer ces élémens, n'ont rien à répondre lorsqu'ils voient l'accord parfait qui se trouve entre les calculs et les résultats.

Il est clair qu'il y aura éclipse toutes les fois que la lune ayant zéro de latitude, c'est-à dire étant dans ses nœuds ou sur l'écliptique, aura en outre la même longitude, ou 200° de moins. Il pourra y avoir encore éclipse dans des circonstances très-voisines de celles-ci; le calcul de l'étendue du cône d'ombre comparé à la latitude, détermine alors l'heure et la durée du phénomène.

Nous avons vu, n°. 57, que le tems de la révolution synodique des nœuds est de 346ʲ, 61963; en le comparant à celui de la lunaison, ou 29ʲ, 530588, on voit que ces nombres sont à très-peu-près dans le rapport de 223 à 19, ce dont on s'assure comme p. 88. Ainsi toutes les 223 lunaisons, ou tous les 18 ans et 11 jours, le soleil et la lune se retrouvent à la même position par rapport au nœud lunaire. Les éclipses doivent donc revenir à-peu-près dans le même ordre, ce qui donne un moyen simple de les prédire. C'est cette période que les Chaldéens nommèrent *Saros*. Mais le rapport dont nous venons de parler est altéré par les inégalités des mouvemens du soleil et de la lune, qui y produisent des différences sensibles. Ce rapport n'est d'ailleurs pas rigoureux, et les écarts qui en résultent doivent à la longue changer l'ordre des éclipses observées pendant une de ces périodes: aussi ce moyen ne peut-il être regardé que comme approximatif.

60. C'est un spectacle imposant que celui d'une éclipse totale du soleil; cet astre disparaissant, la clarté est entièrement détruite, et d'épaisses ténèbres succèdent, pendant quelques minutes, à l'éclat du jour. Les étoiles brillent au firmament, et on n'aperçoit autour du disque invisible

de la lune, qu'une couronne de lumière pâle, qui est probablement l'effet de l'atmosphère du soleil. Les animaux, saisis d'effroi, sont plongés dans la consternation et frappés de terreur, jusqu'à ce que l'astre reparaisse éclatant de lumière, et avec une majesté dont son lever n'est qu'une image imparfaite.

L'histoire est pleine d'exemples de l'effroi causé par les éclipses, et de l'adresse avec laquelle les hommes ont fait servir à leurs projets l'art de les prédire.

61. En observant avec attention les taches très-remarquables de la surface lunaire, on reconnaît que l'hémisphère qui nous regarde est toujours le même. Si on se transporte par la pensée dans le soleil, on verra tourner la lune autour de notre globe; lorsqu'elle sera au-delà, on aura l'aspect de la même face que nous voyons ; mais lorsqu'elle sera en deçà, c'est-à-dire entre le soleil et la terre, on aura l'aspect de l'autre hémisphère, puisque la face, vue de la terre, doit demeurer la même : ainsi, du soleil, on verrait tour-à-tour tous les points du globe lunaire. Il faut donc conclure de là, qu'en accomplissant sa révolution entière dans son orbite, il fait en même tems un seul tour sur son axe.

C'est précisément ainsi que la terre tourne sur elle-même, tandis qu'elle est emportée autour du soleil : seulement elle effectue un peu plus de 365 révolutions sur son axe, contre une seule dans l'écliptique, tandis que la lune ne fait qu'un tour dans les 29 jours et demi qu'elle met à décrire son orbite.

Qu'on se suppose placé dans la lune, on aura donc une nuit et un jour à chaque révolution synodique. Si on se trouve sur l'hémisphère qui nous est inconnu, on ne pourra jamais avoir le spectacle de la terre ; mais sur

l'autre, on la verra comme une lune d'un diamètre presque quadruple (5o), présentant ses phases dans une nuit
de près de 15 jours. La clarté solaire sera sur-le-champ
remplacée par celle que réfléchira la terre. On ne la verra
d'abord que sous la forme d'un croissant; mais à mesure
qu'elle sera plus près d'atteindre au méridien, elle prendra
plus d'étendue. Après 7 jours et demi, on aura le minuit,
et la terre sera vue *pleine*. Enfin, dans les jours suivans,
le disque diminuera, et se réduira à un croissant tourné
en sens contraire du premier, et qui disparaîtra lorsque
le soleil, revenu du côté opposé, y ramènera le jour. Il
n'y aura donc pas de véritable nuit. Lorsque nous aurons
sur terre une éclipse de soleil, on aura dans la lune une
éclipse de terre, et réciproquement; nos mers, nos lacs,
nos montagnes et nos plaines, par le contraste de leurs
reflets, présenteront des taches que notre rotation fera voir
sous des aspects sans cesse variables.

En considérant que les ténèbres de la nuit ne sont pas
toujours dissipées par la présence de la lune, on reconnaît
combien est dénuée de fondement l'opinion qui suppose
qu'elle a été donnée à la terre pour l'éclairer en l'absence
du soleil. Si sa destination eut été conforme à cette supposition, elle aurait dû ne jamais être éclipsée, et se
trouver sans cesse opposée au soleil : originairement placée
en opposition à une distance de cet astre, plus grande que
la longueur du cône d'ombre de la terre (100 fois plus
loin de nous), il eût suffi que son orbite eût été dans le
plan même de l'écliptique, et que les vitesses de la terre
et de la lune eussent été toujours parallèles et proportionnelles à leurs distances au soleil. Si au contraire la lune
eût été placée en conjonction avec le soleil, et à une distance convenable avec les conditions ci-dessus, cet astre
eût toujours été éclipsé, du moins pour une partie de la

terre, qui n'aurait pu avoir d'idée de son existence, et eût été plongée dans une nuit éternelle.

On distingue assez bien la partie du disque de la lune qui ne reçoit pas la lumière solaire : cette faible clarté, qu'on nomme *lumière cendrée*, est renvoyée par la terre (102). C'est pour cela que le phénomène est plus sensible près des nouvelles lunes dans les éclipses de soleil, parce qu'alors, de la lune, on verrait la terre entièrement éclairée, et réfléchissant la plus grande quantité de lumière.

62. On observe dans la lune des points vivement éclairés, accompagnés d'une partie latérale obscure, dont la position et l'étendue varient par le progrès des phases ; et comme ces apparences suivent les lois des ombres portées par les corps opaques, d'après la manière dont ils sont éclairés, on est certain que la surface lunaire est couverte de montagnes, de plaines, et de cavités profondes. Les dentelures qui sont sur le bord du disque, ont même servi à mesurer la hauteur de quelques-unes de ces élévations, qu'on a trouvées de plus de 1500 toises. Les abîmes sont au contraire dans une obscurité profonde ; la teinte obscure, qui ternit les places des vallées ne provient que de la nature des substances qui les forment, puisqu'elle subsiste encore dans la pleine lune. On les avait autrefois prises pour des mers ; mais comme il n'existe point d'atmosphère dans la lune (*v.* 108), il ne peut non plus y avoir de fluides : n'étant pas comprimés, ils seraient en effet bientôt résolus en vapeurs, qui formeraient alors une atmosphère nouvelle.

Concluons de là que tout est solide à la surface lunaire ; ce qui paraît confirmé par les observations faites avec de forts télescopes, qui nous la représentent comme une masse aride. Si elle est habitée, ce ne peut donc être que par des animaux d'une autre espèce, puisqu'aucun des êtres que nous connaissons ne pourraient y vivre et y respirer. On a cru remarquer dans la lune les effets et même les éruptions des volcans ; ces explosions ont été manifestées par de nouvelles taches et même des étincelles vues dans sa partie obscure. Durant une éclipse de soleil, on a vu un point assez vivement éclairé pour donner l'apparence d'un trou qui permettrait à la lumière solaire de pénétrer de part en part. Il faudrait donc admettre des volcans lunaires, si ces observations ne sont pas des jeux d'optique, ce qui paraît probable d'après le défaut d'atmosphère ; cependant ce ne serait pas encore une raison suffisante pour rejeter l'opinion des volcans lunaires, puisqu'il y a des corps qui, dans leur ignition, développent assez de gaz oxigène pour suffire à leur combustion.

M. Laplace a même pensé que ces pierres qui tombent du ciel, et qu'on nomme *Aérolithes*, pourraient bien n'être que des produits lancés par des volcans lunaires ; et le calcul prouve qu'aucune résistance atmosphérique ne diminuant leur vîtesse, il suffirait d'une force quadruple de celle de la poudre à canon, pour détruire la pesanteur qui tendrait à les ramener au sol même de la lune, et pour les livrer à l'action de la pesanteur terrestre (87) : ce qui n'est pas du tout improbable.

63. Quoique la lune nous présente sans cesse la même face, cependant l'observation attentive de ses taches a prouvé que celles qui sont près des bords ont un léger mouvement d'oscillation, qui les fait successivement disparaître et reparaître, et qu'on a nommé *Libration*. Cette espèce de balancement n'est qu'une illusion purement optique, et dont on rend très-bien raison.

D'abord si la lune, semblable à la terre, tourne constamment avec la même vîtesse sur son axe, quoique celle de sa translation dans son orbite soit variable, cette cause produira l'effet dont il s'agit. Car menons par le centre de l'astre une tangente à son orbite, et supposons qu'il entraîne cette ligne dans son mouvement; puisque la rotation est uniforme et la translation variable, cette tangente rencontrera la surface lunaire en des points un peu différens; et comme ils sont les limites du disque apparent, ces limites changeront donc : de là résulte une espèce d'oscillation qui n'a rien de réel. En soumettant au calcul la loi de ces mouvemens, on a trouvé que l'axe de rotation est presque perpendiculaire à l'orbite; son équateur n'est incliné que de 1° et demi; de plus, la trace de cet équateur sur l'écliptique est constamment parallèle à la ligne des nœuds, et rétrograde avec elle. Ainsi l'axe de la lune a un mouvement par lequel il décrit une petite surface conique, autour d'une droite menée par son centre perpendiculairement à l'écliptique.

La libration n'est donc qu'une apparence produite par la manière dont nous voyons la lune; elle est encore causée par ce que nous ne la regardons pas du centre même de la terre, foyer de son orbite vers lequel cet astre dirige toujours le même hémisphère : en effet, il est évident que les aspects devant dépendre de la situation du spectateur, à mesure que la lune s'élève sur l'horison, divers points de son contour doivent être aperçus, qui ne le seraient pas du centre même de la terre.

VI. *Du Calendrier.*

64. L'année civile ne comprenait d'abord que 365 jours; cette erreur venait du procédé vicieux, à l'aide duquel on en déterminait la durée. On plaçait un *Gnomon,* ou *Style vertical* sur un sol bien horisontal, et on y traçait une *Méridienne*, c'est-à-dire l'intersection de ce plan par le méridien mené suivant le style (*voy.* n°. 168);

l'ombre de cette ligne devait chaque jour à midi couvrir la méridienne. En examinant attentivement la longueur de l'ombre vers le tems où le soleil est le plus élevé, on trouvait le jour du solstice d'été, où cette ligne d'ombre atteint sa moindre dimension : et comme on comptait 365 jours entre deux retours du soleil à ce solstice, on supposait à l'année cette durée exacte.

L'erreur a dû bientôt se faire remarquer, puisque l'année étant réellement plus grande de $5^h,8$, au bout de 100 ans, on devait observer que le commencement de l'année civile avait anticipé de plus de 24 jours sur celui de l'année solaire. Cette disposition avait l'inconvénient de ne pas attacher les mois et les fêtes aux mêmes saisons, et d'en faire des époques remarquables pour l'agriculture : il fallait laisser écouler une période de 1508 ans pour que l'accumulation de l'erreur produisît une année juste, et qu'elles coïncidassent de nouveau avec les mêmes tems solaires.

Jules César, pour perfectionner le calendrier, se servit de la méthode des *intercalations*; c'est-à-dire qu'il fit ajouter un jour tous les quatre ans, aux 365, à cause de l'opinion où on était alors que l'année avait pour durée 365 jours et un quart : cette 4ᵉ. année de 366 jours fut nommée *Bissextile*. Mais la correction ne remédia pas entièrement au mal, puisqu'elle suppose l'année trop longue de $11',14$. L'erreur est ici bien moindre, mais pourtant son accumulation présentait encore les mêmes inconvéniens, quoique moins graves : on fut donc obligé de réformer de nouveau le calendrier, et d'adopter une intercalation un peu plus composée, qui consiste à supprimer trois années bissextiles séculaires sur quatre ; ensorte que 1700, 1800 et 1900 ne sont point bissextiles, comme elles devraient l'être, puisqu'elles sont du nombre

7.

de celles qui se présentent de quatre en quatre ans : mais l'an 2000 sera bissextile. Ainsi, sur 400 ans, on intercale seulement 97 jours ; les années sont donc de 365 jours, mais de quatre en quatre ans on les compose de 366 jours ; celles-ci forment autant d'années bissextiles : seulement on ne fait procéder les bissextiles séculaires que de 400 en 400 ans.

Tel est donc le Calendrier Grégorien aujourd'hui généralement adopté, excepté en Russie où on suit encore la réforme *Julienne*. Pour reconnaître si une année est bissextile, divisez par 4 les deux chiffres à droite de son *millésime* ; si la division ne se fait pas exactement l'année n'a que 365 jours, autrement elle sera de 366 : l'an 1823 n'est pas bissextile, parce que 23 divisé par 4, donne 3 pour reste. Si l'année est séculaire il faut supprimer deux zéros à droite, et faire le même calcul sur les chiffres qui restent. L'an 1800 ne fut pas bissextile, parce que 18 n'est pas multiple de 4 : cette année est une des trois années bissextiles séculaires supprimées par la réforme Grégorienne, mais conservées dans la Julienne. C'est pour cela que les Russes comptent le 2 janvier lorsque nous datons du 14 ; ces 12 jours de différence seront encore augmentés de 1, après l'an 1900. Lorsqu'on craint l'équivoque, on est dans l'usage, pour les correspondances, de marquer ainsi les dates : $\frac{2}{14}$ janvier.

L'intercalation de 97 jours sur 400 années, quoique très-près d'être exacte, ne l'est pourtant pas encore tout-à-fait ; mais elle le deviendra si, en suivant l'analogie, on supprime encore une bissextile tous les 4000 ans ; car, dans cet intervalle, il n'y aurait que 969 jours intercalés, ce qui supposerait à l'année tropique une durée de 365j,24225 ; et on voit que l'erreur est tout − à − fait insensible (*voy.* mon Cours de Math., tome II, page 104). Rien n'est donc plus facile que de décomposer en jours un nombre quelconque d'années ; on le multipliera par 365 , et on ajoutera au produit autant d'unités qu'il y a eu d'années bissextiles comprises dans cette durée. Le mode d'intercalation , usité dans le Calendrier Julien, est plus simple , il est vrai, mais inexact ; celui qu'on lui substitue a l'avantage d'être juste , n'exige que des calculs très-faciles , et ne jette point la confusion dans la chronologie.

65.   Quant aux sous-divisions de l'année, quoiqu'elles ne soient pas établies d'après des phénomènes célestes, on ne sera pas fâché d'en connaître les dispositions.

L'année est partagée en 12 *mois* , mais en les faisant de 3o jours chaque , on n'emploie que 36o jours ; il en reste donc 5 ou 6 autres à intercaler ; c'est ce qu'on fait ainsi qu'il suit :

Janvier 31 jours ;	*Février* 28 ou 29 ;	*Mars* 31 ;
Avril 3o ;	*Mai* 31 ;	*Juin* 3o ;
Juillet 31 ;	*Août* 31 ;	*Septembre* 3o ;
Octobre 31 ;	*Novembre* 3o ;	*Décembre* 31.

On voit que ces mois sont alternativement de 3o et de 31 jours , excepté juillet et août qui en ont l'un et l'autre 31 quoiqu'ils se suivent ; et février qui en a 28 dans les années communes et 29 dans les bissextiles.

Chaque mois le soleil entre dans un nouveau signe du zodiaque ; l'époque où ce phénomène arrive est , comme on a vu (42), facile à déterminer : et, quoique ces signes soient d'une égale étendue (3o° de l'écliptique), nous savons que la durée que le soleil emploie à les parcourir est inégale. En l'évaluant en tems moyen on trouve que cet astre décrit.

$$
\begin{array}{l}
\left. \begin{array}{lll} \Aries & \text{en } 30^j & 12^h,\,71 \\ \Taurus & \text{en } 31 & 0,\,40 \\ \Gemini & \text{en } 31 & 8,\,63 \end{array} \right\} \quad \text{Le printems dure}\ldots\ldots\ 92^j\ 21^h,\,74 \\[3mm]
\left. \begin{array}{lll} \Cancer & \text{en } 31 & 10,\,70 \\ \Leo & \text{en } 31 & 6,\,45 \\ \Virgo & \text{en } 30 & 20,\,45 \end{array} \right\} \quad \text{L'été dure}\ldots\ldots\ldots\ 92^j\ 37^h,\,58 \\[3mm]
\left. \begin{array}{lll} \Libra & \text{en } 30 & 12,\,25 \\ \Scorpio & \text{en } 29 & 23,\,55 \\ \Sagittarius & \text{en } 29 & 4,\,67 \end{array} \right\} \quad \text{L'automne dure}\ldots\ldots\ 89^j\ \ 16^h,\,47 \\[3mm]
\left. \begin{array}{lll} \Capricorn & \text{en } 29 & 10,\,33 \\ \Aquarius & \text{en } 29 & 14,\,66 \\ \Pisces & \text{en } 30 & 1,\,03 \end{array} \right\} \quad \text{L'hiver dure}\ldots\ldots\ 89^j\ \ 2^h,\,02
\end{array}
$$

On peut donc fixer pour toute année le retour du soleil à chaque saison ou aux divers signes, en connaissant cette époque une seule fois. On voit que le printems est un peu plus court que l'été et plus long que l'automne ; l'hiver est la plus courte des quatre saisons. Le contraire a lieu pour les habitans de l'hémisphère austral.

66. On emploie encore une autre sous-division de l'année, c'est la *Semaine*, formée de sept jours : *Dimanche*, *Lundi*, *Mardi*, *Mercredi*, *Jeudi*, *Vendredi* et *Samedi*. L'année a 52 semaines ; ainsi chaque jour revient 52 fois : mais comme 7 fois 52 ne donnent que 364, le jour qui commence l'année doit aussi la finir et être seul répété 53 fois. Dans les années bissextiles, le lendemain du premier jour de l'an est aussi pris 53 fois et le termine.

Chaque année commence donc au jour qui suit de un ou deux rangs celui qui a commencé l'année précédente, selon que celle-ci était commune ou bissextile ; le premier jour de 1800 étant un mercredi, celui de 1801 est un jeudi, celui de 1802 un vendredi, etc., en prenant un jour au-delà ; il faut en prendre deux dans le cas de l'année bissextile. Ainsi on peut connaître de suite quel sera le jour répondant à une date proposée, celle du 6 mars 1842, par exemple. En effet, le quart de 42 étant 10, il s'est écoulé 10 années bissextiles depuis 1800, dont le 1er. jour était un mercredi : il faut donc prendre au-delà de ce jour, 42 à raison de un par an, et 10 à cause des bissextiles; de plus, pour atteindre au 6 mars, il faut compter les 31 jours de janvier, les 28 de février et les 6 de mars, ce qui donne 117 jours; or, 117 jours forment 16 semaines et 5 jours, ainsi qu'on le voit en divisant par 7; il faut donc procéder de 5 rangs au-delà du mercredi; et on trouve que le 6 mars 1842 sera un dimanche.

Désignons le dimanche par le n°. 1, lundi par 2, mardi par 3..... samedi par 7 ou zéro; il est aisé de tirer de là cette règle.

Aux deux chiffres à droite du millésime de l'année proposée, ajoutez le quart, en le prenant par excès, si la division ne se fait pas exactement : ajoutez en outre 2 et autant d'unités qu'il y a de jours qui s'écouleront du premier jour de l'année à la date proposée, en les comptant l'un et l'autre, enfin divisez la somme par 7, le reste désignera le jour cherché qui répond à cette date. (*)

(*) Soit m le nombre exprimé par les deux chiffres à droite du millésime, q son quart par excès, j le nombre de jour écoulés depuis le 1er. janvier jusqu'à la date donnée, en les comptant l'un et l'autre; la règle ci-dessus en langage algébrique revient à ceci : cherchez le reste de la division de

$$\frac{m + q + j + 2}{7} ;$$

si ce reste est 1, la date proposée répond à un dimanche; s'il est 2, à un lundi.....; zéro, à un samedi.

Pour trouver le nom du premier jour de l'an il faut prendre le reste de $\dfrac{m + q + 3}{7}$

Mais cette règle cesse d'être vraie lorsqu'en changeant de siècle on

Observez que puisqu'on n'a besoin que du reste de la division par 7, on peut rejetter tous les multiples de 7 à mesure que l'addition les présente. Ainsi pour savoir quel sera le jour du 18 avril 1817, à 17 ajoutez 5 qui est le quart par excès; puis 2; puis 3 pour les 31 jours de janvier, en ôtant 28; zéro pour février; 3 pour les 31 jours de mars; enfin 4 pour les 8 jours d'avril : en supprimant 7 chaque fois qu'on le rencontre dans l'addition, on trouve le reste 6, qui indique que le 18 avril 1817 est un vendredi.

Cette règle donnera aisément le nom du premier jour de l'an : ainsi pour 1817, ajoutez à 17 son quart 5 par excès, puis 3 (au lieu de 2, parce qu'il faudrait encore ajouter 1 pour la date proposée), on obtient 25, ou plutôt 4, qui annonce que l'an 1817 doit commencer par le mercredi.

Au reste, chaque siècle exigera une règle particulière, parce que la réforme des années bissextiles séculaires, rompt l'uniformité du calcul (64).

Une fois le premier jour de l'an connu, il est bien facile de distribuer les noms du 1er. jour de chaque mois; ainsi le 1er. janvier 1817 étant un mercredi, en prenant 3 jours au-delà, on trouve que le 1er. février et le 1er. mars sont un samedi; en prenant encore 3 jours au-delà, puis 2, puis 3,... on trouve un mardi, un jeudi, un dimanche,... pour le 1er. jour des mois d'avril, de mai, de juin, etc.

Chaque mois est composé de 4 semaines pour ses 28

---

tombe sur une année bissextile séculaire supprimée. Ainsi le dernier décembre 1899 sera un dimanche, comme on peut s'en assurer : donc le 1er. janvier 1900 sera un lundi; et puisque 1900 ne sera pas bissextile, les deux règles ci-dessus devront subir une modification. Depuis 1900 jusqu'à 2100 on prendra le reste des divisions

$$\frac{m+q+j}{7} \quad \text{et} \quad \frac{m+q+1}{7}$$

premiers jours: au-delà jusqu'à la fin, ce sont les deux ou les trois qui l'ont commencé qui se répètent une cinquième fois.

Ces remarques supposent un calcul, qu'on veut souvent éviter; c'est pourquoi nous ajouterons une autre observation.

Les nombres 1, 8, 15, 22, 29

étant disposés de 7 en 7, les jours répondant à ces dates doivent avoir même dénomination : si donc on se grave ces cinq nombres dans la mémoire, ainsi que le nom du jour qui commence le mois, on aura de suite celui qui répond à quatre autres dates, et par suite celui de chaque jour intermédiaire. On sait par exemple que le 1er. du mois est un samedi ; le 8, le 15, le 22 et le 29, sont donc aussi des samedi : ainsi pour savoir le nom du 19, qui suit de 4 jours le 15, on compte quatre rangs après le samedi, et on trouve que le 19 est le mercredi (*).

____

(*) Cette remarque rend l'usage du calendrier inutile; et lorsqu'on est exercé à la mettre en pratique, elle ne coûte aucun effort : il suffit de conserver dans sa mémoire le nom du premier jour du mois tant que ce mois dure ; et lorsqu'on a négligé de l'apprendre, celui du premier jour de l'an suffit pour l'obtenir, d'après ce qu'on a vu.

En général si l'année est bissextile, janvier, avril et juillet commencent par le même jour, et octobre par son lendemain ; en 1812, par exemple, le 1er des mois de janvier, d'avril et de juillet est un mercredi, et le 1er d'octobre un jeudi.

Mais si l'année n'a que 365 jours, comme février n'en a que 28, le 1er. janvier est d'un rang plus près des mois suivans; janvier et octobre commencent par le même jour, et avril et juillet par celui qui précède. En 1813 le 1er. de janvier et d'octobre est le vendredi, le premier d'avril et de juillet est un jeudi.

Le premier jour des mois intermédiaires est facile à trouver, puisque les mois pour lesquels nous venons de raisonner sont distribués de 3 en 3.

67. Au reste, on construit un calendrier perpétuel, et on en trouvera un à la fin de ce chapitre, en remplaçant les jours par les sept lettres A, B, C.... écrites successivement à la date de chaque jour du mois. Le 1er. janvier porte la lettre A, le 2, la lettre B; le 3 C... le 7, G; le 8, A; le 9, B, et ainsi de suite. Alors si l'année a commencé par un mercredi, dans toute sa durée le calendrier indiquera ce jour par la lettre A; B désignera le jeudi, C le vendredi, etc. La lettre qui désignera le dimanche, se nomme *Dominicale*; elle change chaque année, et nous avons indiqué p. 101, un calcul propre à la faire connaître. On peut, de 1800 à 1900, donner à la règle proposée l'énoncé suivant : *au nombre exprimé par les deux derniers chiffres du millésime, ajoutez son quart par excès, et supprimez les 7 qui peuvent se trouver dans la somme; retranchez le résultat de 6, le reste indiquera la lettre dominicale;* 1 *sera* A; 2, B; 3, C, *etc.*; *enfin,* o *sera* G. (*)

Dans les années bissextiles, comme février a 29 jours et que le calendrier perpétuel n'en porte que 28, il faut changer de lettre dominicale au 1er. mars, et prendre la lettre qui précède dans l'ordre

$$A, \ B, \ C, \ D, \ E, \ F, \ A, \ B,\ldots$$

l'une sert pour janvier et février seulement; l'autre pour le reste de l'année.

L'année ayant un jour de plus que 52 semaines, la lettre dominicale, doit rétrograder d'un rang chaque année, et même de deux dans les bissextiles; et puisqu'il y a 7 lettres,

---

(*) En conservant les dénominations précédentes, cette proposition se rend algébriquement comme il suit : soit z le reste de la division $\dfrac{q + m}{7}$, le quantième qui exprime la lettre dominicale est $6 - z$.

les dominicales ne peuvent revenir dans le même ordre qu'après 7 bissextiles, c'est-à-dire après 28 ans révolus. Cette période de 28 ans porte le nom de *Cycle solaire* ou *des lettres dominicales*; et comme ce cycle a commencé 9 ans avant l'ère chrétienne, *pour trouver le cycle solaire, il faut ajouter 9 au millésime et diviser par 28; le reste sera le cycle*, et le quotient marquera combien de fois la période s'est reproduite depuis l'époque prise pour origine, (9 ans avant Jésus-Christ); ainsi le cycle de 1812 est 1, parce que le reste de 1812, plus 9, divisé par 28, est 1. On peut faire servir le cycle solaire à trouver la lettre dominicale et réciproquement; mais il est inutile de nous arrêter à ces détails.

Ce retour du même ordre dans les lettres dominicales, après chaque période de 28 années, n'est vrai que dans le calendrier Julien, à cause de la réforme qui frappe sur les années séculaires dans le calendrier Grégorien; mais cette loi subsiste d'une année séculaire à la suivante : ainsi on l'observe de 1800 à 1900, ensuite de 1900 à 2100, ect.

68. Pour compléter le calendrier, il ne reste plus qu'à présenter à chaque date la désignation des saints et des fêtes; rien n'est plus facile pour ceux qui sont fixes. C'est ainsi qu'on placera toujours,

La *Circoncision* au . . . . 1er. janvier.
L'*Epiphanie* ou *les Rois* . . . . 6 janvier.

(*) Soit M le millésime complet d'une année proposée, le reste de la division de $\dfrac{M + 9}{28}$ est le cycle solaire de cette année. Depuis 1800 jusqu'à 1900 cette règle se simplifie; le cycle solaire est le reste de $\dfrac{m + 17}{28}$, ou, si on veut, $\dfrac{m - 11}{28}$; m étant, comme ci-dessus, les deux chiffres à droite de 18 dans le millésime.

La S. Charlemagne au . . . . 28 janvier.

La *Purification* ou la Chandeleur . . . . 2 février.

L'*Annonciation*. . . . : . . . . 25 mars (*).

La S. Jean . . . . 24 juin.

La S. Pierre et S. Paul. . . . . 29 juin.

La Visitation . . . . 2 juillet.

L'*Assomption* ou la *S. Napoléon* . . . . . 15 août.

La S. Louis. . . . . 25 août.

La *Nativité*. . . . . 8 septembre.

La S. Denis. . . . . 9 octobre.

La *Toussaint* . . . . 1er. novemb.

L'anniversaire du Couronnement . . . . . 2 décembre.

La *Conception* . . . . 8 décembre.

Noël. . . . . 25 décembre.

On remarque que Noël doit tomber sur un jour de même dénomination que le 1er. de l'année qui va recommencer la semaine suivante. La S. Étienne est le lendemain de Noël, et la S. Jean d'hiver le jour qui suit.

Quant aux autres fêtes qu'on a nommées *Mobiles*, parce qu'elles prennent chaque année des dates variables, on les détermine en fixant d'abord le jour de la fête de *Pâques*, ainsi qu'on va l'enseigner. Après quoi on place

Le *Dimanche gras* ou la *Quinquagésime*, le 7e. dimanche avant Pâques (ou 49 jours avant).

Le jour des *Cendres*, ou l'entrée du Carême est le mercredi qui suit.

Le jeudi qui est placé 40 jours après Pâques, est le jour

(*) Lorsque le 25 mars tombe dans la quinzaine de pâques (dans la semaine de pâques ou dans celle qui précède qu'on nomme semaine de la passion), on remet l'*Annonciation* au lundi qui vient huit jours après pâques.

de l'*Ascension*, qu'on fait précéder par les trois jours de *Rogations*.

La *Pentecôte* est 50 jours après Pâques, ou le dimanche qui vient 10 jours après l'Ascension.

La *Trinité* est le dimanche suivant.

La *Fête-Dieu* est le jeudi qui suit : elle tombe toujours le même quantième du mois que le Samedi-saint.

Les quatre dimanches qui précèdent Noël sont ceux de l'*Avent*.

Enfin les *Quatre-Tems* sont placés ainsi :

1°. Le mercredi qui suit celui des *Cendres*;

2°. Le mercredi qui suit la *Pentecôte*;

3°. Le mercredi qui suit le 14 septembre;

4°. Le mercredi qui suit le 13 décembre.

69. On a coutume d'indiquer aussi dans les calendriers quelques phénomènes astronomiques connus : l'époque du retour des saisons, les éclipses, etc. Nous avons déjà donné les moyens de déterminer l'instant où ces circonstances ont lieu ; revenons sur les phases de la lune.

On a vu (n°. 57) que les nouvelles lunes arrivent chaque année 11 jours plus tard à-peu-près, et que les phases ne se retrouvent à la même date qu'après 19 ans, parce que dans cet intervalle il y a eu 7 années qui ont présenté 13 nouvelles lunes, ce qui donne 235 lunaisons en 19 ans. Il suit de là que si on compose 19 tables donnant l'époque des phases lunaires pour autant d'années, il ne s'agira que de choisir entre ces tables celle qui a un rang convenable dans l'ordre des 19 périodes, pour s'appliquer à chaque année. Après les avoir marqué des n°s. 1, 2, 3. jusqu'à 19, dans l'ordre de leur succession, le numéro qui appartient à une année proposée, est ce qu'on nomme *Cycle lunaire* ou *nombre d'Or*. Cette dernière dénomination vient de ce que le phénomène du retour des mêmes phases après

19 ans, parut si remarquable aux Athéniens, qu'ils en gra-
vaient le calcul en lettres d'or. Comme l'année qui précéda
l'origine de notre Ère fut la première du cycle, l'an 1er. fut
la seconde, l'an 2me. la troisième, etc., et l'an 19 recom-
mença un second cycle, etc. Il suit de là que *si on ajoute 1
au millésime de l'année, et si on divise la somme par 19, le
reste sera le nombre d'or de cette année* (*) : le quotient sera
le nombre de cycles écoulés depuis l'origine de l'Ère chrétienne. Par exemple, pour l'an 1812, on divisera 1813 par
19, le reste 8 est le nombre d'or de cette année; le quotient
95 annonce que la période s'est accomplie 95 fois depuis
l'an 1er. de J.-C.

On peut même remplacer les 19 tables dont on vient de
parler, par une seule. On inscrira (*voy.* ci-après le Calendrier perpétuel), à la date de chaque mois, les nombres de
1 à 30, en rétrogradant et mettant 30 au 1er. janvier,
29 au 2, 28 au 3, et ainsi de suite : ces nombres se nomment *Epactes*. Comme la lunaison dure 29 jours et demi, on
cumulera de deux en deux mois lunaires les épactes 25 et 26,
afin que ces mois soient alternativement de 29 et de 30 jours.
Voici l'usage de ces nombres :

Il est clair que si on sait l'âge de la lune au 1er. janvier
ou l'*Epacte*, on en conclura aisément l'époque de la première
nouvelle lune de l'année : le nombre correspondant à ce jour,
dans le Calendrier perpétuel, sera l'épacte de l'année. Chaque
fois qu'on trouvera cette épacte dans le Calendrier, ce sera

(*) Soit M le millésime complet d'une année proposée, le nombre
d'or est le reste de la division de $\dfrac{M + 1}{19}$. Depuis 1800 jusqu'à
1900, on simplifie cette règle ; car m désignant toujours les deux
chiffres à droite du millésime, le nombre d'or est le reste de $\dfrac{m - 4}{19}$.

le retour d'une nouvelle lune moyenne. Quatorze jours plutôt ou plus tard, en comptant le jour de la nouvelle lune, arrive celui de la pleine lune moyenne, dont l'épacte annoncera aussi le retour. Par exemple, en 1812 l'épacte est 17 ; ainsi le 1er. janvier était le 17me. de la lunaison ; et comme ce nombre 17 répond dans le Calendrier au 14 janvier, au 12 février, au 14 mars, etc., ces dates sont celles des nouvelles lunes moyennes. En ôtant 14 de 17 le reste 3 sera l'épacte qui annoncera les nouvelles lunes : on voit qu'elles ont lieu le 28 janvier, le 26 février, etc.

La recherche du retour des phases moyennes chaque année est donc réduite à celle de l'épacte ? Mais puisque la différence entre les années lunaire et solaire est de 11 jours, si une année a l'épacte o ou *, la suivante aura 11 ; 22 sera celle d'après, puis 33 pour la suivante, ou plutôt 3 (en ôtant 30), et ainsi de suite en ajoutant 11 chaque année à l'épacte de l'année précédente. On trouvera ainsi pour les valeurs de l'épacte correspondante à chaque nombre d'or :

N. d'Or	I	II	III	IV	V	VI	VII	VIII	IX	X
Épactes	*	11	22	3	14	25	6	17	28	9

N. d'Or	XI	XII	XIII	XIV	XV	XVI	XVII	XVIII	XIX
Épactes	20	1	12	23	4	15	26	7	18.

Cependant cette disposition exige deux corrections. La 1re. qui provient de ce qu'elle suppose chaque 4me. année bissextile, ce qui n'a plus lieu dans diverses années séculaires. A chaque siècle il faut donc former une nouvelle correspondance entre les nombres d'or et les épactes. La table ci-dessus convient de 1800 à 1900 ; mais depuis 1900 jusqu'à 2000, il en faudra composer une autre, en retranchant 1 à chaque épacte : 13 sera celle qui répondra au nombre d'or V, 22 à XIV, * à XII, etc.

Mais il y a une seconde espèce d'erreur qui vient de ce que 235 lunaisons forment une durée un peu moindre que 19 ans d'environ 1 heure et demie (ou 0ʲ,06182). Après 19 ans révolus, les lunaisons reviendront, il est vrai, les mêmes jours, mais 1 heure et demie plutôt : cette différence s'accumulant à chaque cycle, on voit qu'après 312 ans, les nouvelles lunes moyennes devront arriver un jour plutôt que ne l'indique la table construite d'après les principes ci-dessus exposés ; on doit donc la changer encore tous les 300 ans, en ajoutant 1 aux épactes employées dans le siècle précédent, à moins que les deux genres de correction dont nous venons de parler ne se servent de compensation mutuelle, puisque l'une des erreurs pèche par excès et l'autre par défaut.

C'est précisément ce qui aura lieu en 2100 : il faudrait ôter 1 à chaque épacte qui aurait servi depuis 1900 jusqu'à 2100; mais on devrait aussi ajouter 1 , parce que le siècle 22ᵐᵉ exige la 2ᵐᵉ. correction qui doit se faire après 300 ans. Ainsi la même série d'épactes sera observée depuis 1900 jusqu'à 2200 , série qui est celle de la table ci-dessus dont chaque épacte est moindre de 1. Quant aux 12 années, excédant de 312 sur 300, on y a égard séparément, car après 8 corrections de cette espèce, c'est-à-dire 2400 ans, on a 96 ans qui produisent à-peu-près un siècle. (*Voy*. Encycl. méth., art. Calendrier, pag. 275).

Puisque l'année solaire surpasse l'année lunaire de 11 jours, on voit que le mois solaire surpasse d'environ 1 jour le mois lunaire ; ainsi chaque mois la date de la nouvelle lune arrive à-peu-près 1 jour plutôt que dans le mois qui précède. Observez que l'épacte en mars et avril est précisément la même qu'en janvier et février, ainsi qu'on le voit en jetant les yeux sur le Calendrier perpétuel. On tire de là cette règle pour trouver à quel quantième d'un mois tombe la nouvelle lune : *ajoutez à l'épacte de l'année autant d'u-*

nités qu'il y a de mois depuis mars jusqu'à celui qu'on pro- *pose, en comptant l'un et l'autre ; prenez le complément* *ou la différence jusqu'à* 3o (*ou* 6o), *ce sera la date de* *la nouvelle lune dans le mois donné :* et si à l'épacte et au nombre de mois depuis mars jusqu'à une date proposée, on ajoute cette date et qu'on divise par 3o, le reste sera l'âge de la lune pour ce jour. Ainsi, pour le 19 avril 1812, à l'épacte 17 j'ajoute la date 19, et le nombre de mois 2 ; je divise la somme 38 par 3o, le reste 8 est l'âge de la lune. Si on ajoute 17 à 2, le complément à 3o est 11 ; ainsi le 11 avril est le jour de la nouvelle lune (*).

S'il s'agissait d'un jour de janvier, on raisonnerait comme pour la même date en mars ; février sera traité comme avril.

On ne doit pas oublier que ces calculs ne sont qu'ap- prochés, et même que les nouvelles lunes moyennes données par les calculs astronomiques (n°. 57) sont en général différentes de celles qu'indique le calendrier perpétuel. Au reste celles-ci suffisent dans les usages ordinaires, et c'est pour cela qu'on les fait servir à déterminer les fêtes mobiles. Voici de quelle manière.

70. Les lois de l'église veulent que la fête de Pâques soit célébrée le premier dimanche qui suit la pleine lune de l'équinoxe du printems : mais elles supposent que cet équinoxe a toujours lieu le 21 mars, et que les épactes *Civiles* donnent l'âge précis de la lune : or, on sait que cet équinoxe peut arriver du 19 au 23 mars, et que les épactes

---

(*) Algébriquement : soit e l'épacte, k le nombre de mois écoulés depuis mars jusqu'à un mois proposé (en le comptant) $3o - (e + k)$ ou $6o - (e + k)$ est le quantième du mois qui est le jour de la nouvelle lune ; et j étant un quantième de mois donné, l'âge de la lune pour ce jour est le reste de la division de $\dfrac{e + m + j}{3o}$.

civiles ne se conforment pas toujours aux *Astronomiques.*
Ainsi ces deux époques sont soumises à une détermination
différente de celle qu'il faudrait suivre pour être exact:
mais telle est la décision de l'église, décision qui, après
tout, n'est qu'une convention propre à donner des termes
moyens suffisans; et comme les erreurs ne s'accumulent
pas avec les années, elles n'offrent rien de préjudiciable.

Voici donc le moyen de trouver le jour de la fête de
Pâques. A l'aide du nombre d'or, on connaîtra l'épacte, et
le calendrier perpétuel indiquera le jour de la pleine lune
qui suit le 20 mars, en comptant 14 jours à dater de
celui de la nouvelle lune inclusivement, jour qui doit
être après le 7 mars. Le *Dimanche qui suivra la pleine
lune* sera le jour de la fête de Pâques. En 1817, par
exemple, 13 sera le nombre d'or, par suite 12 est l'épacte,
ainsi le 1er. janvier était le 12e. de la lune, le 19
janvier est celui de la nouvelle lune; le 19 mars est donc
aussi celui de la nouvelle lune, et 13 jours plus loin,
le 1er. avril est celui de la pleine lune. En 1817, la
lettre dominicale est E, ainsi le dimanche qui suit le
1er. avril sera le 6, jour de la fête de Pâques.

Si la pleine lune tombe le 21 mars, et que le lendemain soit un dimanche, ce jour sera celui de Pâques;
c'est le plutôt que cette fête puisse arriver (en 1818).
Mais si la pleine lune est le 20 mars, il faut descendre
jusqu'à la suivante qui tombe le 18 avril: si ce jour est
un dimanche, le suivant sera la Pâque, qui arrivera
le 25 avril, et sera le plus tard possible (en 1886). Cette
fête tombe donc toujours entre le 21 mars et le 26 avril.

71. Ces développemens suffisent pour composer soi-
même un calendrier. Pour cela, on cherchera la lettre
dominicale (n°. 67), et on mettra à chaque date le nom
du jour de la semaine qui y répond. Le nombre d'or

(n°. 69) donnera l'épacte, et par suite la date de la fête de Pâques. On placera enfin les fêtes mobiles (n°. 68), puis les autres fêtes et les noms des saints.

Quant aux phénomènes astronomiques, les éphémérides les offrent toutes calculées d'avance, à moins qu'on ne se contente d'en donner les valeurs moyennes (n°°. 65 et 57).

Nous avons indiqué dans le calendrier grégorien perpétuel la quantité dont la durée des jours croît ou décroît chaque mois à Paris et dans tous les lieux dont la latitude est la même.

Nous avons aussi marqué le signe où le soleil entre du 20 au 23 de chaque mois.

Dates.	JANVIER. Signe le Verseau ♒. Les Jours croissent d'une heure 12 minutes.			Dates.	FÉVRIER. Signe les Poissons ♓. Les Jours croissent d'une heure 32 min.		
1	A	*	Circoncision.	1	D	29	s. Ignace.
2	B	29	s. Basile, Ev.	2	E	28	Purification.
3	C	28	ste. Geneviève.	3	F	27	s. Blaise, m.
4	D	27	s. Rigobert.	4	G	26	s. Aventin.
5	E	26	s. Siméon s. V.	5	A	24	ste. Agathe.
6	F	25	Epiphanie.	6	B	23	s. Philéas.
7	G	24	s. Théau.	7	C	22	s. Romuald, A.
8	A	23	s. Lucien, Ev.	8	D	21	s. Jean, M.
9	B	22	s. Furcy, Ab.	9	E	20	ste. Appoline.
10	C	21	s. Paul, herm.	10	F	19	ste. Scholastiq.
11	D	20	s. Théodose.	11	G	18	s. Severin.
12	E	19	s. Fréjus.	12	A	17	ste. Eulalie.
13	F	18	s. Hilaire.	13	B	16	s. Grégoire.
14	G	17	s. Félix.	14	C	15	s. Valentin.
15	A	16	s. Maur, Ab.	15	D	14	s. Faustin.
16	B	15	s. Guillaume.	16	E	13	ste. Julienne.
17	C	14	s. Antoine, A.	17	F	12	ste. Théodule.
18	D	13	Ch. s. P. à R.	18	G	11	s. Siméon.
19	E	12	s. Sulpice, Ev.	19	A	10	s. Boniface.
20	F	11	s. Sébastien.	20	B	9	s. Eucher.
21	G	10	ste. Agnès, V.	21	C	8	s Pépin.
22	A	9	s. Vincent, M.	22	D	7	ste. Isabelle.
23	B	8	s. Ildefonse.	23	E	6	s. Mérault.
24	C	7	s. Babylas.	24	F	5	s. Mathias.
25	D	6	Conv. s. Paul.	25	G	4	s. Césaire.
26	E	5	ste. Paule, V.	26	A	3	s. Nestor.
27	F	4	s. Julien, Ev.	27	E	2	s. Arille.
28	G	3	s. Charlemag.	28	C	1	ste. Honorine.
29	A	2	s Fr. de S.	...	...	...	...
30	B	1	ste. Batilde, R.	...	...	...	...
31	C	*	s. Pierre Nol.	...	...	...	...

Diamètre apparent du soleil.
Le 1er. 32′ 35″,4.
Le 13 32′ 34″,8.

Diamètre apparent du soleil.
Le 1er. 32′ 30″,6.
Le 13 32′ 26″,4.

Dates.			MARS. Signe le Bélier ♈. *Les Jours croissent d'une heure 48 min.*	Dates.			AVRIL. Signe le Taureau ♉. *Les Jours croissent d'une heure 38 min.*
1	D	*	s. Aubin.	1	G	29	s. Hugues.
2	E	29	s. Simplice.	2	A	28	s. Nizier.
3	F	28	ste. Cunégond.	3	B	27	s. Richard.
4	G	27	s. Casimir.	4	C	26	s. Ambroise.
5	A	26	s. Adrien.	5	D	24	s. Vincent F.
6	B	25	ste. Colette.	6	E	23	s. Prudence.
7	C	24	s. Thom. d'A.	7	F	22	s. Clotaire.
8	D	23	s. Jean de D.	8	G	21	s. Gautier.
9	E	22	ste. Françoise.	9	A	20	s Mauger.
10	F	21	s. Blanchard.	10	B	19	s. Fulbert.
11	G	20	ste. Euloge.	11	C	18	s. Léon, Pape.
12	A	19	s. Grégoire.	12	D	17	s. Jules.
13	B	18	ste. Euphrasie.	13	E	16	s. Marcelin.
14	C	17	s. Lubin.	14	F	15	s. Tiburce.
15	D	16	s. Zacharie.	15	G	14	s. Maxime.
16	E	15	s. Abraham.	16	A	13	s. Paterne.
17	F	14	ste. Gertrude.	17	B	12	s. Anicet.
18	G	13	s. Alexandre.	18	C	11	s Parfait.
19	A	12	s. Joseph.	19	D	10	s. Timon.
20	B	11	s. Joachim.	20	E	9	s. Théotime.
21	C	10	s. Benoît.	21	F	8	s. Anselme.
22	D	9	s. Paul.	22	G	7	ste. Opport.
23	E	8	s. Victorien.	23	A	6	s Georges.
24	F	7	ste. Catherine	24	B	5	s. Mellit.
25	G	6	s. Irenée.	25	C	4	s. Marc.
26	A	5	ste. Eutique.	26	D	3	s. Clet.
27	B	4	s. Jean l'Herm.	27	E	2	s. Anastase.
28	C	3	ste. Dorothée.	28	F	1	s. Vital.
29	D	2	s. Cyrile.	29	G	*	s. Robert.
30	E	1	s. Rieul.	30	A	29	s. Eutrope.
31	F	*	ste. Balbine.	. .	. .	. .	. . . . .

Diamètre apparent du soleil.

Le 1er. 32′ 18″,8.
Le 13 32′ 12″,6.

Diamètre apparent du soleil.

Le 1er. 32′ 2′,2.
Le 13 31′ 55″,4.

DATES.		MAI. Signe les Gémeaux ♊. *Les Jours croissent d'une heure 16 min.*			DATES.		JUIN. Signe l'Écrevisse ♋. *Les Jours croissent de 18' jusqu'au 21.*	
1	B	28	s. Jacq. s. Ph.		1	E	27	s. Pamphile.
2	C	27	s. Athanase.		2	F	26	s. Pothin.
3	D	26	Inv. ste. Cr.		3	G	24	ste. Clotilde.
4	E	25	ste. Monique.		4	A	23	s. Optat.
5	F	24	Conv. s. Aug.		5	B	22	s. Boniface.
6	G	23	s. Jean-P.-Lat.		6	C	21	s. Claude, Ev.
7	A	22	ste. Domitile.		7	D	20	s. Lié.
8	B	21	s. Stanislas.		8	E	19	s. Médard.
9	C	20	Transl. s. Nic.		9	F	18	s. Vincent.
10	D	19	s. Gordien.		10	G	17	s. Landri.
11	E	18	s. Mamert.		11	A	16	s. Barnabé.
12	F	17	s. Pancrace.		12	B	15	s. Olimpe.
13	G	15	s. Servais.		13	C	14	s. Ant. de Pad.
14	A	16	s. Boniface.		14	D	13	s. Bazile.
15	B	14	s. Isidore.		15	E	12	s. Modeste.
16	C	13	s. Honoré.		16	F	11	s. Cyr.
17	D	1	s. Aquilin.		17	G	10	s. Avit.
18	E	12	s. Venance.		18	A	9	ste. Marine.
19	F	11	s. Yves.		19	B	8	s. Gerv. s. Pr.
20	G	9	s. Bernardin.		20	C	7	s. Silvère.
21	A	8	s. Hospisce.		21	D	6	s. Leufroi.
22	B	7	ste. Julie.		22	E	5	s. Paulin.
23	C	6	s. Didier.		23	F	4	s. Adolphe.
24	D	5	s. Donatien.		24	G	3	*Nat. s. J.-B.*
25	E	4	s. Urbain.		25	A	2	s. Prosper.
26	F	3	s. Quadrat.		26	B	1	s. Sauge.
27	G	2	s. Hildevert.		27	C	*	s. Crescent.
28	A	1	s. Germain.		28	D	29	s. Loubert.
29	B	*	s. Giraut.		29	E	28	*s. Pierre. s. P.*
30	C	29	s. Félix.		30	F	27	Com. s. Paul.
31	D	28	ste. Pétronille.		. .	. .	. .	. . . .

Diamètre apparent du soleil.
Le 1er. 31' 46",6.
Le 13 31' 41",4.

Diamètre apparent du soleil.
Le 1er. 31' 35".
Le 13 31' 32",4.

DATES.	JUILLET. Signe le Lion ♌. *Les Jours diminuent de 56 minutes.*			DATES.	AOUT. Signe la Vierge ♍. *Les Jours diminuent d'une heure 36 min.*		
1	G	26	s. Thierri.	1	C	24	s. Pierre-ès-Li.
2	A	25	*Visit. N. D.*	2	D	23	s Etienne P.
3	B	24	s. Bertrand.	3	E	22	ste. Lydie.
4	C	23	ste. Berthe.	4	F	21	s. Dominique.
5	D	22	ste. Zoé.	5	G	20	s. You.
6	E	21	s. Goard.	6	A	19	Trans. de J. C.
7	F	20	ste. Aubierge.	7	B	18	ste. Victrice.
8	G	19	s. Procope.	8	C	17	s. Sévère.
9	A	18	s. Ephrem.	9	D	16	s. Amour.
10	B	17	ste. Félicité.	10	E	15	s. Laurent.
11	C	16	Tr. s. Benoît.	11	F	14	ste. Suzanne.
12	D	15	s. Jason.	12	G	13	ste. Claire.
13	E	14	s. Eugène.	13	A	12	s. Hippolite.
14	F	13	s. Bonaventur.	14	B	11	s. Eusèbe.
15	G	12	s. Henri.	15	C	10	s. NAP. ASS.
16	A	11	s. Eustate.	16	D	9	s. Roch, V.
17	B	10	s. Alexis.	17	E	8	s. Carloman.
18	C	9	s. Arnould.	18	F	7	ste. Hélène.
19	D	8	s. Vinc. de P.	19	G	6	s. Jules.
20	E	7	ste. Marguerit.	20	A	5	s. Bernard.
21	F	6	s. Victor.	21	B	4	s. Privat.
22	G	5	ste. Magdelein.	22	C	3	s. Antonin.
23	A	4	s. Apolinaire.	23	D	2	s. Thimotée.
24	B	3	ste. Christine.	24	E	1	s. Barthélemi.
25	C	2	s. Jacq. le maj.	25	F	*	*s. Louis.*
26	D	1	Tr. s. Marcel.	26	G	29	s. Zéphirin.
27	E	*	s Panthaléon.	27	A	28	s. Césaire.
28	F	29	ste. Anne.	28	B	27	s. Augustin.
29	G	28	s. Loup.	29	C	26	s. Médéric.
30	A	27	s. Abdon.	30	D	25	s. Fiacre.
31	B	26	s. Germ.-l'A.	31	B	24	s. Ovide.

Diamètre apparent du soleil.　　*Diamètre apparent du soleil.*

Le 1er. 31′ 31″.　　　Le 1er. 31′ 35″,2.
Le 13　31′ 31″,6.　　　Le 13　31′ 38″,8.

Dates.			SEPTEMBRE. Signe la Balance ♎. *Les Jours diminuent d'une heure 44 min.*	Dates.			OCTOBRE. Signe le Scorpion ♏. *Les Jours diminuent d'une heure 44 min.*
1	F	23	s. Leu s. Giles.	1	A	22	s. Remy.
2	G	22	s. Lazare	2	B	21	Anges Gard.
3	A	21	s. Grégoire.	3	C	20	s. Léger.
4	B	20	ste. Rosalie.	4	D	19	s. Franc. d'As.
5	C	19	s. Victorin.	5	E	18	s. Constant.
6	D	18	s. Eleuthère.	6	F	17	s. Bruno.
7	E	17	s. Cloud.	7	G	16	ste. Serge.
8	F	16	*Nat. N. D.*	8	A	15	ste. Pélagie.
9	G	15	s. Omer.	9	B	14	s. Denis.
10	A	14	ste. Pulchéric.	10	C	13	s. Paulin.
11	B	13	s. Patient.	11	D	12	s. Gomer.
12	C	12	s. Raphaël.	12	E	11	ste. Vilfride.
13	D	11	s. Amé.	13	F	10	s. Edouard, R.
14	E	10	s. Ex. ste. Cr.	14	G	9	s. Calixte.
15	F	9	s. Nicomède.	15	A	8	ste. Thérèse.
16	G	8	s. Corneille.	16	B	7	s. Gal, Abb.
17	A	7	s. Lambert.	17	C	6	s. Cerbonuey.
18	B	6	s. Jean Chrys.	18	D	5	s. Luc, évang.
19	C	5	s. Janvier.	19	E	4	s. Pierre d'Alc.
20	D	4	s. Eustache.	20	F	3	s. Caprais.
21	E	3	s. Mathieu.	21	G	2	ste. Ursule.
22	F	2	s. Maurice.	22	A	1	s. Mellon.
23	G	1	ste. Thècle.	23	B	*	s. Romain.
24	A	*	s. Andoche.	24	C	29	s Magloire.
25	B	29	s. Firmin.	25	D	28	s. Crep. s. Cré.
26	C	28	ste. Justine.	26	E	27	s. Rustique.
27	D	27	s. Côm. s. Da.	27	F	26	s. Fromence.
28	E	26	s. Venceslas.	28	G	25	s. Sim. s. Jude.
29	F	24	s. Michel.	29	A	24	s. Faron.
30	G	23	s. Jérôme.	30	B	23	s. Lucain.
				31	C	22	s. Quentin.

Diamètre apparent du soleil.
Le 1er. 31′ 46″,8.
Le 13 31′ 52″,6.

Diamètre apparent du soleil.
Le 1er. 31′ 46″,8.
Le 13 31′ 52″,6.

NOVEMBRE.

Signe le Sagittaire ♐.
Les Jours diminuent d'une heure 18 min.

DÉCEMBRE.

Signe le Capricorne ♑.
Les Jours diminuent de 20' jusqu'au 21.

Dates			NOVEMBRE	Dates			DÉCEMBRE
1	D	21	TOUSSAIN.	1	F	20	s Eloi
2	E	20	Trépassés.	2	G	19	s. Fr. Xavier.
3	F	19	s. Marcel.	3	A	18	ste. Mirocle.
4	G	18	s. Charles.	4	B	17	ste. Barbe.
5	A	17	s. Zacharie.	5	C	16	s Sabas.
6	B	16	s. Léonard.	6	D	15	s. Nicolas.
7	C	15	s. Florent.	7	E	14	ste. Fare.
8	D	14	s. Godefroi.	8	F	13	*Conc. N. D.*
9	E	13	s. Mathurin.	9	G	12	s. Julien.
10	F	12	s Juste.	10	A	11	ste. Julie.
11	G	11	s. Martin.	11	B	10	s. Daniel.
12	A	10	s. René.	12	C	9	s. Valeri.
13	B	9	s. Brice.	13	D	8	ste. Luce.
14	C	8	s. Sérapion.	14	E	7	s. Nicaise.
15	D	7	s. Malo.	15	F	6	s. Mesmin.
16	E	6	s. Edme.	16	G	5	ste. Adélaïde.
17	F	5	s. Agnan.	17	A	4	ste. Olimpiad.
18	G	4	ste. Odes.	18	B	3	s. Zozime.
19	A	3	ste. Elisabeth.	19	C	2	s. Paulile.
20	B	2	s. Edmond.	20	D	1	s. Philogone.
21	C	1	Présent. N. D.	21	E	*	s. Thomas.
22	D	*	ste. Cécile.	22	F	29	s. Honorat.
23	E	29	s. Clément.	23	G	28	ste. Victoire.
24	F	28	s. Séverin.	24	A	27	ste. Irmine.
25	G	27	ste. Catherine.	25	B	26	NOEL.
26	A	26	ste. Genev. A.	26	C	25	s. Etienne.
27	B	24	s. Maxime.	27	D	24	s. Jean évang.
28	C	23	s. Amédée.	28	E	23	ss Innocents.
29	D	22	s. Saturnin.	29	F	22	s. Trophime.
30	E	21	s. André.	30	G	21	s. Sabin.
				31	A	20	s. Sylvestre.

Diamètre apparent du soleil.
Le 1er. 32' 2",4.
Le 13 32' 9".

Diamètre apparent du soleil.
Le 1er. 32' 19".
Le 13 32' 24",6.

VII. *Des Planètes et des Comètes.*

72. Nous avons dit que les étoiles sont fixes sur le firmament, et que leur mouvement d'orient en occident n'est
qu'une apparence causée par celui de la terre d'occident
en orient en 24 heures. Leur éloignement est immense ;
mais nous avons ajouté que plusieurs ne conservent pas la
même situation par rapport aux autres étoiles fixes. L'observation a appris que ces astres, qu'on nomme *Planètes*,
sont incomparablement moins éloignés du soleil et de
la terre ; qu'elles n'ont point de lumière propre , et que
celle dont elles brillent, n'est qu'empruntée du soleil qui
les éclaire, ainsi que la terre et la lune. Elles ont aussi,
comme ces deux corps célestes, un mouvement de rotation
sur leur axe, tandis qu'elles parcourent autour du soleil
une orbe elliptique dont cet astre est le foyer commun.
Pour toutes le double mouvement qui les entraîne est dirigé d'occident en orient.

Pour mieux concevoir ces divers phénomènes , descendons dans le détail de chacun.

On distingue sept *Planètes* principales, qu'on a nommées : *Mercure, Vénus, la Terre, Mars, Jupiter, Saturne
Uranus* (*).

(*) Dans un tems où on ne connaissait pas les nouvelles planètes,
et où on plaçait parmi elles la lune (qui n'est que le satellite de la
terre), on a réuni les noms de ces corps célestes dans les deux
vers suivans, qui les représenteront aisément à la mémoire dans
l'ordre de leurs distances au soleil.

Saturnus, dein Jupiter, hinc Mars, Terra, Venusque,
Mercurius, cui sic ultima Luna subest.

Les dispositions de ces planètes sont renfermées dans les vers suivans
tirés d'une ode de Malfilâtre.

73. Mercure ☿ est une petite planète très-près du soleil, dont elle ne s'écarte jamais de plus de 28° de l'é-cliptique : elle est donc souvent invisible, parce qu'elle se trouve engagée dans les rayons solaires. Mais lorsqu'elle en est suffisamment éloignée, on voit cette planète, ou le soir à l'occident peu de tems après le coucher du soleil, ou le matin à l'orient quelques instans avant son lever.

Cette planète ne fait jamais que des oscillations plus ou moins irrégulières de part et d'autre du soleil ; la durée nécessaire pour accomplir l'une d'elles, c'est-à-dire pour passer d'un côté à l'autre en décrivant le plus grand écart, varie avec la position : elle est d'environ deux mois. (57ʲ,93g.)

Au télescope, cette planète présente des phases comme la lune ; dans ses conjonctions supérieures, c'est-à-dire lors-qu'elle est au-delà du soleil, elle est pleine, parce que sa face entièrement éclairée nous regarde ; mais dans ses con-jonctions inférieures, elle est entre le soleil et la terre, et nous n'avons que l'aspect du côté obscur : elle est donc in-visible. Il peut même arriver alors qu'elle passe sur le disque du soleil et le traverse en quelques heures, sous l'apparence d'un point noir. Mais ce phénomène arrive rarement, parce qu'il exige la réunion des mêmes circonstances que pour les éclipses du soleil par la lune. Cette planète est d'ailleurs

Ainsi se forment les orbites
Que tracent ces globes connus :
Ainsi, dans des bornes prescrites ,
Volent et *Mercure* et *Vénus* ;
La *Terre* suit ; *Mars* moins rapide ,
D'un air sombre, s'avance et guide ,
Les pas tardifs de *Jupiter* ;
Et son père le vieux *Saturne*
Roule à peine son char nocturne
Sur les bords glacés de l'Ether.

très-difficile à observer sans télescope, à cause de l'intervalle qui nous en sépare et de sa proximité du soleil.

Dans les quadratures, Mercure paraît sous la forme d'un croissant, dont les pointes regardent le côté opposé au soleil.

Il faut sans doute une longue suite d'observations pour reconnaître que cet astre, qu'on voit sous des apparences différentes tantôt le soir, tantôt le matin, est la même planète ; mais comme la cause de la différence de ces aspects est connue, et que l'un n'est visible que lorsque l'autre a disparu, il est naturel de rapprocher les circonstances de leur mouvement et d'en conclure que c'est le même corps qui oscille de part et d'autre du soleil.

Ces faits, étudiés avec soin, ont prouvé que Mercure décrit autour du soleil une ellipse peu étendue, et qui est toujours renfermée dans celle que décrit la terre par son mouvement annuel. Le rayon de l'orbe, ou la moyenne distance au soleil, est les $\frac{2}{5}$ du rayon de l'écliptique ou 9327 rayons terrestres, ou enfin 13 millions 361 mille lieues. Le diamètre apparent varie avec les distances, et il est facile de concevoir pourquoi il nous paraît à son *maximum* quand la planète se plonge le soir dans les rayons solaires, ou s'en dégage le matin ; et à son *minimum* quand elle se plonge le matin dans ses rayons, ou s'en dégage le soir. Ces époques sont celles des conjonctions, la première inférieure, la seconde supérieure. Le diamètre de Mercure est les $\frac{2}{5}$ de celui de la terre : son volume en est le 16me. : le tems de la révolution complète est de 88 jours : son ellipse est très-excentrique.

Newton, en comparant la distance du soleil à la terre et à Mercure, a reconnu que la chaleur et la lumière y sont 7 fois plus fortes qu'elles ne le sont au fort de l'été sur notre globe ; cette chaleur est suffisante pour faire bouillir l'eau.

Mercure est donc inhabitable pour les êtres de notre nature.

74. VÉNUS ♀ offre toutes les mêmes apparences que
Mercure, avec cette différence que ses phases sont plus
sensibles, et ses oscillations plus étendues et de plus longue
durée. Cette belle planète est remarquable par sa blancheur
qui surpasse celle de toutes les autres : son volume et sa
proximité de la terre, à de certaines époques, la rendent si
éclatante, qu'on l'apperçoit alors en plein jour, et qu'à la
nuit elle porte une ombre sensible. Sa lumière pénètre
quelquefois à travers les nuages, comme celle de la lune.
Ses phases sont bien plus aisées à observer que celles de
Mercure. L'instant où sa lumière est la plus vive, est vers
son quartier, et non pas lorsqu'elle est pleine, parce que
étant au-delà du soleil, elle est aussi à son plus grand éloignement, ce qui diminue son éclat.

Comme Mercure, Vénus oscille de part et d'autre du soleil, elle passe d'un côté à l'opposé, dans environ 300 jours
(291,96). C'est le tems de son plus grand écart d'un côté à
l'autre. Elle peut s'éloigner du soleil jusqu'à 48° de l'écliptique : environ le quart de la partie visible de ce cercle. On ne
l'aperçoit au plus que durant 3 ou 4 heures, soit vers l'orient avant le lever du soleil, soit vers l'occident après son
coucher. Les hommes qui la prenaient pour deux astres
différens, l'ont nommée l'*Étoile du jour, Lucifer, Phosphore*, lorsqu'elle précède le lever du soleil, et *Vesper* ou
l'*Étoile du soir*, quand on la voit après son coucher.

Le rayon de l'orbite de Vénus ou sa moyenne distance au
soleil est environ les $\frac{5}{7}$ du rayon de l'écliptique ou 17400
rayons terrestres, ou enfin 25 millions de lieues. Le rayon
de cette planète est presque égal à celui de notre globe, et
son volume n'est qu'un peu moindre (un 9ᵉ). La chaleur
et la lumière y sont deux fois plus grandes que sur la terre.

Quelquefois Vénus passe aussi devant le disque du soleil et s'y peint comme un point noir. Ces passages sont très-importans en astronomie, parce que, observés de divers lieux de la terre, leur durée est sensiblement différente en vertu de la parallaxe. On les fait donc servir avec avantage à déterminer celle du soleil, dont la distance est une des connaissances les plus utiles, parce qu'elle sert d'échelle pour mesurer les autres distances. On sent en effet que le tems du passage dépend à — la — fois des vîtesses de Vénus et de la terre, de leurs distances au soleil, et du lieu où l'observation se fait. On peut donc se servir de cette durée pour calculer ces distances, dont le rapport est d'ailleurs connu par la 3e. loi de Képler, ainsi qu'on le verra bientôt (p. 144).

Les passages de Vénus sur le soleil sont rares, comme ceux de Mercure ; ils peuvent arriver à une époque où ces astres sont sous notre horison, ce qui rend les voyages nécessaires aux astronomes qui veulent les observer. Après s'être succédés dans l'intervalle de huit ans, ils ne reviennent qu'au bout de plus d'un siècle, pour se reproduire encore 8 ans après, et ainsi de suite. En 1874 le 9 décembre à 5 heures et demie, il y aura un passage de Vénus sur le soleil, invisible à Paris, et qui durera 3 heures et demie. Ces passages ont toujours lieu soit en décembre, soit en juin, instans où le soleil est près des nœuds de cette planète.

Le diamètre apparent de Vénus éprouve de grandes variations dont le *maximum* et le *minimum* sont fixés par des situations relatives à l'égard du soleil, analogues à celles de Mercure; mais ici ces changemens sont plus considérables, ce qui vient de ce que l'orbite de Vénus est bien plus étendue, quoiqu'elle soit enceinte de toutes parts par celle de la terre.

Vénus emploie 224j,7 à accomplir sa révolution dans une

orbite inclinée de 3°,4 sur l'écliptique, dont elle paraît cependant quelquefois s'écarter de près de 9° lorsqu'on la voit
de la terre. C'est cette planète qui prend la plus grande
latitude.

L'observation du mouvement de ses taches a permis
de conclure que Vénus tourne sur un axe très-peu incliné
à l'écliptique, en un peu moins de 24 heures (23ʰ, 35).
On a même reconnu, à l'aide des variations que présentent ses cornes, l'existence de très-hautes montagnes ;
et si on peut ajouter foi aux résultats des observations, leur
élévation serait d'environ 22 mille toises, c'est-à-dire sept
fois plus grande que celle des Cordilières, qui sont les plus
élevées de notre globe. Mais dans des circonstances où les
observations sont si difficiles, on ne peut y avoir une confiance absolue ; et ce résultat est probablement exagéré. La
hauteur des montagnes de la lune est bien plus certaine, à
cause de la proximité de cet astre.

La loi de la dégradation de la lumière a conduit Schroeter
à penser que Vénus est environnée d'une atmosphère analogue à celle de la terre (105).

Ces phénomènes ne peuvent être aperçus qu'à l'aide des
plus forts télescopes ; et l'analogie porte à croire que Mercure présenterait les mêmes conséquences, si l'éloignement
et la petitesse de cette planète permettaient d'y découvrir
les mêmes apparences.

Vénus et Mercure sont les seules planètes *Inférieures*
(ou plus près du soleil que la terre) ; les autres sont *Supérieures*, et leurs orbites embrassent celle de la terre : aussi
s'éloignent-elles du soleil à toutes distances angulaires, se
trouvant tantôt en opposition, tantôt en conjonction avec
le soleil ; dans le premier cas elles sont plus près de nous ;
leur diamètre est plus grand et on les voit pleines ; elles le
sont encore dans le second cas ; mais étant au-delà du

soleil, elles sont bien plus loin de nous, et leur diamètre est beaucoup moindre. Tandis qu'au contraire Vénus et Mercure semblent accompagner le soleil comme autant de satellites. C'est ainsi qu'on voit la lune accompagner la terre.

75. MARS ♂ est la moins éloignée de nous parmi les planètes supérieures : de Mars on verrait le soleil moins grand d'environ un tiers que notre globe, parce que la distance est une fois et demie celle de la terre au soleil, ou 36700 rayons terrestres, ou 52 millions de lieues. La lumière et la chaleur y doivent être les $\frac{4}{9}$ de celle que nous recevons. L'éllipse de Mars est très-excentrique et extérieure à celle de la terre, ce qui rend très-variables les effets dont nous venons de parler, et que nous avons évalués en termes moyens.

Cette planète a une couleur rougeâtre et une lumière obscure, qui a fait penser qu'elle est environnée d'une atmosphère épaisse et nébuleuse. Des taches d'une grande étendue paraissent et se détruisent en quelques mois ou quelques années; il se fait donc dans Mars d'étranges changemens, puisqu'ils sont visibles à une aussi grande distance; mais à cet égard on n'a encore pu former que des conjectures. On y observe aussi des bandes ou filets parallèles à son équateur; car cette planète a un mouvement de rotation d'occident en orient, sur un axe incliné à son orbite de 28°42′ : pour la terre cette inclinaison n'est que de 23°28′; ainsi les variations des saisons y sont plus considérables qu'ici. La durée du jour ou de la rotation est à-peu-près égale à la nôtre (24ʰ,656) : l'année ou le tems de la révolution entière dans l'orbite est presque double de celle de la terre, ce qui veut dire que Mars emploie près de deux ans à accomplir sa révolution (687 jours), en s'écartant très-peu de l'écliptique céleste. Son volume n'est guères que le 6ᵉ. de celui de notre globe.

On observe aisément les phases de Mars; mais elles ne se présentent pas sous la forme de croissant ; leur figure est celle d'un ovale plus ou moins alongé, et à mesure que les planètes s'éloignent du soleil, le phénomène des phases doit devenir moins prononcé; car si quelqu'une était dans la région des étoiles fixes, à cause d'un aussi grande distance, la terre pourrait être supposée coïncider avec le soleil (p. 47) et la planète serait toujours vue pleine.

76. JUPITER ♃ est remarquable par son éclat; c'est la plus grosse des planètes, quoiqu'à raison de sa distance au soleil, elle semble moins brillante que Vénus. Jupiter est 1470 fois plus gros que la terre, et son orbite embrasse de toutes parts celles de Mars, de la Terre, de Vénus et de Mercure : elles sont si petites et si éloignées de Jupiter, qu'un observateur qui y serait placé pourrait à peine les voir; cependant Mars s'en trouve quelquefois assez près. Lorsqu'une de ces planètes passerait entre Jupiter et le Soleil, elle y paraîtrait un point noir ou une tache passagère sur son disque. Le soleil n'y serait vu que la 5e partie de ce que nous le voyons ; son disque, la lumière et la chaleur qu'il y envoie seraient 25 fois moindres qu'ici, parce que sa distance est 5 fois $\frac{1}{5}$ le rayon de l'écliptique, ou près de 13 cent mille rayons terrestres (180 millions de lieues). Jupiter met environ 12 ans à parcourir sa révolution entière, en s'écartant trés-peu de l'écliptique.

Ainsi que Mars, Jupiter offre une série de bandes parallèles, qu'on voit se rétrécir, s'alonger, et même s'effacer après un long tems; ces variations et celles des taches donnent lieu de croire que ce sont autant de nuages que les vents transportent avec différentes vitesses dans une atmosphère très-agitée. Le mouvement périodique de ces taches a fait reconnaître que la planète a une rotation sur un axe incliné seulement de 3°,1 sur l'orbite : et puisqu'il est presque perpendiculaire à ce plan, le soleil s'écarte peu de l'équateur de Jupiter : le printems y est donc éternel. Le tems de la rotation est de 9 heures 56′; ainsi toutes les nuits sont presque égales aux jours : leur plus longue durée est de 5 heures seulement.

Si on considère que cette planète emploie moins de tems à sa rotation que les autres, quoiqu'elle soit la plus grosse, on en conclura que la force centrifuge, sous l'équateur, y doit être bien considérable. En effet, l'espace qu'un de ses points décrit est 26 fois celui que parcourt, dans le même tems, l'un des points de notre équateur. La diminution de la pesanteur doit donc être bien plus considérable dans cette planète que sur la terre ; et si l'applatissement des poles de notre globe est dû au mouvement diurne, Jupiter devra présenter cet effet dans des dimensions plus remarquables : cette planète est en effet applatie d'un 14°. sur ses poles, tandis que la terre ne l'est que d'un 305°. ; ce qui s'accorde avec les lois de la force centrifuge (84), et est une nouvelle preuve de la vraisemblance de notre hypothèse. *Voyez* n°. 22, 2°.

Jupiter ne présente pas le phénomène des phases, et nous en avons dit la raison (75) ; il en est de même de Saturne et d'Uranus, qui sont encore plus éloignés du soleil.

77. SATURNE ♄ est encore plus éloigné que Jupiter : aussi n'envoie-t-il qu'une faible lumière, quoiqu'il soit 900 fois plus gros que la terre. Le rayon de son orbite est plus de 9 fois et demie celui de l'écliptique (329 millions de lieues) ; il met près de 30 ans à parcourir ce cercle. Herschel lui a reconnu un mouvement de rotation d'occident en orient en 10 heures et demie environ : c'est ce que faisait déja présumer l'applatissement d'au moins

un 11ᵉ. qu'on avait observé sur ses pôles. Il a aussi vu à sa surface une série de bandes parallèles à son équateur. Le soleil vu de Saturne, paraîtrait cent fois plus petit qu'à nous ; sa lumière et sa chaleur y sont cent fois moindres.

L'*Anneau* de Saturne est un corps opaque, plat, cir- Fig. 19. culaire, large et mince, qui le ceint par son milieu. D'abord il nous paraît sous la forme d'une ellipse ; mais l'ellipse s'alonge bientôt de plus en plus. On cesse enfin de le distinguer : seulement avec de forts télescopes on n'en aperçoit que la tranche, qui est une ligne lumineuse qu'on croit large d'une seconde. On voit que ces apparences sont dues aux situations relatives de Saturne, du soleil et de la terre, qui s'accordent très-bien avec l'aspect d'un corps circulaire, vu ou éclairé de différentes manières. Si le soleil ou la terre est dans le plan de l'anneau, on n'en pourra apercevoir que la tranche ; on en verra toute la surface, si ce plan laisse du même côté le soleil et la terre ; mais s'il passe entre eux, sa partie obscure sera seule tournée vers nous, et il demeurera invisible. Presque toujours on voit l'ombre de l'anneau se projetter sur la planète sous la forme d'une bande d'ombre, et réciproquement ; ce qui prouve que tous deux sont opaques.

L'anneau tourne sur lui-même autour du même axe que Saturne, et dans le même tems (en $10^h \frac{1}{2}$) ; c'est ce qu'on trouve par l'observation du déplacement des points brillans de sa surface. Son plan conserve toujours le parallélisme ; il est incliné de 31° 19′ sur l'écliptique. A mesure que la planète s'avance dans son orbite, le plan de l'anneau coupe l'écliptique en divers lieux qui parcourent ainsi graduellement cette courbe d'un point à celui qui est diamétralement opposé ; mais puisque l'orbite de Saturne est bien plus étendue que la nôtre, lorsque ces points de

section ont ainsi parcouru l'écliptique, d'une extrémité
à l'autre, le plan de l'anneau continue son mouvement et
s'en éloigne ; il cesse alors de rencontrer notre orbite,
jusqu'à ce que revenant vers elle, il l'atteigne de nouveau : le point de section parcourt alors l'écliptique en
sens contraire. La terre n'est dans le plan de l'anneau
que quand elle passe par les points où ce plan coupe cette
courbe ; alors nous en voyons seulement la tranche. Notre
globe procédant de l'un de ces points, vers le point opposé,
nous voyons le côté éclairé de l'anneau sous la figure
d'une ellipse; mais en revenant du second au premier,
nous cessons d'apercevoir l'anneau, parce que nous n'a-
vons que l'aspect de la face obscure.

Nous ne pouvons pas nous trouver dans le plan de
l'anneau lorsqu'il est situé de manière à ne plus couper
l'écliptique qu'au-delà des limites dont nous avons parlé.
Nous n'en apercevons que la tranche, lorsqu'il passe par
le soleil, quelle que soit d'ailleurs notre position à son
égard. On est donc assuré que dans la même année, il
peut y avoir deux apparitions et deux réapparitions, mais
jamais davantage. Le retour de ces phénomènes est périodique à-peu-près tous les 15 ans, mais avec des
circonstances différentes.

La largeur de la tranche de l'anneau ne peut être évaluée
exactement : on l'estime d'une seconde ; mais à cette grande
distance, $1''$ répond à 1500 lieues ; c'est l'épaisseur présumée
de l'anneau. Il est isolé et laisse autour de la planète un
espace vide, à travers lequel on peut distinguer les petites
étoiles qui se trouvent derrière : cet espace vide est à-peu-
près le tiers du diamètre de Saturne ; il est aussi égal à
la partie pleine de l'anneau qui est de $5''$. Le diamètre
de l'anneau est une fois et $\frac{2}{5}$ celui de Saturne.

L'anneau est lui-même formé de deux anneaux concen-

triques , détachés l'un de l'autre , qui tournent ensemble ,
quoique séparés par un vide qui se présente sous l'apparence d'une bande noire et circulaire. Quelques astronomes ont même aperçu plusieurs de ces bandes, qui annon-
ceraient qu'il est composé d'autant de couronnes isolées.

78. Uranus ♅ est la planète la plus éloignée du soleil ; son orbe environne de toutes parts les autres orbes.
Sa distance au soleil est plus de 19 fois le rayon de
l'écliptique ou 660 millions de lieues. Il met environ 84
ans à accomplir sa révolution entière : nous n'en dirons
rien de plus. Cette planète a été récemment découverte par
l'astronome anglais Herschel , dont elle porte aussi le nom.
Comme on est certain que les autres planètes sont opaques
et tournent sur elles-mêmes, l'analogie porte à croire qu'Uranus est dans le même cas ; mais on n'en a nulle preuve.

Outre ces planètes , on en a reconnu depuis peu quatre
autres : Cérès ⚳, Pallas ⚴, Junon ⚵ et Vesta ⚶ :
elles sont fort petites , et ont leurs orbites comprises
entre celles de Mars et de Jupiter. Les distances de ces
quatre corps au soleil , sont presqu'égales (de 57 mille
à 66 mille rayons terrestres), ainsi que la durée de leurs
révolutions ; elles s'accordent aussi plus ou moins pour
l'excentricité et la position du nœud , qui est l'intersection de leurs orbites avec le plan de l'écliptique. Ces
circonstances ont fait penser que ces quatre planètes
pourraient avoir été autrefois réunies en une seule, qu'une
explosion violente et intérieure aurait brisée. Il y a sur ce
sujet un mémoire curieux du célèbre M. Lagrange.

79. Il suit de ces développemens qu'on doit considérer le ciel comme ayant une étendue indéfinie. Les
étoiles et le soleil y paraissent fixes ; celles-là situées à
des distances si grandes , que l'orbe terrestre ne peut
servir d'échelle pour les évaluer (29). Notre monde

tourne autour du soleil , et est composé de quelques
planètes, parmi lesquelles la Terre doit être comptée. Quoique leurs volumes soient très-grands et leurs excursions
très — considérables, cependant l'ensemble de ces corps
n'est qu'un point dans l'espace.

Ils tournent tous d'occident en orient dans des ellipses,
et en outre ont sur eux-mêmes une rotation dirigée dans
le même sens. Cet accord, très-remarquable , paraît résulter d'une cause inconnue qui leur a imprimé un mouvement commun. Mais la durée de la rotation des planètes
permet de les partager en deux groupes ; les unes, telles
que Mercure , Vénus, la Terre et Mars qui tournent à-
peu-près en 24 heures ; les autres, Jupiter, Saturne et
peut-être Uranus , bien plus éloignées du soleil , et qui
n'emploient que 10 heures à effectuer ce mouvement.

Le reste de l'univers est occupé par les étoiles fixes :
leur nombre est immense , et lorsque, dans une belle nuit,
on regarde certaines parties du ciel avec un fort télescope, le
fond de la lunette est couvert d'un millier de ces corps (166).
Un aussi prodigieux éloignement , comparé à la vivacité
de leur lumière , nous rend certains qu'ils sont lumineux par eux-mêmes , et qu'ils n'empruntent pas , comme
les planètes , leur lumière du soleil. Cet astre même n'est
qu'une étoile, et ne nous paraîtrait pas plus éclatant que celles
que nous voyons, si nous étions transportés dans l'une d'elles.
Les étoiles sont donc autant de Soleils, qui peut-être servent
de foyers à autant de systêmes planétaires imperceptibles
pour nous , et qui peuplent l'immensité de l'espace.

Les mouvemens diurnes des astres ne sont qu'une apparence due à la rotation terrestre ; cependant on a la
certitude que plusieurs étoiles ont éprouvé un déplacement qui annonce qu'elles ont des mouvemens propres :
il en est de même du Soleil , qui entraîne dans l'espace

notre monde avec lui. Et si les effets de ces mouvemens sont si peu sensibles, même après une durée considérable, il faut l'attribuer à l'immense distance des étoiles qui pourraient nous servir de terme de comparaison. La rotation du soleil sur son axe, semblable à celle de la terre, a dû être causée par une force, dont l'impulsion n'était pas dirigée au centre de cet astre (p. 40 et 42); il a donc dû prendre aussi le mouvement de translation dont nous venons de parler, dans lequel toutes les planètes le suivent, comme la lune suit la terre dans son mouvement annuel.

La figure 18 représente la disposition relative des sept planètes principales; cependant il faut, par la pensée, y faire deux corrections; la première due à ce que les dimensions des orbites n'y sont pas représentées dans les rapports de grandeur qu'elles observent; la seconde qui provient de ce que ces corps ne se trouvent pas dans le même plan. L'orbite de chaque planète est peu inclinée à l'écliptique; c'est pour cela que les anciens avaient regardé, comme une loi de la nature, que les planètes ne peuvent jamais s'éloigner de 10 degrés de l'écliptique de part et d'autre. Ils avaient donc imaginé une bande céleste, traversée par l'écliptique dans son milieu; ils la nommaient *Zodiaque* et pensaient que les planètes étaient forcées à n'en jamais sortir. Ce qui est vrai pour les six planètes anciennes, ne l'est pas pour les nouvelles, qui peuvent s'écarter beaucoup plus de l'écliptique.

Si on se représente le cercle céleste qui forme l'écliptique, les anciennes planètes en seront toujours très-proches; et comme chaque orbite coupe ce plan suivant une ligne, lorsque la planète se trouve sur cette droite, elle nous paraît située sur l'écliptique même : elle est alors dans son *Nœud ascendant ou descendant.*

Pour mieux juger des dispositions relatives des pla—
nètes , nous récapitulerons ici les valeurs approchées.
suivantes.:(*voy*. p. 146).

La distance moyenne du Soleil

à *Mercure* ☿ est les $\frac{2}{5}$ de la distance du soleil à la terre ;

à *Vénus* ♀ en est les $\frac{5}{7}$;

à *Mars* ♂ est 1 fois $\frac{1}{2}$ celle du soleil à la terre ;

à *Jupiter* ♃ est 5 fois $\frac{1}{5}$ celle du soleil à la terre ;

à *Saturne* ♄ est 9 fois $\frac{7}{13}$ celle du soleil à la terre ;

à *Uranus* ♅ est plus de 19 fois le rayon de l'écliptique.

La moyenne distance de la terre à la Lune est de 60
rayons terrestres ou 874204 lieues.

Le diamètre de Mercure est les $\frac{2}{5}$ de celui de la terre ; son
volume en est le 16ᵉ ; il est trois fois plus gros que la Lune.

Le diamètre de Vénus est presqu'égal à celui de la terre ;
son volume est moindre de $\frac{1}{12}$ de notre globe.

Le diamètre de Mars est les $\frac{5}{9}$ de celui de la terre ; son
volume en est le 6ᵉ. (ou plutôt $\frac{5}{29}$).

Le diamètre de Jupiter est 11 fois $\frac{1}{2}$ celui de la terre ;
son volume est 1470 fois plus gros.

Le diamètre de Saturne est 9 fois $\frac{3}{5}$ celui de la terre ;
son volume est 887 fois plus fort.

Le diamètre d'Uranus est 4 fois $\frac{1}{4}$ celui de la terre ;
son volume est 77 fois $\frac{1}{2}$ celui de notre globe.

Le diamètre de la Lune est les $\frac{3}{11}$ de celui de la terre ;
son volume en est la 49ᵉ. partie.

En estimant les mois de 30 jours, et les années de 365
jours , voici *le tems de la révolution* complète de chaque
planète, c'est-à-dire celui qu'elle emploie à revenir au
même point de son orbite : la vîtesse est évaluée en lieues
de 2280 toises.

Mercure en 2 mois 28 jours ; vîtesse 663 lieues par min.

Vénus en 7 mois 14,7 jours ; vîtesse 486 lieues.

La Terre en 365ʲ,242264 ; vîtesse 413 lieues par min.

Mars en 1 an 10 mois 22 jours ; vîtesse 334 lieues.

Jupiter 11 ans 10 mois 17ʲ,6 ; vîtesse 181 lieues.

Saturne en 29 ans 5 mois 24 jours ; vîtesse 134 lieues.

Uranus en 84 ans 28ʲ,7 ; vîtesse 94 lieues.

La Lune en 27 jours 3ʰ,72 ; vîtesse 14 lieues.

80. Lorsqu'on observe Jupiter à l'aide du télescope, on remarque quatre petits astres qui oscillent de part et d'autre et le suivent dans son orbite, comme la lune suit la terre : on les nomme pour cela des *Satellites*. On les voit tourner uniformément autour de la planète dans des cercles très-voisins. Souvent lorsqu'ils sont placés du côté opposé au soleil, ils disparaissent pour reparaître bientôt : on revoit quelquefois les deux plus éloignés du même côté où on a cessé de les apercevoir. Ce sont donc des corps opaques, qui s'éclipsent en passant dans le cône d'ombre de Jupiter. Ces phénomènes sont assez fréquens ; et comme ils sont faciles à observer et que leurs retours périodiques permettent de les prévoir, ils offrent un des moyens les plus favorables pour évaluer les longitudes géographiques (*voy.* nᵉ. 14). Si le satellite est placé du côté du soleil, c'est au contraire Jupiter qui entre dans son cône d'ombre, et dans cette planète, on doit avoir le spectacle d'une éclipse de soleil : cette ombre se projette sur le disque de Jupiter sous la forme d'un point noir qui en décrit une corde ; l'un et l'autre sont donc des corps opaques.

Ces quatre lunes doivent y offrir un spectacle très-varié, non-seulement par les retours de leurs phases et de leurs éclipses, mais encore par les rapports de leurs situations : ils peuvent même se lever, ou se coucher, ou passer tous quatre ensemble au méridien, rangés les uns près des autres et à de petites distances.

Le mouvement de ces satellites a encore avec la lune

un trait de ressemblance, car chacun tourne autour de sa planète en lui présentant sans cesse la même face, et par conséquent fait un seul tour sur son axe, pendant qu'il accomplit sa révolution entière : c'est ce que démontre le retour périodique des taches qu'on observe à la surface de ces satellites : on a aussi employé un autre moyen de s'assurer de leur rotation. On a remarqué que, vus de la même distance, ils ne nous semblent pas briller du même éclat, et on a été conduit à examiner si cela ne proviendrait pas de ce que le disque visible serait différent : en effet si quelques taches diminuent la quantité de lumière réfléchie, le retour du maximum et du minimum d'éclat, a pu servir à estimer l'époque où on a l'aspect des mêmes faces; et en combinant ces durées avec celles des révolutions autour de la planète, on est arrivé à la conséquence que nous avons énoncée.

Quant à la distance de Jupiter au soleil, ou le rayon de son orbite, on ne pourrait guère l'obtenir par la parallaxe de Jupiter qui est insensible, même quand il est le plus près de nous : en sorte qu'un spectateur placé sur Jupiter, ne pourrait peut-être apercevoir la terre. Nous rapportons donc cette planète au même point du ciel, de quelque lieu de la terre que nous l'observions; mais si par les centres J de Jupiter, S du soleil et T de la terre, on mène des droites, elles formeront un triangle, dont deux côtés ST, SJ sont les rayons de notre orbite et de celle de Jupiter : le premier est donné, l'autre est ce qu'on cherche. Mais on peut le trouver en cherchant deux angles de ce triangle, savoir : T qui est à la terre et que mesure l'arc céleste qui s'étend du soleil à Jupiter; et en outre S, qui est au soleil et sous lequel, de cet astre, on verrait les deux planètes : il ne reste donc qu'à trouver ce dernier angle. Or, remarquons que le milieu de l'éclipse d'un satellite a

est l'instant où il est en opposition avec le soleil, qui est alors dans la même ligne droite *SJa* menée de Jupiter au satellite. Si donc on observait ce satellite du centre de Jupiter à cet instant, on aurait le lieu où ce centre serait vu du soleil ; et comme il est facile de déduire ce lieu du mouvement du satellite, il faut en conclure que dans notre triangle un côté *ST* et deux angles *S* et *T* sont connus et qu'on peut calculer la distance de Jupiter au soleil.

Saturne a pareillement sept satellites, dont six se meuvent à-peu-près dans le plan de l'anneau ; le 4ᵉ. s'en éloigne sensiblement, et on a reconnu qu'il présente la même face à la planète. On croit qu'Uranus a six satellites ; ces corps sont d'ailleurs très-difficiles à observer : nous verrons bientôt comment on a pu mesurer les distances de ces deux planètes au soleil (82).

81. En suivant la marche des planètes, on observe dans les apparences de leur mouvement de grandes irrégularités, et quoiqu'il soit toujours dirigé de droite à gauche, ou d'occident en orient ; comme il se combine avec celui de la terre, il en résulte qu'il nous paraît tantôt dans un sens, tantôt dans le sens contraire. Il s'agit d'expliquer ici comment le mouvement des planètes est tantôt *Direct* et tantôt *Rétrograde*, et pourquoi, dans la transition de l'un à l'autre, elles semblent en repos ou *Stationnaires*. Nous acquerrons ainsi une nouvelle preuve du mouvement de la terre.

Rien n'est plus facile pour Vénus et Mercure. En effet nous ne jugeons de leur mouvement qu'en comparant leur position à celle des étoiles fixes, et nous la rapportons toujours au point où le ciel est rencontré par le rayon visuel qu'on dirige vers la planète et qu'on prolonge jusqu'au firmament. Que l'orbite de Vénus soit *AGE*, et que *egi* soit l'écliptique ; ces courbes sont décrites dans le sens de *A* vers *G,E*... et de *e* vers *g,i*... ; que Vénus soit en *F* et passe en *G* pendant que la terre reste fixe en *g*, ce mouvement nous paraîtra exécuté de droite à gauche et dans le sens même où il a lieu ; et il sera encore augmenté par la marche de notre globe de *g* vers *i* dans le même sens que la planète. Mais elle s'avance plus vîte que nous (p. 134), et en supposant qu'elle avait décrit l'arc *TAF*, pendant que notre globe a parcouru *tg*, Vénus était en *T* à la conjontion inférieure, entre nous et le soleil : nous l'avons vue passer de *T* vers *C*, et de notre gauche à notre droite ou contre l'ordre des signes. A l'époque où le rayon visuel a été tangent à l'orbite de la planète, nous l'avons jugée stationnaire, parce que dans le mouvement, comme le rayon visuel a demeuré parallèle durant quelque tems, ces droites ont concouru à l'infini en un même point du ciel où l'astre a semblé en repos.

Le mouvement s'est rallenti de plus en plus à mesure que la planète s'est approchée du point de station, qui est celui où le mouvement change de direction en apparence. La plus grande vitesse est au contraire lorsque la planète a repris même longitude que le soleil, parce qu'elle est alors en ligne directe ou en conjonction supérieure ; les trois corps sont de nouveau sur une même ligne droite, mais la planète au-delà du soleil.

En continuant de suivre les mouvemens de Vénus et de la terre, on verra qu'avant de revenir à la conjonction inférieure, le rayon visuel redeviendra tangent, et il y aura une nouvelle station ; puis le mouvement reparaîtra rétrograde : et ainsi de suite. C'est ce que nous avons déjà fait remarquer en parlant des oscillations que Vénus et Mercure font de part et d'autre du soleil. Dans les deux conjonctions, la planète se lève et se couche en même tems que le soleil. Dans la supérieure, le mouvement est direct, et la planète dépasse le soleil vers notre gauche. (*Fig.* 20.)

On la voit le soir vers l'occident se dégager des rayons solaires ; son coucher retarde de plus en plus, et sa présence sur l'horison est d'une plus longue durée : bientôt elle atteint sa plus grande *Elongation*, et vers la quadrature, elle devient stationnaire, puis son mouvement rétrograde, et elle se rapproche du soleil pour se perdre enfin dans ses rayons. La rétrogradation continue ; la planète dépasse sa conjonction inférieure, et se place à droite du soleil ; elle se lève alors avant lui, et on la voit le matin se dégager des rayons solaires, puis devancer son lever, jusqu'à ce qu'une nouvelle station vers l'autre quadrature ou la plus grande élongation, ramène le mouvement direct. La planète se rapproche alors de plus en plus du soleil ; elle se lève toujours avant lui, mais d'une quantité décroissante ; elle se perd enfin dans ses feux ; et à partir de cette conjonction supérieure, tout se reproduit dans le même ordre.

Les mêmes phénomènes s'observent aussi pour les planètes supérieures : nous prendrons Jupiter pour exemple. Soit *egi* son orbite extérieure à l'écliptique AGE ; Fig. 20, ces corps se meuvent dans le même sens, ou d'ocident en orient, l'un de e vers $g, i...$, l'autre selon $AFET$; mais la terre fait son tour entier douze fois environ, contre un seule de la planète ; car la vîtesse décroît à mesure qu'on s'éloigne du soleil (p. 135 et 143). Si la terre est en F et Jupiter en g, le rayon visuel Fg, prolongé en g'' jusqu'au firmament, détermine le lieu apparent de l'astre que nous jugeons être en g'' : la même chose doit se dire de toute autre situation relative.

Cela posé, prenons la terre à l'instant où étant en E', Jupiter est en e, le rayon visuel $E'e$ touchant l'écliptique. Comme la vîtesse de la terre est plus du double de celle de l'astre, il sera sensiblement fixe, pendant qu'elle décrira le petit arc $E'E$; dans cette durée, la planète aura conservé sa situation e', et sera stationnaire, ou plus exactement, les rayons visuels demeurant parallèles pendant quelque tems, vont concourir à l'infini au même point e' du ciel, où l'astre paraît fixe.

En représentant par ED et ed deux arcs décrits en même tems, le nombre de degrés du premier est 12 fois celui du second, et la planète semble parcourir $e'd'$; de même, lorsque la terre arrive en T et Jupiter en t, à l'opposition, il paraît décrire $d't'$. En continuant de transporter l'une de T vers C, l'autre de t vers c, on voit que Jupiter semble parcourir $t'c'$. Ainsi, quoiqu'il se meuve en effet de c en c et de droite à gauche, pendant que nous allons de E' en C dans le même sens, parce que notre vîtesse est beaucoup plus grande, il offre l'apparence d'une rétrogradation de e' vers c'.

En C, le rayon visuel Cc est de nouveau tangent à l'écliptique, et nous jugeons une seconde fois l'astre stationnaire comme en $E'E$; mais à partir de cet instant, le rayon visuel Ccc' se rejette en sens contraire : si la terre passe en B et en A, Jupiter allant en b et en a, ce rayon se projette sur le ciel en b' et a', et le mouvement devient direct de c' vers $a't'd'e'g''$... La rétrogradation n'a lieu que dans le voisinage de l'opposition Tt, entre les deux stations apparentes $e'c'$; mais dans le reste de l'orbite, le mouvement semble dirigé dans le sens même où il a lieu. Par exemple, vers la conjonction, la terre allant de F en G, et Jupiter étant supposé fixe en g, nous le voyons d'abord en g'', puis en g', et il nous semble avoir été de g'' en g', en sens direct. Il est vrai que l'astre n'est point fixe dans cet intervalle ; mais son mouvement de g vers i favorise encore l'apparence dont nous venons de parler. On retrouvera la même conséquence dans tout le reste de l'orbite. Le mouvement paraît donc dirigé dans le sens où il est produit, excepté un peu avant et après l'opposition et lorsque les rayons visuels sont tangens à l'écliptique : alors il y a un point de station de chaque côté, et dans l'intervalle de ces deux tangentes, une rétrogradation.

Voici les apparences que doit nous offrir la planète : un peu avant la conjonction, commençant à s'engager dans les rayons solaires, on l'aperçoit le soir à l'occident à l'expiration du jour ; et comme nous transportons au soleil la vitesse angulaire dont notre globe est animé, cet astre paraît se rapprocher dans les jours suivans de la planète dont la vitesse est 12 fois moindre. Leur mouvement commun est, il est vrai, d'occident en orient ; mais le soleil va bien plus vîte et devance la planète. Bientôt on la voit se lever un peu avant cet astre, puis s'éloignant l'un de l'autre ; ils procédent dans l'ordre des signes, quoique l'arc d'écliptique qui les sépare s'accroisse continuellement.

C'est ainsi que s'éloignent les aiguilles d'une montre après s'être superposées ; elle se séparent en se poursuivant avec des vitesses inégales, et l'une devance l'autre de plus en plus. Mais quand leur distance a atteint la demi-circonférence, en continuant de s'éloigner, elles se rapprochent en effet, lorsqu'on considère l'arc qui les sépare de l'autre côté. C'est alors l'aiguille la plus rapide qui poursuit la plus lente et qui bientôt l'atteint et la dépasse.

La même chose a lieu pour le soleil et la planète. Lorsqu'ils se sont éloignés de 180°, ou qu'ils sont en opposition, le coucher de celle-ci, qui a retardé de plus en plus, se fait à l'instant du soleil levant ; elle passe au méridien douze heures après lui. C'est un peu avant et après cette époque que la rétrogradation apparente se produit entre les deux points de station : après cette petite excursion en sens contraire, le mouvement redevient directe la distance du soleil à la planète, estimée du côté opposé, ou d'orient en occident, commence à décroître et les deux astres se rapprochent en effet. Le soleil poursuit la planète dont le lever retardant de plus en plus, se fait peu de tems avant celui du soleil; on l'aperçoit le soir seulement, et quelques heures après cet astre : bientôt elle se perd dans ses rayons et on cesse de la voir. Cette opposition ramène ensuite les mêmes phénomènes.

Les orbites ne sont pas circulaires, et de plus elles sont dans des plans différens. En combinant toutes ces diverses circonstances, il sera aisé de voir que le retour à l'opposition et à la station ne se fera pas aux mêmes points correspondans des orbites de la planète et de la terre ; et que l'étendue des arcs de rétrogradation et le tems employé à les décrire devront varier continuellement dans de certaines limites. Nous donnerons bientôt (p. 146) les valeurs moyennes de ces tems et de ces arcs pour chaque planète, ainsi que les intervalles de ses retours à la conjonction, ou à l'opposition, ou enfin à la même position relative par rapport à la terre et au soleil ; c'est ce qu'on nomme sa *Révolution Synodique.* Ces tems sont plus rapprochés pour Saturne et Uranus, et plus éloignés pour Mars que pour Jupiter, parce que ceux-là ont une marche plus lente et Mars une plus rapide.

82. L'observation attentive et raisonnée du mouvement des planètes a prouvé que :

1°. *Les rayons vecteurs décrivent des aires proportionnelles aux tems.*

2°. *Les orbites sont des sections coniques dont le soleil occupe l'un des foyers.*

3°. *Les carrés des tems des révolutions sont entr'eux comme les cubes des grands axes des orbites.*

Ces trois faits astronomiques sont connus sous le nom

de *Lois de Képler*. Ce fut sans doute une inspiration bien
heureuse que celle qui porta cet illustre astronome à comparer ainsi les dimensions des orbites planétaires avec les
tems employés à les décrire , et à admettre sur-tout dans ce
calcul des carrés et des cubes. Nous avons déja indiqué (36)
comment il était parvenu à reconnaître l'existence des
deux premières lois pour la terre ; c'est par un moyen
différent que Képler a trouvé qu'elles avaient aussi lieu
pour toutes les planètes : nous ne pouvons en donner ici
le détail. Quant à la troisième , elle résulte de la comparaison
des valeurs numériques des grands axes et des tems des
révolutions.

Par exemple, en raisonnant pour Mars et Vénus, on
compare les tems des révolutions et les distances au soleil ;
on trouve :

Mars : tems de la révol. 686,9796 ; distance 1,52369.

Vénus : tems de la révol. 224,7008 ; distance 0,72333.

En divisant les tems et formant le carré du quotient, on
obtient 9,34714 : de même en divisant les distances et
formant le cube du quotient, il vient 9,34716, nombre
qui ne diffère du précédent que de deux unités de l'ordre
des 100 millièmes : cette petite erreur est due à ce que les
données ne sont qu'approximatives.

Cette troisième loi fut trouvée le 15 mai 1618 par Képler.
Il cherchait au hazard des rapports entre les distances des
planètes et les durées de leurs révolutions ; il comparait les
racines des unes aux puissances des autres : il vint heureu-
sement à comparer les carrés des tems avec les cubes des
distances , et il trouva que ce rapport était constant ; il fut
si transporté de cette découverte , qu'il avait peine à se
fier à ses calculs. Qu'aurait-il donc éprouvé s'il eût pu
prévoir que cette loi serait l'origine de la découverte plus
générale et plus importante encore, faite par Newton

5o ans après, et qui se déduit naturellement des lois de
Képler , comme nous le dirons en parlant de l'*Attraction.*
(*Voy.* n°. 84.)

Une fois ces lois reconnues, on doit les regarder comme
plus exactes que les observations d'où on les a déduites ;
en sorte qu'au lieu de recourir à celles-ci pour obtenir les
distances des planètes au soleil , parce que les observations
sont , à cet égard, un peu sujettes à erreur , on préfère
les conclure de la troisième loi de Képler. En effet on
peut mesurer avec une grande précision l'intervalle des
retours des planètes à leur nœud. Il suffit donc, pour conclure la distance d'une planète au soleil, de la comparer,
à une autre planète, et de poser cette proportion : *les
racines cubiques des carrés des tems des révolutions des deux
planètes , sont comme la distance de la première planète au
soleil , est à la distance de la seconde planète.*

Cet exemple suffit pour faire concevoir l'utilité des lois
de Képler; elles sont le sujet de l'admiration des géomètres,
le plus heureux exemple de l'art d'observer les faits et
de les lier entr'eux , enfin le fondement de l'atronomie;
parce qu'elles unissent tous les mouvemens planétaires par
un principe commun : et puisque la terre est aussi sou-
mise à ses lois , elles ajoutent une nouvelle preuve de son
mouvement à tant d'autres déja acquises.

Les satellites de Jupiter, de Saturne et d'Uranus obéissent
à ces lois dans leurs révolutions autour de leur planète : elles
forment donc le code qui régit tous les mouvemens de
l'univers. (*Voyez,* pour la lune , le n°. 87).

On nomme *Élémens* des orbites des planètes le petit
nombre de données nécessaires pour en déterminer la
situation à un instant quelconque ; ces élémens sont au
nombre de sept : deux déterminent la situation absolue
de l'orbite ; c'est la position du nœud et l'inclinaison

sur l'écliptique. Les cinq autres élémens se rapportent
au mouvement dans l'orbite même, et sont 1°. le tems
de la révolution entière; 2°. la moyenne distance au
soleil, ou le demi-grand axe ; 3°. l'excentricité ; 4°. la
situation d'un des sommets (du périhélie) ; 5°. enfin le
le lieu de la planète dans son orbite à une époque quelconque. On sent en effet qu'avec toutes ces conditions,
et d'après les lois générales du mouvement des corps
célestes, on pourra assigner à chacun la place qu'il
occupe dans l'espace à un instant déterminé. Nous allons
donner ces divers élémens avec le degré de précision que
comporte la perfection actuelle de la théorie et des observations. Dans les quatres tableaux suivans nous avons
sur-tout développé les conséquences de ceux de ces
élémens dont la connaissance nous semble plus importante
eu égard au but de cet ouvrage.

DISTANCES AU SOLEIL ET RÉTROGRADATIONS.

PLANÈTES.	Signes.	DIST. MOYENNES AU SOLEIL.			RÉTROGRADATIONS.		DIST. du ☉ à la
		approch.	exactes.	en mille lieues.	arc de	durée.	station.
Mercure.	☿	$\frac{2}{5}$	0,3870981	13 361	13°,5	23 jours.	18°
Vénus.	♀	$\frac{5}{7}$	0,7233323	24 966	16	42	29
La Terre.		1	1	34 515	»	»	
Mars.	♂	1 $\frac{1}{2}$	1,5236935	52 390	16	73	137
Jupiter.	♃	5 $\frac{1}{5}$	5,2027911	179 575	10°	121	115
Saturne.	♄	9 $\frac{7}{13}$	9,5387705	329 232	7	139	109
Uranus.	♅	19 $\frac{1}{5}$	19,1833050	662 114	3,5	151	104

RÉVOLUTIONS.

PLANÈTES.	DURÉE DES RÉVOL. SYDÉRALES.		RÉVOL. synodiques.	ARC DÉCRIT en 10 jours.	lieues parcourues en une minute.	INCLINAIS. des orbes sur l'éclipt.	VARIAT. séculaires de l'inclinaison.
	approchées.	exactes.					
Mercure.	29 rév. en 7 ans.	$87^j,96926$	$115^j,8774$	$40°,923$	663	7°	$18'',183$
Vénus.	5 rév. en 3 ans.	$224^j,70082$	$583^j,9585$	$16°,021$	486	$3°,387$	— $4'',552$
La Terre.	»	$365^j,25638$	»	$9,856$	413	»	»
La Lune.	235 rév. en 19 ans.	$27^j,32166$	$29^j,5306$	»	14	$5°,146$	0
Mars.	8 rév. en 15 ans.	$686^j,97962$	$779^j,778$	$5°,240$	334	$1°,85$	— $0'',152$
Jupiter.	1 rév. en 12 ans.	$4332^j,59631$	$398^j,865$	$49',854$	181	$1°,32$	— $22'',608$
Saturne.	2 rév. en 59 ans.	$10758^j,96984$	$378^j,079$	$20',076$	134	$2°,505$	— $15'',513$
Uranus.	1 rév. en 84 ans.	$30688^j,71269$	$369^j,644$	$7',038$	94	$0°,774$	— $3'',133$

DIAMÈTRES.

PLANÈTES.	DIAMÈTRES OBSERVÉS.		DIAMÈTRES à la dist. du ☉	DIAMÈTRES			DURÉE de la rotation.
	le plus grand.	le moindre.		Réels en lieues.	Rapports approch.	Rapports exacts.	
Le Soleil.	32′,593	31′,516	31′,32	315 000	110	109,93	25^j,5
Mercure.	11″,27	4″,99	6″,83	1130	$\frac{2}{5}$	0,3944	1
Vénus.	59″,84	9″,62	16″,85	2 787	1	0,9730	0,973
La Terre.	»	»	17″,32	2 865	1	1	0,99727
La Lune.	33′,518	29′,365	4″,73	782	$\frac{3}{11}$	0,273	29,5306
Mars.	17″,07	3″,56	9″,62	1 592	$\frac{5}{9}$	0,5556	1,02733
Jupiter.	44″,48	30″,13	3′,38	33 121	11 $\frac{5}{9}$	11,5616	0,41377
Saturne.	20″,12	16″,30	2′,77	27 529	9 $\frac{3}{5}$	9,6094	0,428
Uranus.	4″,12	2″,93	73″,84	12 212	4 $\frac{1}{3}$	4,2630	incônnue.

VOLUMES, MASSES ET PESANTEUR.

PLANÈTES.	VOLUMES		MASSES		DENSITÉS		PESANTEUR	
	approch.	exacts.	approch.	exactes.	approch.	exactes.	poids.	chûte en 1 seconde.
								pieds.
Le Soleil.	»	1328460		337086	$\frac{1}{4}$	0,25374	27,65	421,14
Mercure.	$\frac{1}{16}$	0,0614	$2\frac{5}{7}$	0,1664	$2\frac{5}{7}$	2,710026	1,07	16,15
Vénus.	$\frac{11}{12}$	0,9210	$1\frac{1}{40}$	0,9452	$1\frac{1}{38}$	1,026267	1	15,07
La Terre.	1	1	1	1	1	1	1	15,1
La Lune.	$\frac{1}{49}$	0,0203	$\frac{1}{59}$	0,017	$\frac{5}{6}$	0,84013	0,228	3,44
Mars.	$\frac{1}{6}$	0,1714	$\frac{2}{15}$	0,1324	$\frac{10}{13}$	0,77236	0,43	6,47
Jupiter.	1470	1470,20	$315\frac{8}{9}$	315,8926	$\frac{3}{14}$	0,21486	2,51	35,68
Saturne.	887	887,34	120	120,0782	$\frac{2}{15}$	0,135324	1,3	19,63
Uranus.	$77\frac{1}{2}$	77,47	$17\frac{2}{7}$	17,2829	$\frac{2}{9}$	0,22309	0,95	14,36

On remarquera que toutes les fois que les fractions qui représentent les rapports indiqués dans ces tableaux, sont trop composées, on les a exprimées en valeurs approchées et plus simples, afin qu'on puisse plus facilement en saisir les grandeurs.

Le 1ᵉʳ. Tableau donne les distances moyennes des planètes au soleil, évaluées en parties du rayon moyen de l'écliptique. Si on veut obtenir ces distances en rayons terrestres, il faudra donc multiplier les nombres indiqués par 24096, qui exprime la quantité de ces rayons contenus dans la distance moyenne de la terre au soleil. Il faudrait en outre multiplier par 1432,4, qui est la valeur (14) du rayon terrestre en lieues de 2280 toises, si on voulait obtenir ces distances en lieues. Ces produits sont aussi indiqués par approximation, pour en rendre l'usage plus facile; ainsi le rayon moyen de l'orbe de Mercure est d'environ 13 millions 361 mille lieues.

Vient ensuite le nombre de degrés de l'arc de rétrogradation de chaque planète, et la durée employée dans ce mouvement; enfin la distance du soleil au point de station, où le mouvement redevient direct. Il est inutile de rappeler que ce phénomène n'est qu'une apparence, et qu'on ne peut à cet égard indiquer que des valeurs moyennes, puisqu'il varie selon les distances des planètes à la terre.

Le 2ᵉ. Tableau donne l'époque du retour des planètes à la même position : par conséquent la ligne qui joint la terre au soleil, prolongée jusqu'au firmament, rencontre la même étoile, après 365ʲ,25638; c'est ce qu'on nomme la durée de la *Révolution sydérale* : nous reviendrons bientôt sur ce sujet (97). Les révolutions synodiques sont le tems que la planète employe pour se retrouver dans la même situation relativement à la terre et au soleil : elles indiquent les retours des conjonctions et oppositions avec cet astre.

On a mis aussi le nombre de degrés moyens que décrit la planète dans son orbite pendant 10 jours : du reste ce nombre est variable comme la vitesse et la distance au soleil ; et on ne doit pas oublier que cet arc décrit n'est point vu de la terre sous sa véritable grandeur, tant à cause de sa distance à la planète, qu'à raison du mouvement qui leur est commun.

On trouve encore les nombres de lieues (de 2280 toises) que décrit le centre de chaque planète dans son orbite en une minute, afin de pouvoir comparer leurs vitesses. Viennent ensuite les inclinaisons des orbes sur le plan de l'écliptique, et la quantité dont elles varient pendant cent ans : le signe — désigne une diminution de l'angle.

Le 3e. *Tableau* indique la grandeur des diamètres des corps de notre système planétaire. Le nombre de minutes et de secondes des arcs sous lesquels nous les observons, change avec l'éloignement. Si ces planètes étaient toutes à la même distance de la terre où le soleil se trouve, la grandeur apparente de ces corps serait proportionnelle à leur étendue réelle : ces nombres sont compris dans le tableau. Le nombre qui répond à la terre n'est autre chose que l'angle sous lequel elle serait vue du soleil ou le double de sa parallaxe. Viennent ensuite les grandeurs effectives des diamètres, tant en lieues de 2280 toises, que comparés au diamètre de la terre pris pour unité, ou le rapport des rayons des planètes à celui de notre globe.

Quant à la dernière colonne, elle donne le tems que chaque planète employe à exécuter sa rotation diurne ; ensorte que si on conçoit l'un de ses méridiens mobile avec elle, il se retrouve après ce tems passer par une même étoile.

Le 4ᵉ. Tableau donne le volume des planètes ; celui de la terre étant un , ou le rapport du premier au second : ces volumes sont déduits de leurs diamètres.

Quant aux masses, aux densités et à la loi de la pesanteur à la surface des planètes , il faut recourir à ce qui sera dit n°. 100.

Les nombres que renferment ces quatre tableaux ne complètent pas encore toutes les données nécessaires pour connaître le mouvement des planètes et calculer leurs positions; il faut encore y adjoindre les élémens suivans.

Rapport de l'excentricité au demi-grand axe, au commencement de 1801.

	Exact.	Appr.	Variat. Sécul.
Mercure	0,2055145	$\frac{1}{5}$	0,000003867
Vénus	0,006853	$\frac{1}{146}$	—0,000062711
La Terre	0,016853	$\frac{1}{60}$	—0,000041632
Mars	0,093134	$\frac{1}{11}$	0,000090176
Jupiter	0,048178	$\frac{1}{21}$	0,000159350
Saturne	0,056168	$\frac{1}{18}$	—0,000312402
Uranus	0,046670	$\frac{1}{43}$	—0,000025072

La dernière colonne donne les variations séculaires de ces rapports ; c'est-à-dire la quantité dont ils augmentent ou diminuent au bout de cent ans (*voy.* n°. 88). Le signe — indique celles de ces variations qui sont soustractives.

Longitudes moyennes au minuit qui sépare le 31 Décembre
1800 du 1ᵉʳ. Janvier 1801, tems moyen à Paris.

Mercure. . . . . 163°,9408
Vénus. . . . . 10°,7430
La terre. . . . . 100°,1536
Mars . . . . 64°,1173
Jupiter . . . . 112°,2100
Saturne . . . . 135°,3421
Uranus . . . . 177°,7882

Longitude moyenne du périhélie à la même époque.

Mouv. sydér. sécul.

Mercure . . . . 74°,3630 . . . . 9′,726
Vénus. . . . . 128°,6169 . . . . —4′,4638
La terre. . . . . . . 279°,5014 . . . . 19′,2603
Mars . . . . 332°,4066 . . . . 26′,3709
Jupiter . . . . 11°,1431 . . . . 21′,0643
Saturne. . . . . . . 89°,1494 . . . . 32′,2845
Uranus . . . . 167°,3617 . . . . 3′,9889

La dernière colonne est le mouvement sydéral et séculaire du périhélie ou la quantité dont il s'avance chaque
siècle : on doit concevoir un rayon vecteur mené du soleil au périhélie ; et l'angle qu'il décrit en 100 ans est celui
dont il s'agit. Le périhélie de Vénus a seul un mouvement rétrograde.

Voici une application de cette table. La terre n'atteint
son périhélie que lorsque le soleil acquiert la longitude que
donne la table. Ainsi, le 31 décembre 1812, à midi moins
14′, la terre passera au périhélie, parce que le soleil aura
279°,70776 de longitude. Au point opposé, la terre sera
en son aphélie le 1ᵉʳ. juillet 1812, à 6ʰ,78 après midi ; le
soleil sera apogée, et aura pour longitude 99°,70776.

Longitude du nœud ascendant sur l'écliptique, à la même
époque.

		Variat. Sécul.
Mercure.	45°,9586	— 13′,038
Vénus.	74°,8775	— 31′,164
La terre.	0	0
Mars	48°,0245	— 33′,408
Jupiter	98°,4262	— 26′,293
Saturne	111°,9242	— 37′,774
Uranus	72°,8539	— 59′,966

La dernière colonne est la quantité dont le nœud s'a-
vance sur l'écliptique pendant cent ans; le signe — indique que ce mouvement est rétrograde (*voy.* n°. 88).

83. Les COMÈTES sont des astres qui se meuvent dans
toutes les directions, en décrivant des ellipses excessivement
alongées; ils sont souvent accompagnés d'une queue va-
poreuse, à travers laquelle on peut distinguer même les
petites étoiles, et dont la direction est toujours opposée au
soleil. Ce n'est d'abord qu'une *nébulosité* qui accompagne la comète, mais qui s'accroît à mesure qu'elle
s'approche davantage de cet astre jusqu'à former une immense traînée, qui acquiert jusqu'à 90° de longueur, et
même au-delà. Les figures des comètes sont d'ailleurs très-
variables : celle de l'an 146 avant J.-C., au rapport de
Sénèque, parut aussi grosse que le soleil : dix ans avant on
en avait vu une qui répandait autant de lumière que cet
astre, et semblait embraser tout le ciel. On en observe au
contraire qui n'ont pas de queue, ni même de cette sorte
de lumière troublée qu'on nomme *barbe* ou *chevelure*, ou
nébulosité.

Si l'on suit attentivement la marche des comètes, et qu'on

la compare à ses apparences, on explique l'existence de leur queue, en la regardant comme un torrent de vapeurs élevées par la chaleur solaire, et qui se condenseraient ensuite par l'effet de l'éloignement. C'est au moins ce que fait présumer la direction de cette queue, l'époque où elle commence à se former, celle où enfin elle a acquis la plus grande dimension, qui arrive un peu après le périhélie ; car la proximité du soleil et la continuité de la transmission de chaleur, doivent en rendre l'accumulation énorme, et capable de tout fondre et vaporiser. Il peut même arriver que le noyau perde sa solidité. La comète de 1680 fut 166 fois plus proche que nous du soleil : la chaleur dont elle fut pénétrée fut donc près de 28 mille fois plus grande que celle que la terre reçoit : température tellement élevée, qu'elle surpasse plusieurs milliers de fois celle que nous pouvons produire, et par conséquent celle du fer en fusion.

Les orbes des comètes n'étant visibles pour nous que dans la région voisine du soleil, c'est-à-dire vers l'un des sommets d'une ellipse excessivement alongée, cette partie de la courbe se confond alors avec une parabole ouverte et indéfinie, parce que c'est en cette courbe que dégénère l'ellipse lorsque son grand axe est infini, et il l'est pour nous. Près de cent comètes observées avec soin ont leurs orbites exactement représentées par cette courbe, dans la partie visible pour nous, et qui est vers le périhélie ; ainsi cette théorie est mise à l'abri de toute atteinte. Les comètes obéissent donc aux lois de Képler comme tous les corps célestes de notre Univers. Mais les calculs auxquels on pourrait soumettre le mouvement de ces astres manque de la rigueur nécessaire pour en prédire le retour, puisque d'un petit arc observé, on veut conclure l'orbite entière. Les planètes au contraire étant presque toujours visibles, on en a pu corriger avec le tems les divers élémens. Il faudrait donc plusieurs réapparitions d'une même comète pour en connaître exactement les retours périodiques, et on jugerait de l'identité de l'astre par celle des élémens de son orbite. C'est ainsi qu'on a pu prédire le retour de la comète de 1531, 1607, 1682 et 1759, qui revient au périhélie tous les 76 ans environ, et qui doit reparaître en 1832. Elle s'éloigne du soleil 35 fois plus que la terre, et s'en approche deux fois davantage.

Les comètes diffèrent des planètes, non-seulement par les apparences qu'elles présentent, mais aussi par la nature de leurs mouvemens, qui n'affectent ni la direction d'occident en orient, ni une orbe peu inclinée à l'écliptique, quoique ces circonstances puissent également se rencontrer. D'ailleurs on cesse bientôt d'apercevoir les comètes, parce qu'elles ne sont visibles que vers leur périhélie où le mouvement est sensiblement parabolique. Le reste de l'orbite est une ellipse prodigieusement alongée : il se peut même que quelques-unes décrivent en effet des paraboles ou des hyperboles, et ne reviennent jamais vers nous (*voy.* n°. 101]).

Il est aisé, d'après cette exposition, de voir que les comètes qui inspiraient jadis la consternation, n'en doivent pas répandre plus que l'aspect des autres corps célestes. La seule comète dont on sache prédire les retours, celle de 1759, excita alors le plus vif intérêt parmi les géomètres et les astronomes ; mais en 1456, quatre révolutions auparavant, on ne l'avait vue qu'avec effroi. « La longue queue qu'elle traînait après elle, répandit la terreur dans l'Europe déja consternée des succès rapides des Turcs qui venaient de détruire l'empire Grec. Le pape Callixte ordonna à ce sujet une prière par laquelle on conjurait la comète et les Turcs. Dans ces tems d'ignorance, on était loin de penser que le

seul moyen de connaître la nature, est de l'interroger par
l'observation et le calcul. Suivant que les phénomènes arri-
vaient et se succédaient avec régularité, ou sans ordre apparent, on les faisait dépendre des causes finales, ou du
hasard ; et lorsqu'ils offraient quelque chose d'extraordinaire et semblaient contrarier l'ordre naturel, on les regardait comme autant de signes de la colère céleste. Mais
ces causes imaginaires ont été successivement reculées avec
les bornes de nos connaissances, et disparaissent entièrement devant la saine philosophie qui ne voit en elles que
l'expression de l'ignorance où nous sommes des véritables
causes. » (*Syst. du Monde* IV, 4.)

Au reste, s'il n'est pas absolument impossible que quelque comète rencontre la terre, il y a des millions de probabilités contre cet événement : il faudrait un hasard bien extraordinaire pour que deux corps aussi petits mus dans un
espace immense avec toutes les vitesses, dans des orbes inclinés sous toutes les directions et avec toutes les dimensions, vinssent à se rencontrer. Au reste, la durée indéfinie
permet de concevoir tous les possibles réalisés. Si la comète
de 1680 achève, comme on le pense, 7 révolutions en 4028
ans, elle a dû passer près de la terre 2349 ans avant J.-C.,
et son action sur ce globe a pu y causer des ravages, comme
nous l'expliquerons en parlant de l'attraction. On conçoit
ainsi la possibilité de ces déluges dont l'Histoire nous fait
mention. Voici à ce sujet quelques remarques de M. Laplace.
(*Syst. du Monde*, IV, 4.)

« Il est facile de se représenter les effets du choc de la
terre par une comète. L'axe et le mouvement de rotation
changés ; les mers abandonnant leur ancienne position,
pour se précipiter vers le nouvel équateur ; une grande
partie des hommes et des animaux noyée dans ce déluge
universel ou détruite par la violente secousse imprimée

au globe terrestre ; des espèces entières anéanties ; tous les monumens de l'industrie humaine renversés : tels sont les désastres que le choc d'une comète a dû produire. On voit alors pourquoi l'Océan a recouvert de hautes montagnes, sur lesquelles il a laissé des marques incontestables de son séjour ; on voit comment les animaux et les plantes du Midi ont pu exister dans les climats du Nord, où l'on retrouve leurs dépouilles et leurs empreintes ; enfin on explique la nouveauté du monde moral, dont les monumens ne remontent guère au-delà de 3000 ans. L'espèce humaine, réduite à un très-petit nombre d'individus et à l'état le plus déplorable, uniquement occupée pendant très-longtems du soin de se conserver, a dû perdre entièrement le souvenir des sciences et des arts ; et quand les progrès de la civilisation en ont fait sentir de nouveau les besoins, il a fallu tout recommencer, comme si les hommes eussent été placés nouvellement sur la terre. »

« Quoiqu'il en soit de cette cause assignée par quelques philosophes à ces phénomènes, je le répète, on doit être parfaitement rassuré sur un aussi terrible événement, pendant le court intervalle de la vie. Mais l'homme est tellement disposé à recevoir l'impression de la crainte, que l'on a vu en 1773 la plus vive frayeur se répandre dans Paris et de là se communiquer à toute la France, sur la simple annonce d'un mémoire, dans lequel Lalande déterminait celles des comètes observées, qui peuvent le plus approcher de la terre : tant il est vrai que les erreurs, les superstitions, les vaines terreurs et tous les maux qu'entraîne l'ignorance, se reproduiraient promptement, si la lumière des sciences venait à s'éteindre. »

Si la substance qui compose les comètes est inconnue, et si on ne veut regarder que comme une hypothèse probable la cause de la queue qui les accompagne, on ne doit pas moins être assuré de tout ce qui vient d'être dit sur leur mouvement, et leurs distances, comme de vérités dé-monstratives. Ce sont d'ailleurs des corps opaques qui ne deviennent visibles que dans notre voisinage, et auxquels on a quelquefois reconnu des phases.

VIII. *Gravitation universelle, Pesanteur, Précession, Nutation, Marées, etc.*

84. Après nous être assurés des lois du mouvement des corps célestes, il importe de remonter à leur cause, pour en prévoir les irrégularités. On sait que si une impulsion agit sur un corps abandonné à son effet, sans l'action d'aucune autre puissance, ce corps n'aura qu'un mouvement uniforme et rectiligne ; c'est-à-dire qu'il décrira une ligne droite indéfinie, en conservant éternellement la même vîtesse. Cette vérité n'étonne que ceux qui ignorent les élémens de la mécanique : envi-ronnés par mille causes qui modifient les mouvemens que nous imprimons, nous nous habituons à les ré-garder comme inséparables les uns des autres, et nous éprouvons quelque peine à concevoir les abstractions qui servent de base à la mécanique. La pesanteur qui ramène vers la terre tous les projectiles, et qui en re-tarde ou en accélère la chûte ; l'air qui s'oppose au mou-vement dans tous les sens, et diminue la vîtesse, sont des obstacles au mouvement uniforme et rectiligne. Mais on doit admettre qu'ils pourraient ne pas avoir lieu, et en considérer la présence, lorsqu'elle existe, en sou-mettant son action aux lois qui la gouvernent.

Si donc les planètes circulent dans des courbes fer-mées, elles ne peuvent être mues en vertu d'une im-pulsion unique : il faut qu'une puissance soit sans cesse en activité, pour les écarter de la direction rectiligne et les ramener vers le soleil dont elles s'éloigneraient sans cette cause, qui balance leur force centrifuge (*).

(*) Lorsqu'un corps retenu par un fil AS, fixé en S, parcourt une circonférence $ACEF$, il s'écarte à chaque instant de la direction rectiligne qu'il aurait suivie sans ce fil AS; et au lieu de diriger son mouvement MA suivant AB tangente au cercle, puisqu'il est contraint à arriver en C, la force qui retient ce fil en S agit sur ce mobile pour le faire dévier de cette direction. Formons un parallélogramme BP sur le petit arc décrit AC considéré comme une droite; on pourra concevoir le mouvement effectif comme produit par deux forces représentées par AB et AP; cette dernière sera l'effort central qui ramène le corps dans le cercle, ou l'effort centrifuge qu'il fait pour s'en éloigner. Mais par la géométrie on sait que AC est moyen proportionnel entre AP et le diamètre $2.AS$; donc $AP = \dfrac{AC^2}{2.AS} = \dfrac{V^2}{2R}$, en désignant par R le rayon AS du cercle, et par V la vitesse effective du mobile dans le cercle, laquelle est représentée par AC. Donc la tension du fil, la puissance centrale, ou la force centrifuge est $= \dfrac{V^2}{2R}$.

Si donc on a deux mobiles qui tournent dans deux cercles avec les vitesses V et V', les rayons étant R et R', et les forces centrifuges F et F', on a la proportion

$$F : F' :: \frac{V^2}{R} : \frac{V'^2}{R'};$$

c'est-à-dire que *les forces centrifuges sont entre elles comme les carrés des vitesses divisés par les rayons des cercles décrits.* Il suit de là que

1°. *Si les cercles sont égaux, les forces centrifuges sont comme les carrés de vitesses,* puisque $F : F' :: V^2 : V'^2$;

2°. *Si les vitesses sont égales, les forces centrifuges sont en raison inverse des rayons, les cercles étant égaux;* puisque $F : F' :: R' : R$;

3°. Enfin si deux mobiles accomplissent en même tems leurs révo-

Mais qu'elle est cette puissance? La mécanique, qui apprend à déterminer le mouvement d'un corps lorsque les forces qui agissent sur lui sont connues, enseigne aussi à trouver réciproquement les forces qui ont été capables de produire un mouvement donné : c'est le cas actuel. Celui des planètes est connu avec exactitude, et les lois de Képler (p. 142) en sont l'expression : interrogeons donc cette science, pour parvenir à déterminer la force qui retient les corps célestes dans leurs orbites.

Par la première de ces lois : *les aires décrites sont proportionnelles aux termes*, et on en conclut que *les planètes sont soumises à l'action d'une force qui les pousse sans cesse vers le soleil.*

Par la seconde : *les orbites sont des ellipses*, et on trouve que *cette force varie en raison inverse du carré des distances.*

Par la troisième enfin : on compare *les tems des révolutions aux grands axes des orbites*, et on trouve que *cette force est la même pour toutes les planètes*, supposées à égales distances du soleil ; ensorte que si cette puissance agissait seule à cette distance, elles se précipiteraient toutes vers cet astre avec la même vîtesse. Ceci revient à dire que cette force animerait également chaque particule matérièlle des planètes, si elles étaient

---

lutions dans des circonférences inégales, les vîtesses sont proportionnelles à ces circonférences ou à leurs rayons ; ainsi on peut remplacer les carrés V^2 et V'^2 par ceux R^2 et R'^2 des rayons, et on a $F : F' : : R : R'$. Ainsi *lorsque les tems périodiques des révolutions sont les mêmes, les forces centrifuges sont comme les rayons des cercles décrits.*

Tels sont les théorêmes dus à Huyghens, et dont nous rappelons ici les démonstrations.

autant éloignées du soleil. Ainsi celle dont la masse est double, recevrait une impulsion double, puisqu'elle acquerrait même vîtesse. *Cette force est donc proportionnelle à la masse.*

Ainsi les planètes, outre l'impulsion primitive qu'elles ont reçue, sont encore portées vers le soleil à chaque instant, par *une puissance centrale ou centripète, proportionnelle à leur masse, et qui varie en raison du carré de la distance,* cela arrive d'une manière absolument semblable à ce qui aurait lieu, si le soleil était le centre d'une *Attraction* indéfinie dans tous les sens, dont l'intensité agirait *en raison directe des masses, et inverse du carré des distances.* La cause de cette puissance, la manière dont son action se transmet, sont entièrement inconnues ; mais nous pouvons y renoncer sans regret, puisque ses lois nous importent seules, et que par la dénomination d'*Attraction*, que nous venons de lui imposer, on ne doit entendre que l'expression du fait même dont nous venons de reconnaître l'existence.

85. Les calculs sur lesquels sont établies ces conséquences des lois de Képler, sont du domaine de l'algèbre ; ils passent les bornes que nous nous sommes imposées, et nous renverrons à notre mécanique, n°. 117. Cependant, pour lever tous les doutes, nous croyons devoir donner ici quelques éclaircissemens propres à tenir lieu de démonstration, et à faire concevoir l'existence de la force attractive.

Fig. 21.   Soit en *M* un mobile qui décrit uniformément la droite *MA'*. Imaginons qu'arrivé en *A*, il reçoive un choc qui le porte vers le point *S*, ensorte qu'il se trouve animé par deux forces, l'une selon *AA'*, l'autre selon *AS*. On sait par les principes de la dynamique, qu'il prendra une route *AC* intermédiaire, qu'on détermine par cette construction : prenons les parties AB et AP, telles que le mobile les eût décrites en un même-tems, s'il n'eût été sollicité que par l'une ou l'autre de ces impulsions ; achevons le parallélogramme $ABCP$; le mobile, par leur action simultanée, décrira la diagonale AC, et parviendra en C, dans la même durée qu'il eût employée à arriver en B ou P.

Le mobile devra donc décrire uniformément la droite AC' avec la vîtesse AC. Mais si en C une nouvelle impulsion le pousse sur S, le mouvement changera encore, et un second parallélogramme DQ, donnera la vîtesse et la direction CE. Une troisième impulsion ER, déterminera un troisième changement, et le mobile parcourra EF : et ainsi de suite. Le corps tracera donc un polygone $MACEFG...$, en vertu d'une impulsion primitive, modifiée par une série d'impulsions dirigées vers le centre fixe S, et exercées à des intervalles de tems égaux.

Les triangles CDS, CES sont équivalens, puisqu'ils ont même base CS, et même hauteur : d'ailleurs les triangles ACS et CSD, dont S est le sommet commun, le sont aussi, puisque la vîtesse CD est prise égale à AC; donc les triangles ACS et CSD sont égaux. De ce que les impulsions sont toutes dirigées en S, il faut donc conclure que les aires ASC, CSE, ESF....., décrites par le rayon vecteur, sont égales, quelle que soit d'ailleurs l'intensité de ces impulsions centrales ; et si elles agissent après des tems plus rapprochés, le polygone acquerra des côtés plus nombreux et plus petits, ce qui conduit à l'idée du mouvement curviligne, lorsque l'attraction s'exerce continuellement. Si ces forces centrales cessaient tout-à-coup leur action, on conçoit encore que le mobile décrirait le prolongement du dernier côté du polygone avec une vîtesse constante : ainsi en supposant l'attraction détruite, à l'instant même, le corps s'échapperait par la tangente, et reprendrait son mouvement rectiligne et uniforme.

Quant à la distance AS, CS, ES...., du mobile au centre S, après chaque unité de tems, elle doit dépendre de l'intensité des diverses impulsions successives représentées par AP, CQ, RE....; c'est ce que nous allons développer. Si ces distances demeurent égales, ce qui répond au cas du mouvement circulaire, les triangles ASC, CSE...., étant isocèles et égaux, auront des bases égales, puisqu'ils ont même sommet S; la vîtesse se conservera donc la même, et le corps, animé d'un mouvement uniforme arrivera en A, en C, en E...., se retrouvant toujours dans le même état par rapport au point S. Les impulsions AP, CQ, ER...., seront donc égales.

Lorsque les deux puissances AB et AP croissent proportionnellement, la direction AC du mouvement demeure la même, parce que la diagonale du nouveau parallélogramme coïncide avec AC; ainsi la vîtesse croît dans le même rapport que les forces, et conserve sa direction. Si l'une des forces croît seule, ou dans un plus grand rapport que l'autre, la direction du mouvement doit visiblement se rapprocher de la première. On conçoit donc que les intensités des impulsions successives peut varier de manière à forcer le mobile à s'approcher ou à s'éloigner de plus en plus du point S : alors le mouvement ne sera ni circulaire ni uniforme.

Supposons que la force centrale devienne plus grande à mesure que les distances AS, CS...., diminuent; AC, CE.... s'approcheront de S, et la vîtesse augmentera de plus en plus. Mais puisqu'elle acquiert plus de rapidité, les deux côtés de chaque parallélogramme croîtront ensemble, et lorsqu'arrivé au périhélie F, le rayon vecteur sera perpendiculaire au mouvement FG, la tendance à s'éloigner du centre S, l'emportera sur l'attraction, parce que la vîtesse se sera accrue dans un plus grand rapport ; la diagonale se rapprochera du côté extérieur, et le mobile s'éloignera de S. On voit donc qu'en F, où la vîtesse est la plus grande, et la distance moindre, le corps commence à s'éloigner et à se ralentir. Les mêmes circonstances se reproduisent alors en sens inverse, et les effets se continuent jusqu'à l'aphélie, où la vîtesse atteint son *minimum*, et où l'attraction, quoique la plus petite, devient cependant prépondérante : le rayon vecteur opposé à SF' est de nouveau perpendiculaire au mouvement, et le mobile commence à se rapprocher et à accélérer sa vîtesse. (*)

(*) Admettons pour un moment que les planètes se meuvent circulairement et uniformément, ce qui est assez près de la vérité : la vîtesse de l'une d'elles, ou l'arc qu'elle décrit dans chaque unité de tems, se trouve en divisant la circonférence de l'orbite par le tems total employé à la décrire. Pour deux planètes les vîtesses sont donc dans le rapport de ces quotients, ou, si on veut, comme les rayons divisés par les tems : ainsi les carrés des vîtesses de deux planètes sont $:: \dfrac{r^2}{t^2} : \dfrac{r'^2}{t'^2}$, en désignant par r et r' les rayons, et par t et t' les tems périodiques. Mais on sait par les lois de la mécanique que les forces centripètes ou centrifuges sont comme les carrés des vîtesses divisés par les rayons ; donc ces forces sont entr'elles $:: \dfrac{r}{t^2} : \dfrac{r'}{t'^2}$: de plus, par la troisième loi de Képler, on peut remplacer le rapport des carrés t^2 et t'^2 des tems périodiques, par les cubes r^3 et r'^3 des rayons ; donc les forces centrales sont entr'elles $:: \dfrac{r}{r^3} : \dfrac{r'}{r'^3}$, ou plutôt $:: \dfrac{1}{r^2} : \dfrac{1}{r'^2}$, c'est-à-dire, *en raison inverse des carrés des distances.*

Cette conséquence est, il est vrai, fondée sur l'hypothèse appro-

On conçoit maintenant la raison pour laquelle les planètes se rapprochent et s'éloignent du soleil, quoique l'attraction semble devoir les précipiter sur cet astre. Elles tendent, il est vrai, à s'en rapprocher par la gravitation ; mais leur mouvement de projection tend à les en éloigner. Lorsqu'une planète est parvenue à son périhélie, l'attraction y est plus forte ; mais à mesure qu'elle s'en est approchée, sa vitesse s'est accrue, et en ce point elle est devenue assez grande pour l'emporter à son tour sur l'effet de l'attraction : c'est du moins ce que le calcul met hors de doute. Le soleil attire donc davantage, mais la force centrifuge augmente plus par la vitesse acquise, ce qui fait cesser le rapprochement entre la planète et le soleil. Elle continue de s'éloigner par cette raison jusqu'à l'aphélie ; et la vitesse, par une suite de diminutions, atteint en ce point son *minimum*, parce que l'attraction, quoique plus faible qu'en tout autre lieu de l'orbite, y devient cependant prépondérante.

---

chée du mouvement circulaire et uniforme ; mais la troisième loi de Képler étant indépendante des excentricités, on peut penser qu'elle subsisterait encore si les orbes étaient des cercles : ce qui suffit pour indiquer la loi de la variation de la force attractive.

L'ellipse étant symétrique en ses deux sommets, les rayons de courbure r et r' y sont les mêmes ; ainsi les forces centrifuges sont simplement comme les carrés des vitesses aux absides ; et puisque les aires décrites par le rayon vecteur sont égales, les vitesses sont donc en raison inverse des rayons vecteurs d et d' ; ainsi les forces sont entr'elles aux deux sommets : : $\dfrac{1}{d^2} : \dfrac{1}{d'^2}$. La proportionnalité de la force attractive à l'inverse des carrés des distances, se retrouve donc pour chaque planète en ses deux absides ; d'où il est naturel de croire qu'elle a pareillement lieu en tous les points de l'orbite, et généralement qu'elle s'étend à tous les points de l'espace.

86. Cette propriété n'appartient pas seulement au soleil : les planètes qui ont des satellites, les attirent aussi suivant la même loi, puisque l'observation apprend que le mouvement de ceux-ci est réglé par les mêmes principes. D'ailleurs, la réaction est égale et contraire à l'action ; et il faut nécessairement que les planètes attirent aussi le soleil, et que leurs satellites les attirent à leur tour. De là résulte que cette propriété attractive doit être étendue à tous les corps célestes.

Nous voilà donc arrivés, sans le secours d'aucune supposition, et par l'examen raisonné du mouvement des planètes, à cette loi générale de la nature et qui a été découverte par Newton, que *tous les corps célestes s'attirent dans l'espace en raison directe des masses et réciproquement au carré de leur distance.*

87. La pesanteur n'est même qu'un cas particulier de ce théorême ; elle est due à l'action attractive qu'exerce la terre sur tous les corps de la nature, et qui embrasse également la lune dans sa sphère d'activité. Un projectile lancé horisontalement d'une grande hauteur, et avec force, va retomber au loin sur la terre : il s'éloignerait davantage si cette force était plus considérable ; et si on la suppose d'environ 1200 toises par seconde, en faisant abstraction de la résistance de l'air, le projectile ne retomberait plus : circulant perpétuellement dans l'espace autour de la terre, il en deviendrait un satellite. En s'éloignant de notre globe, l'attraction décroît en même-tems que le cercle décrit s'aggrandit. Pour former la lune de ce projectile, il ne faut que lui donner la même impulsion après l'avoir élevé à la région lunaire. Mais ce qui démontre la vérité de cette assertion, c'est qu'elle résiste à l'épreuve du calcul.

En effet, la lune en s'avançant dans son orbite *CEF*, Fig. 21.

Fig. 21. s'éloigne à chaque instant de la tangente CC', qui est la direction de son mouvement, pour se rapprocher de la terre S. La force attractive qui l'écarte de cette tangente, la porte vers la terre d'une quantité égale à DE ou CQ. La lune tombe donc vers la terre d'une hauteur CQ qu'on peut calculer (*), et qui équivaut à 15 pieds par minute ; c'est-à-dire précisément autant que les corps graves tombent ici bas dans une seconde. Voyons maintenant si ces deux effets peuvent être rappelés à la même cause, l'attraction terrestre. L'intensité de cette force doit diminuer comme le carré de la distance aug-

---

(*) Le rayon de l'orbe lunaire est 60 fois celui de notre globe ; en multipliant par 2 fois $\dfrac{22}{7}$, on trouve 377 fois ce dernier rayon pour la circonférence de cet orbe : il faut diviser par 271,322 qui est la durée de la révolution sydérale de la lune, pour avoir l'arc qu'elle décrit dans un jour ; il est de 13°,8. Multiplions par 1432 pour réduire en lieues ; et comme les 24 heures forment 1440 minutes, divisons par 1440, nous aurons en lieues l'arc CE décrit dans une minute. Cet arc est de 13^l,73 ; il n'est qu'environ la 40 millième partie du cercle entier, et on peut le regarder comme confondu avec sa corde ; celle-ci est moyenne proportionnelle entre le diamètre entier et le séquent CQ : c'est pourquoi faisons-en le carré, et divisons par le diamètre (ou 120 fois 1432 lieues), nous aurons 0,0011 pour la valeur de CQ, ou 11 dix-millièmes de lieue. Réduisons en pieds en multipliant par 2280 et par 6, il viendra enfin 15 pieds à-peu-près. Cette quantité dont la lune tombe vers la terre est due en partie à l'attraction solaire, puisque le soleil agit aussi sur la lune ; on doit donc augmenter cet espace de ce que lui ôte l'action solaire qui agit en sens contraire : le résultat est alors dû à l'action réciproque de la lune et de la terre l'une sur l'autre ; il doit donc être partagé dans la raison des masses. Ce calcul d'augmentation et de diminution, laisse à-peu-près le résultat tel qu'il était, ou 15 pieds et un peu plus.

mente ; elle doit donc être 3600 fois plus grande ici
qu'à la hauteur où est la lune , dont l'orbe a pour rayon
60 fois celui de la terre : ainsi l'attraction est ici 3600
fois celle que la lune éprouve. Mais on sait que la pesanteur fait tomber les corps d'une hauteur quadruple
pour un tems double , d'après la loi des mouvemens uniformément accélérés : ainsi l'espace, décrit dans la chûte,
doit sur la terre être 3600 fois plus grand dans $1'$ que dans
$1''$, qui n'en est que la 60°. partie ; cet espace est donc
3600 fois son correspondant dans la région lunaire , ce
qu'il s'agissait de reconnaître.

C'est par la même raison qu'en s'élevant sur de hautes
montagnes, la gravité décroît plus que ne le comporte
le simple accroissement de la force centrifuge (pag. 192).

88.   Il se présente une objection importante au principe de la *Gravitation universelle* : les planètes doivent
être mutuellement soumises à une action réciproque qui les
écarte un peu du mouvement elliptique qu'elles suivraient
exactement , si elles n'obéissaient qu'à l'attraction solaire : les satellites doivent être troublés dans leur mouvement autour de la planète , par la présence de cet
astre. On conçoit bien qu'en s'éloignant, cette action
combinée doit s'affaiblir ; mais que la masse immense
du soleil doit avoir pourtant une influence très-marquée ,
selon que le satellite est plus ou moins proche du soleil
que la planète, ou en est plus éloigné.

Mais cette objection , loin d'attaquer le principe de
l'attraction, le confirme au contraire d'une manière éclatante , parce qu'elle explique les inégalités que nous observons. Car les mouvemens ne sont qu'à-peu-près
soumis aux règles que nous avons exposées ; et en descendant plus profondément dans le détail des phénomènes,
on leur reconnaît des irrégularités légères , il est vrai,

mais pourtant très-sensibles. C'est ici le triomphe de la
théorie de l'attraction , parce qu'elle calcule tous les
événemens, prévoit jusqu'aux plus petites perturbations,
et nous donne le secret de tous ces écarts.

Ces effets se rangent en deux classes : les uns affectent les élémens elliptiques ; ils croissent avec une extrême
lenteur : on les a nommés *Inégalités séculaires* ; les autres
dépendent de la situation mutuelle des diverses planètes,
et se rétablissent toutes les fois que ces positions rede-
viennent les mêmes : ce sont les *Inégalités périodiques.*
Ce n'est pas que les premières ne soient aussi périodiques , mais leurs périodes sont beaucoup plus longues
(de plusieurs millions de siècles). Comme ces perturbations sont resserrées dans des limites très-peu étendues,
les astronomes trouvent facile de les comparer au mouvement régulier dont les planètes s'écartent peu : pour
cela ils imaginent un corps mu sur une ellipse dont les
élémens varient par nuances insensibles , selon la loi des
inégalités séculaires ; et ils se représentent la planète comme
oscillant autour de ce corps , suivant la loi que pres-
crivent ses inégalités périodiques. Les premières quoiqu'altérant à la longue le mouvement, ne changent cependant jamais ni la distance moyenne au soleil , ni le
moyen mouvement. Mais ces ellipses s'approchent ou
s'éloignent insensiblement de la forme circulaire ; leurs
inclinaisons sur l'écliptique augmentent ou diminuent;
leurs périhélies et leurs nœuds sont en mouvement.

Ce n'est pas que ces inégalités soient susceptibles de
toutes les valeurs : par cela seul que les planètes se meuvent dans le même sens, que leurs orbes sont peu excen-
triques et peu inclinés, le calcul apprend que les inégalités
séculaires de leurs mouvemens , sont périodiques et renfermées dans d'étroites limites, entre lesquelles elles sont

circonscrites : ces planètes ne s'écartent donc que très-peu
d'un état moyen , autour duquel elles ne font qu'osciller.
Les ellipses qu'elles décrivent , ont donc toujours été
presque circulaires et le seront toujours : l'écliptique non-
seulement ne coïncidera jamais avec l'équateur , mais
l'étendue des variations qu'éprouvent leurs inclinaisons
mutuelles , ne peut excéder trois degrés. Nous allons
bientôt revenir sur ce sujet.

Tous ces divers résultats ont excité les recherches des
savans les plus illustres : les calculs en sont si compliqués ,
il est si difficile d'y faire entrer toutes les causes d'alté—
ration , que les plus célèbres y ont renoncé : Euler lui-
même était parvenu à des conséquences contraires aux faits
observés. C'est un beau travail de M. Laplace qui a révélé
ces causes aux astronomes , en leur montrant qu'elles
se réduisaient à l'attraction mutuelle des corps célestes ,
et que les inégalités dont nous venons de parler , sont
périodiques et très-limitées dans leur étendue, quoique
presque infinies dans leur durée. Ce grand géomètre a
prouvé que par leur action mutuelle , le mouvement de
Saturne se ralentit, quand celui de Jupiter s'accélère ,
et réciproquement. Cinq fois le mouvement moyen de
Saturne est à-peu-près égal à deux fois celui de Jupiter.
C'est en 1790 , que ces deux planètes étaient réellement
animées de ce mouvement moyen ; avant cette époque ,
Saturne éprouvait un rallentissement, et Jupiter une accélération : depuis , c'est le contraire. La période est de
917 ans $\frac{3}{4}$.

Si la conjonction de ces deux planètes arrive à l'é—
quinoxe du printems ♈, environ vingt ans après elle a lieu
dans le signe du Sagittaire ♐ , et vingt ans encore après,
elle a lieu dans le signe du Lion ♌ : elle continue de se
reproduire ainsi dans ces trois signes durant près de 200

ans. Mais dans les 200 années qui suivent, la conjonction
se fait de la même manière dans les trois signes du Taureau ♉, du Capricorne ♑ et de la Vierge ♍: elle parcourt
pareillement en deux siècles les signes des Gémeaux ♊, du
Verseau ♒ et de la Balance ♎. Enfin elle emploie les deux
siècles suivans à parcourir les signes de l'Ecrevisse ♋, des
Poissons ♓ et du Scorpion ♏, et recommence après
dans Aries ♈. Delà se compose une grande année dont
chaque saison est de deux siècles.

Nous venons d'expliquer comment les inégalités des
mouvemens planétaires, loin de contrarier la loi de l'attraction, en est au contraire la preuve la plus frappante.
C'est ce qui fait dire à M. Laplace, que « tel a été le
« sort de cette brillante découverte, que chaque difficulté
« qui s'est élevée, a été pour elle le sujet d'un nouveau
« triomphe ; ce qui est le plus sûr caractère du vrai
« système de la nature. » Pour l'intelligence de la théorie
que nous exposons, il faudrait sans doute employer l'instrument du calcul, qui en est, pour ainsi dire, la pierre
de touche, et même du calcul le plus épineux. Mais les
bornes de ce Traité s'opposant à cette marche, nous nous
contenterons de faire prévoir la nature des inégalités, faute
de pouvoir les mesurer : nous prendrons pour exemple les
actions réciproques du soleil, de la lune et de la terre,
parce que ces corps, pour nous plus importans à considérer, offrent des effets plus remarquables.

89. Examinons d'abord le mouvement de la lune ; elle est
livrée à l'action combinée de la terre et du soleil ; si celui-ci
était situé à une distance infinie, son attraction serait égale
sur notre globe et sur la lune, et leurs mouvemens relatifs
ne seraient mutuellement troublés par cette action qui leur
serait commune. Mais bien que l'éloignement du soleil
soit considérable, lorsque la lune est en conjonction,

elle en est plus proche que la terre, et elle prouve une attraction plus forte, ce qui doit un peu accroître sa distance à notre globe. La même chose a lieu dans les oppositions, parce que l'action solaire est plus forte sur la terre que sur la lune, ce qui tend à écarter la première.

Le soleil S attire la lune L, lorsqu'elle se meut dans Fig. 22. son orbite de L vers K, D; on peut décomposer cette action LM en deux autres: l'une LI, parallèle à TS, et égale à l'attraction qu'éprouve la terre T; l'autre composante LA, sera déterminée par le parallélograme $ALIM$, dans lequel LM et LI sont les actions exercées par le soleil sur la lune et sur la terre. Dans notre figure, LM surpasse LI; mais il en peut arriver différemment selon que la lune L est placée en divers points de son orbite.

Comme la première composante LI, est commune en grandeur et en direction à la lune et à la terre, elle ne produit aucun effet sur leurs mouvemens relatifs; c'est en vertu de cette puissance que la terre décrit une ellipse, et que la lune l'accompagne dans toutes ses positions successives; l'ellipse lunaire est alors l'effet de l'action terrestre. Il ne reste donc que *la force perturbatrice* LA, qui va modifier ce dernier mouvement. En la décomposant à son tour en deux autres; l'une LC tangente à l'orbite; l'autre LB selon le rayon TB; ces puissances, rectangulaires dans le cas du mouvement supposé circulaire, seront déterminées par un nouveau parallélogramme $CLBA$. Ces deux forces changeront, l'une LC la vitesse de la lune, l'autre LB sa pesanteur vers la terre. L'orbite sera donc altérée par ces deux causes, qui se joindront à l'attraction terrestre.

Dans la position où nous avons mis la lune L, l'attraction LM que le soleil exerce sur elle est plus grande que celle LI que reçoit la terre ; ainsi les composantes de la force perturbatrice, sont dirigées, l'une LB selon le prolongement du rayon TL, et l'autre agit en sens opposé du mouvement vers K qui sera retardé ; et comme la ligne décrite dépend de la vîtesse, ainsi qu'on l'a dit (n°. 85, fig. 21), l'orbite sera donc altérée par cette cause : elle le sera aussi parce que la pesanteur vers la lune se trouvera diminuée par la composante BL. Si on suppose la lune en un autre point de son orbite, la figure prendra une autre disposition, et on verra que tantôt la vîtesse lunaire, tantôt sa pesanteur vers notre globe seront au contraire augmentées. On trouve, en rapportant successivement la lune en tous les points de son orbite, que la vîtesse est diminuée en passant de la syzygie E à la quadrature K, et qu'elle s'accélère au contraire dans le passage de la quadrature K à la syzygie D. La force perturbatrice LA est à son *maximum* dans les syzygies, où elle ne peut éprouver la décomposition indiquée par le parallélogramme $LIMA$: cette force LA est à son *minimum* dans les quadratures, et le calcul indique qu'elle n'est que la moitié de celle qui a lieu dans les syzygies. On ne doit donc pas être surpris que le rayon vecteur de la lune ne décrive des aires proportionnelles aux tems que dans les syzygies et les quadratures, et que la courbure de l'orbite soit plus grande dans le premier cas que dans le second.

La vîtesse lunaire qui s'était graduellement accrue avant d'arriver en E à la conjonction où cette vîtesse est la plus grande, commence à diminuer lorsque l'astre procède de E vers K. Mais elle demeure toujours plus grande que la vîtesse moyenne, jusqu'à ce que l'arc EL ait 45° : alors la diminution qui continue de s'opérer, rend la vîtesse moindre que la moyenne, jusqu'à la quadrature K

où elle est au *minimum*. Elle recommence ensuite à croître, mais elle demeure plus petite que la moyenne jusqu'à 45° du point D d'opposition, où elle prend de nouveau sa vitesse moyenne. Elle croît encore jusqu'en D où elle est la plus grande, pour diminuer de nouveau, en repassant par tous les mêmes degrés. Cette série d'inégalités est ce qu'on nomme *Variation*.

Les changemens qu'éprouve la pesanteur de la lune vers la terre par la présence du soleil, peuvent de même être suivis dans toutes les situations relatives de ces trois corps. On trouve que l'attraction terrestre est augmentée dans les quadratures, et de part et d'autre à la distance de 35° 16′ ; qu'elle est au contraire diminuée aux syzygies à 54° 44′ des deux côtés ; qu'aux quatre points ainsi déterminés, la pesanteur ne reçoit aucune altération, et qu'elle atteint le *maximum* aux quadratures et le *minimum* aux syzygies ; qu'enfin la diminution est double de l'augmentation.

90. Ces principes bien établis, on concevra aisément que l'action du soleil détruit la simplicité du principe de l'attraction vers un centre unique, et introduit un élément qui, faisant varier la pesanteur de la lune vers la terre et sa vitesse, empêche l'orbite d'être elliptique. Mais comme ST est 400 fois TL, l'attraction solaire est à-peu-près la même sur la terre et sur la lune, et LM differant peu de LI, la force perturbatrice est fort petite. L'influence solaire est donc assez faible pour que, si on ne peut la négliger tout-à-fait, on puisse du moins regarder l'orbite comme une ellipse légèrement modifiée dans sa situation, ses dimensions et sa forme.

Si on fait abstraction du soleil, on sait (85) que la lune atteindra son périgée lorsque la vitesse acquise commencera à l'emporter sur l'attraction ; à l'apogée, le contraire à lieu. Mais les modifications que la vîtesse et la pesanteur éprouvent par l'action du soleil, établissent des circonstances différentes dans la situation des absides. Tant que dure la période des diminutions de pesanteur, l'ellipse lunaire a son périgée porté du côté du soleil, parce que la vîtesse est favorisée par cet effet : dans la période des augmentations, c'est le contraire, et le périgée se meut en sens contraire ; comme la diminution est double de l'augmentation, la quantité dont l'apogée a tourné vers le soleil, surpasse celle dont il rétrograde. Donc l'axe de l'ellipse lunaire, ou sa ligne des absides a eu dans l'espace un mouvement selon l'ordre de signes. L'expérience apprend, qu'après environ neuf ans, le périgée a décrit le cercle entier.

Par la même raison, l'excentricité a dû aussi varier ; car l'action de la terre sur la lune s'affaiblit quand elle est apogée, et celle du soleil est donc d'autant favorisée si elle est vers le lieu *E*. La distance *TE* doit donc s'accroître, ce qui augmente les dimensions de l'orbite. Le contraire a lieu lorsque la lune est périgée. Cette variation de l'excentricité se manifeste à nous par une altération de la vîtesse de l'astre ; par cela seul que son mouvement n'est pas circulaire, il doit offrir des avances et des retards ; tous les 7 jours il y a 5 à 6° d'inégalités qui disparaissent dans les 7 jours qui suivent. Mais comme l'excentricité de l'ellipse change, on trouve que l'inégalité va jusqu'à 7° $\frac{2}{3}$. C'est ce qu'on nomme l'*Evection*.

91. Comme la distance de la terre au soleil varie elle-même dans le cours de l'année, les inégalités lunaires doivent participer à cette cause, puisque les différences d'action seront plus ou moins prononcées. L'attraction solaire sera plus grande, lorsque la terre atteindra le périhélie et moindre à l'aphélie. Ainsi l'orbe de la lune

sera dilaté vers le premier point (l'hiver), et contracté au second (l'été). Il en résultera donc une autre série d'inégalités , qui dépendront du lieu de la terre dans l'é-cliptique , et dont la période s'accomplira dans le cours de l'année : c'est ce qu'on nomme l'*Equation annuelle*. La lune décrit donc une suite d'épicycloïdes dont les centres sont sur l'orbe terrestre, et qui se dilatent où se resserrent suivant que la terre s'approche ou s'éloigne du soleil. Il en résulte que nous sommes plus près de la lune en été qu'en hiver ; et d'après la 3e. loi de Képler, le tems périodique doit être plus court dans cette première saison.

92. Nous avons supposé jusqu'ici que la lune se mou-voit dans l'écliptique , mais il n'en est pas ainsi , et on doit supposer que la force perturbatrice LA est oblique au plan de l'orbite lunaire. Il n'est donc plus possible de décomposer cette force selon les directions LC et LB , qui ne sont plus dans le même plan avec LA. On est forcé de comprendre une 3e. force qui , perpendiculaire au parallélogramme CLB , pousserait la lune pour l'appro-cher de l'écliptique et la faire descendre dans ce plan. L'effet de cette force sera donc de faire tourner l'orbite lunaire pour l'abaisser sur le plan de l'écliptique. En suivant la disposition de cette puissance dans tous les points de l'orbite, on verra qu'elle est nulle dans les quadratures et dans les nœuds, parce que LA est ou parallèle à l'écliptique ou dans ce plan même. Lorsque la lune est à égale distance de ses deux nœuds, l'orbite a 5° 1′ d'incli-naison sur ce plan ; elle a 5° 17′ dans les nœuds mêmes.

Cette force qui change l'inclinaison de l'orbite a encore la propriété de changer la situation du nœud, puisqu'elle pousse la lune vers l'écliptique et la force de traverser ce plan un peu plutôt qu'elle n'eût dû le faire. Voici la

manière dont cette force latérale agit pour changer à chaque
instant la situation du nœud et l'inclinaison de l'orbite.

Fig. 23.   Soit *EN* une partie de l'écliptique, *ON* l'orbite et *N* le
nœud ; le soleil situé dans le plan *NE* tend sans cesse à y faire
descendre la lune ; lorsqu'elle arrive en *L* et qu'elle marche
vers *a*, l'action solaire lui imprime la vîtesse latérale *Lb*,
et l'astre obéissant à cette double impulsion décrit l'arc
Lc, en s'écartant de celui *La* qu'il aurait décrit librement.
Le nœud se transporte donc en *N'*, et la direction *LN'*
fait un angle *LN'E* plus grand avec l'écliptique. Ainsi d'une
part le nœud s'est avancé dans le sens contraire au mouvement de la lune, et l'inclinaison de l'orbe est devenue
plus grande. Elle s'accroîtra ainsi, tant que l'astre sera au-
dessus de l'écliptique ; mais lorsqu'il aura passé le nœud,
l'inclinaison se rétablira par les mêmes degrés. Les nœuds
seuls continuent de rétrograder de plus en plus, soit que
la lune marche vers son nœud, soit qu'elle s'en éloigne.
Ce mouvement des nœuds, cesse dès que la lune a atteint
l'un d'eux, ou qu'elle est en quadrature. En général, la
marche rétrograde est d'autant plus rapide, que la lune est
plus proche de la syzygie, et plus éloignée de l'écliptique ;
les nœuds rétrogradent de 19°,3286 par an. *V.* p. 83.

93. Il faut conclure de cette exposition que le mouvement de la lune ne s'exécute pas dans une ellipse ; mais
qu'on peut supposer qu'elle s'en écarte peu, pourvu qu'on
attribue à cette ellipse plusieurs variations. 1°. Elle changera d'inclinaison quatre fois à chaque révolution, aug-
mentant deux fois, et diminuant aussi deux fois, de
manière à osciller de part et d'autre d'un état moyen
invariable, avec la durée des siècles. L'inclinaison est à
son *maximum*, lorsque la ligne des nœuds concourt avec
celle des quadratures, et à son *minimum*, lorsqu'elle concourt avec celle des syzygies.

2°. La ligne d'intersection de cette orbite avec l'écliptique varie sans cesse, et a un mouvement rétrograde assez
rapide ; mais elle reste stationnaire lorsque la lune est en
quadrature ou dans ses nœuds. Le nœud fait ainsi, en sens
rétrograde, le tour entier de l'écliptique en 6798ʲ,54019
(un peu plus de 18 ans, 7 mois et demi).

3°. Dans ce mouvement, l'ellipse lunaire prend dans
le plan où elle se trouve différentes situations autour de
la terre qui demeure au foyer ; l'apogée se déplace sans
cesse en tournant dans l'ordre des signes pour accomplir
sa révolution entière en 3231ʲ,36 (près de 9 ans).

4°. L'excentricité change pareillement , en sorte que
l'ellipse se dilate ou se contracte suivant les circonstances , ce qui cause l'*Evection*.

5°. La vîtesse de la lune varie en passant de la syzygie
à la quadrature et réciproquement , la vîtesse moyenne
n'ayant lieu qu'en quatre points de l'orbite , ce qui
cause la *Variation*.

6°. Enfin les inégalités lunaires dépendent aussi du lieu de
la terre dans l'écliptique ; elles se forment et se détruisent
chaque année , ce qui produit l'*Equation annuelle*.

Ces conséquences de la théorie de l'attraction se vérifient complettement ; et le calcul le plus exact les confirme
à tel point , que lorsque son résultat ne s'est pas trouvé
parfaitement d'accord avec les faits observés , on en a
pu conclure que quelque circonstance omise dans les
élémens du calcul avait entraîné cette erreur qu'une
plus grande attention faisait bientôt reconnaître. On
pourra rendre raison , d'après cet exposé , de la cause
qui produit les oscillations de l'axe de rotation de la
lune, telles que nous les avons décrites en parlant de
la libration, n°. 63 : il faut, comme on voit, en chercher la cause dans l'attraction combinée du soleil et de la terre

sur la lune. Mais ce phénomène sera plus facile à concevoir lorsqu'après avoir développé son analogue pour la terre, nous en expliquerons les effets sur l'axe de ce globe.

94. Nous avons jusqu'ici fait abstraction de la figure de la terre, que nous avons regardée comme un point mobile. Examinons maintenant si son irrégularité sphérique peut influer sur son mouvement.

Fig. 22.

Soit L un point quelconque de la masse terrestre LDH soumis à l'attraction solaire représentée par LM; décomposons cette force en deux autres, comme nous l'avons fait pour la lune (89); l'une LI, égale et parallèle à celle qui sollicite le centre T, l'autre LA, qui sera seule perturbatrice. La même décomposition pour chaque point du globe donnera autant de forces dont les unes conspireront à troubler le mouvement de ce corps solide, et les autres à détruire cet effet.

Or il est démontré par le calcul que si la terre était une sphère homogène, toutes ces actions perturbatrices s'entredétruiraient; ainsi l'attraction solaire serait réduite à une force unique agissant sur le centre T comme si toute la masse y était réunie. Mais le globe terrestre étant applati sur ses poles, on peut l'imaginer formé d'une sphère dont le diamètre est celui des poles, recouverte d'une enveloppe dont l'épaisseur croît à mesure qu'on s'avance vers l'équateur. L'action solaire ne produit sur cette sphère aucune action perturbatrice; mais celle qu'éprouve le ménisque qui la recouvre est de même nature que celle qui est exercée sur la lune lorsqu'on la suppose dans ses nœuds ou sur l'écliptique même.

Considérons les divers points de l'équateur formant un anneau autour de la terre et coupant le ménisque en deux portions symétriques; la distance de ces points au centre est invariable à cause de la solidité de la terre, et l'orbite que

chacun décrit est un cercle qui conserve dans son mouvement une inclinaison constante sur le plan de l'écliptique ;
mais leurs nœuds doivent éprouver une rétrogradation.
Le plan de cet anneau ou de l'équateur, qui devait se
transporter parallèlement, éprouvera donc un changement
de position. Après être partie de l'équinoxe Υ d'automne, Fig. 12.
lorsque la terre se reportera vers ce même point, à la
fin de la révolution, l'équateur, dont l'intersection ΥS
avec l'écliptique passait par le soleil S, aura éprouvé un
mouvement qui donnera à cette trace une position un peu
différente ; et arrivée en Υ', cette trace sera $\Upsilon'S$ et
rencontrera le soleil avant l'instant où cela aurait dû
avoir lieu. Pendant ce mouvement, l'inclinaison de l'é-
quateur sera demeurée la même ; la trace seule aura un
peu changé de direction. Ainsi on voit que lorsque la
terre aura accompli une révolution entière pour revenir
au même point Υ de son orbite, elle aura déja dépassé
le lieu Υ' où le soleil S se rencontrant avec cette trace
se sera trouvé dans l'équateur, et où nous aurons
compté l'équinoxe suivant d'automne.

Si on conçoit le rayon vecteur $S\Upsilon$ prolongé jusqu'au
firmament et y rencontrant une étoile E, lorsque la terre,
après une révolution, sera revenue à l'équinoxe Υ' qui
succède, l'année tropique sera écoulée ; mais le rayon
vecteur $S\Upsilon'$ ne rencontrera pas encore l'étoile dont il
s'agit ; la terre devra donc continuer encore sa course
quelque tems pour que cette rencontre s'opère en Υ : la
révolution complette ou *sydérale* sera alors accomplie. On
voit donc que *l'année sydérale, ou le tems du retour de
la terre à la même étoile, surpasse l'année tropique, ou
le tems de retour au même équinoxe.*

Le phénomène dont nous parlons change donc perpétuellement la direction de la trace de l'équateur sur

Fig. 12. l'écliptique, et l'équinoxe se transporte successivement en les divers points ♈ ♈' ♈"... de cette courbe qu'elle parcourt en sens rétrograde : mouvement analogue à la révolution des nœuds de la lune ; mais celle-ci s'accomplit en 19 ans environ, tandis que l'autre est d'une durée bien plus grande. Ce mouvement de l'équinoxe se nomme la *Précession.* La lune exerce une action semblable sur notre globe et participant au même phénomène tend à en accroître la grandeur. Le soleil est très-éloigné de nous, la lune est très-petite, enfin l'action n'est exercée que sur un ménisque qui la partage avec la sphère qu'il recouvre et dont la masse est immense par rapport à la sienne : ces actions perturbatrices sont donc très-peu sensibles, si ce n'est après un tems considérable : le calcul et l'observation s'accordent à donner pour la précession des équinoxes 50″,1 par an, ou 1°,39167 par siècle, ce qui produit une rétrogradation de l'équinoxe de 1° de l'écliptique tous les 71 ans et 0°,85611 ainsi le point équinoxial aura parcouru tous les points de l'écliptique après environ 26 mille ans (25868 ans), en supposant son mouvement uniforme. La durée de l'année sydérale surpasse celle de l'année tropique de 20′,3314, qui est le tems qu'elle emploie à parcourir le petit arc de 50″,1 qui sépare l'équinoxe d'une année du même point dans l'année suivante.

95. La longitude d'une étoile est la distance à l'équinoxe ♈ de son cercle perpendiculaire à l'écliptique, et puisque la position de ce point varie sans cesse, cette distance doit aussi s'accroître de plus en plus. Telle est donc la cause de ce changement si faible, mais qui pourtant devient très-sensible par l'accumulation avec la durée des siècles, par lequel la longitude des étoiles fixes croît sans cesse : elles restent pourtant immobiles : le point seul qui leur sert de terme de comparaison

varie graduellement, jusqu'à se retrouver après 26 mille ans où il était d'abord. La précession produit le même effet que si le ciel tournait lentement autour de l'axe de l'écliptique, dans le même sens où se meut la terre ; les étoiles qui peuplent la sphère céleste s'éloignent toutes ensemble du point équinoxial par un mouvement très-lent et dirigé d'occident en orient. Mais cette progression du système général des étoiles n'est qu'une apparence due à celle du point équinoxial en sens opposé ou vers l'occident.

Nous avons dit (42) que l'écliptique était divisée en douze signes ou arcs égaux de 30° chacun, et nous avons indiqué les noms imposés à ces diverses parties (le Bélier, le Taureau, etc.), que le soleil nous semble tour-à-tour parcourir, parce que la terre décrit le signe opposé. Les phénomènes des saisons ont rendu importantes les époques où le soleil semble passer de chacun de ces signes dans le suivant, et qui répondent à la succession des douze mois de l'année. Les anciens astronomes ont imposé à ces douze signes les dénominations des douze constellations les plus remarquables du zodiaque correspondantes à chacune : le signe du Bélier était alors dans la constellation du Bélier, le signe des Gémeaux dans celle des Gémeaux, etc. Mais depuis cette époque qui remonte à plus de 2000 ans, la précession des équinoxes en laissant les constellations à leurs places respectives a paru reporter leur système vers l'orient de près de trente degrés ; ce qui fait qu'elles ne répondent plus aux mêmes signes. Le signe du Bélier est maintenant dans la constellation des Poissons, le signe du Taureau dans celle du Bélier, etc...

Il faut donc éviter de confondre les signes avec les constellations de même dénomination. Lorsque le soleil, à l'équinoxe du printems ou d'automne, paraît entrer dans le signe du Bélier ou de la Balance, c'est la terre en effet qui entre dans le signe opposé ; maintenant cet astre nous semble parcourir en effet la constellation des Poissons ou de la Vierge ; et lorsqu'aux solstices d'été et d'hiver il passe dans les signes du Cancer et du Capricorne, il décrit les constellations des Gémeaux et du Sagittaire.

96. Si on considère que la lune n'est qu'accidentellement dans le plan de l'écliptique, on doit comprendre que son action sur le ménisque terrestre n'est pas uniquement d'y accroître la précession : ici, comme pour l'analyse donnée au n°. 92, l'attraction lunaire doit agir sur l'anneau ou l'équateur, de manière à en changer l'inclinaison : c'est ce changement d'obliquité de l'écliptique qu'on nomme la *Nutation de l'axe de la terre*. Son effet et celui de la précession se composent de manière à produire sur cet axe un balancement, par lequel il décrit une surface conique ; le pole et l'équateur terrestre demeurent constamment les mêmes ; mais le défaut de sphéricité de notre globe y cause un mouvement par lequel l'axe décrit une petite surface conique, et le pole céleste marque dans le firmament une petite ellipse de 18″ d'étendue. Dans son mouvement, cet axe suit celui des nœuds de la lune, parce que la situation de cet astre le cause ; ainsi il s'accomplit dans le tems de la révolution complette des nœuds (à-peu-près 19 ans). Le plan de l'écliptique coupe donc la surface de la terre suivant un cercle dont la situation change dans cette durée en oscillant de part et d'autre d'un état moyen et dans des limites très-resserrées.

97. L'action que la terre et le soleil exercent sur la lune, pour la détourner des lois du mouvement elliptique, c'est donc retrouvée dans l'action de ces deux astres sur la

terre. On en observe d'analogues, quoique bien plus lentes et bien moins marquées dans l'action des planètes les unes sur les autres. De là le mouvement de l'apogée dans le plan qui contient l'orbite, le faible changement d'inclinaison qu'on y reconnaît, et qui se rétablit par les mêmes degrés et la même lenteur dans la durée indéfinie des siècles ; de là aussi le changement de la ligne des nœuds et le trouble qu'on remarque dans leurs mouvemens lorsque quelqu'astre passe assez près pour les embrasser dans leur sphère d'activité.

C'est ainsi que l'attraction de Vénus et de Jupiter changent lentement la situation de l'orbite terrestre, qui tourne dans le plan de l'écliptique autour de son foyer que le soleil occupe sans cesse ; et ce mouvement suit l'ordre des signes, et décrit annuellement un petit arc de $12''$ ($11''{,}798$). La longitude du périgée change donc, non-seulement de $50''$ en vertu de la précession, mais encore de $12''$ par l'effet du mouvement de la ligne des absides; ce qui fait $62''$ par an ($61''{,}898$). Ainsi lorsque la terre, partant de l'équinoxe du printems, y est revenue, le tems qui s'est écoulé et qui forme l'année tropique, n'est pas suffisant pour partir du périgée P et y revenir, puisque dans cet intervalle ce point a procédé dans le sens du soleil. La durée de cette révolution, qu'on nomme *Anomalistique*, surpasse celle de l'année tropique de $25'$, tems nécessaire pour décrire l'arc d'écliptique de $62''$ dont le périgée et l'équinoxe se sont éloignés l'un et l'autre.

Fig. 11.

On distingue donc trois sortes de révolutions de la terre :

1°. La *Révolution Tropique*, ou le tems du retour au même équinoxe, de $365^j{,}242264$ ($365^j\ 5^h\ 49'$ environ) ;

2°. La *Révolution Sydérale*, ou le tems du retour à la même étoile, de $365^j{,}256383$ ($365^j\ 6^h\ 9'$) ;

3°. La *Révolution Anomalistique*, ou le tems du retour au périgée, de $365^j{,}25971$ ($365^j\ 6^h\ 14'$).

Les planètes présentent des circonstances analogues; elles ont de plus une quatrième espèce de révolution : c'est le retour à la même position relativement à la terre et au soleil ou la révolution synodique. *V*. p. 147.

Fig. 12.　　En 1750 la terre arrivait au périgée *P* le jour même du solstice d'hiver, c'est-à-dire à l'instant où le soleil atteignait le tropique du capricorne. La figure 12 représente cette disposition; *A* est le solstice d'été, ♎ et ♈ sont les équinoxes, le premier du printems, le second d'automne. Le mouvement de l'ellipse a changé cet état; le périgée ne coïncide plus avec le solstice d'hiver, la terre arrive en ce

Fig. 11　point *P* le 31 décembre, *voy.* fig. 11, et chaque année l'intervalle s'accroît lentement. En 6425 le périgée sera à l'équinoxe du printems en ♎, fig. 12, et la ligne des absides sera confondue avec celle ♈ ♎ des équinoxes, ainsi que cela s'est déja rencontré 4000 ans avant l'Ère chrétienne.

98.　L'action des planètes sur la terre contribue à produire la précession, mais elle change graduellement l'obliquité de l'écliptique en formant une période bien plus lente et plus étendue que celle qui est due à la lune : cette obliquité diminue par siècle de 52″,1154, ou environ d'une demi-seconde par an (à-peu-près une minute après 115 ans, et un degré après 6908 ans). C'est par cette cause que les étoiles situées vers le solstice d'été, et qui autrefois étaient placées au-dessous de l'écliptique, s'en sont rapprochées, ou sont situées sur ce plan, ou même élevées au-dessus; tandis que du côté opposé, c'est le contraire. Vers la ligne des équinoxes ce mouvement s'affaiblit, parce que ce balancement presque insensible s'effectue autour de cette ligne.

La ville de Syène, en Égypte, était autrefois sous le tropique du Cancer, et le jour du solstice, l'image du soleil allait se peindre verticalement au fond d'un puits à midi. Ce puits est devenu célèbre par les travaux géographiques d'Érathostène, de Strabon et de Ptolémée, parce qu'il devait servir à déterminer la position de Syène sous le tropique et l'obliquité de l'écliptique. Mais il est aussi devenu une cause d'erreur pour ceux qui ignoraient les variations de cette obliquité, et ont continué de regarder comme certain que Syène est sur le tropique. Maintenant cette ville en est assez éloignée, pour qu'en ayant égard aux dimensions du soleil, le bord même du disque ne puisse plus se peindre au fond d'un puits. Ce fait ne dément pas l'assertion historique relative à l'existence de ce puits et à son usage, ainsi que l'a très-bien prouvé M. Jomard, dans son Mémoire *sur Syène et les Cataractes*, inséré dans la *Description de l'Égypte*, Ant. chap. II. L'ombre d'un gnomon est encore maintenant peu sensible puisqu'elle n'est que le 400ᵉ de la hauteur ; mais le fond du puits est entièrement dans l'ombre. Il n'en était pas ainsi autrefois, puisque l'obliquité de l'écliptique a diminué depuis 3000 ans de 26′3″. Or, Syène est aujourd'hui éloignée du tropique de 37′23″ ; et la différence, 11′20″ est moindre que le demi-diamètre solaire qui est de 15′56″.

Le calcul démontre que cette diminution ne se perpétuera pas éternellement, et qu'il y aura une époque où elle cessera entièrement ; elle s'affaiblira de plus en plus à mesure qu'on approchera de cet instant : après quoi l'inclinaison commencera à croître. Ce balancement très-lent de l'axe terrestre est renfermé dans des limites fort petites ; et quoiqu'elles soient inconnues, on n'est pas moins certain de leur existence : jamais cette diminution n'ira jusqu'à faire coïncider l'équateur avec l'écliptique, phénomène qui produirait un printems éternel sur la terre.

Nous avons donné, p. 152, les valeurs des élémens elliptiques des planètes, et celles des variations qu'elles éprouvent, en sorte qu'on peut prédire l'état futur de ces diverses quantités, et par suite la position de ces corps à un instant donné.

Nous ferons ici remarquer combien le mouvement de la terre est simple, au milieu de la complication d'apparences qui se présentent à nous : tirons-en donc une nouvelle preuve en faveur de ce mouvement, qui devient pour ainsi dire plus simple et offre une explication plus facile, à mesure que les résultats ont été plus composés.

99. Considérons l'action de la lune sur les eaux de la mer, action qui s'exerce suivant les mêmes lois que sur la masse entière du globe ; mais le défaut de solidité de ces molécules leur permet un mouvement isolé qu'elles prennent en effet. La pesanteur des parties liquides situées du côté de la lune, est un peu diminuée, parce qu'elle les attire plus que le centre de la terre ; elles obéissent à cette force qui les élèvent un peu au-dessus de la surface du globe. Il faut en dire autant de la masse fluide qui est diamétralement opposée, parce qu'elle est moins attirée que le centre de la terre : d'un côté, c'est le fluide qui s'élève au-dessus du niveau ; de l'autre c'est la surface de ce niveau qui s'abaisse au-dessous du fluide. Il arrive ici la même chose que lorsqu'on a considéré l'attraction solaire sur la lune dans ses deux syzygies (89).

Pour compenser cette diminution de poids, de part et d'autre du sphéroïde terrestre, deux masses d'eau s'accumuleront sous la forme de montagnes opposées : elles suivront la situation de la lune et parcourront la surface du globe dans sa rotation diurne. Si elles rencontrent des rivages, elles s'y précipiteront en les couvrant ; elles troubleront l'eau des fleuves en la refoulant et lui donnant un courant opposé ; c'est le *Flux* ou le *Flot*. Les points de la mer, éloignés de 90°, et qui sont pour ainsi dire en quadrature, éprouveront un effet contraire. Les eaux s'y affaisseront autant par l'effet de l'accroissement de leur poids, que par la communication qui est établie avec les eaux du flux, dont elles doivent combler le vide en s'écoulant vers elles. Les rivages qui étaient couverts seront donc abandonnés; c'est le *Reflux* ou le *Jusan*.

Tel est le phénomène des *Marées* : même dans le tems le plus calme, on voit la mer se soulever pendant environ 6 heures, et se précipiter avec fureur sur le rivage, qu'elle envahit peu-à-peu jusqu'à une hauteur plus ou moins grande. Ensuite elle reste quelques instants stationnaire : on dit alors qu'elle est *Pleine* ou *Etale :* bientôt elle redescend, pendant les 6 heures qui suivent, d'autant plus bas qu'elle s'est élevée davantage. La même suite de mouvemens périodiques se répète éternellement.

Mais le soleil exerce aussi sur les eaux une action qui y produit de même deux marées par jour : l'expérience prouve que l'effet dû à l'attraction de la lune est le triple de celui du soleil. Tantôt ces quatre marées coïncideront et n'en formeront que deux, dont l'intensité sera plus grande ; c'est le temps des syzygies, où l'action de ces deux astres conspire. Mais, dans les quadratures, ils se contrarieront ; car le soleil tendra à abaisser les eaux que la lune élève, et réciproquement. En général il n'y aura que deux marées sensibles, dues à l'attraction lunaire, celle du soleil ne pouvant que les accroître ou les diminuer. La distance du soleil et de la lune à la terre exercent une grande influence dans l'intensité du phénomène, et la puissance ainsi que la direction des vents peut aussi l'accroître. Toutes choses égales d'ailleurs, la plus grande marée est à-peu-près double de la moindre. L'une n'est que la 3ᵐᵉ. après la syzygie, l'autre la 3ᵐᵉ. après la quadrature.

Il ne faut pas croire que les deux montagnes aqueuses, qui causent les flux et reflux, aient pour axe le rayon vecteur mené de la terre à la lune, ensorte que leur passage au

méridien, ou les instans de la marée, soient les mêmes que
pour cet astre. L'adhérence des eaux, dont l'écoulement,
quoique rapide, n'est pas instantané; leur frottement sur le
fond de la mer; la rotation diurne de la terre qui force cette
protubérance à changer de place sur sa surface et qui l'empêche d'atteindre son *maximum* d'élévation à l'instant où la
lune passe au méridien; enfin l'écoulement, avec une vîtesse
accélérée, des eaux du reflux pour combler le vide laissé par
le flux; telles sont les principales causes qui n'amènent le
retour du soulèvement des eaux que plusieurs heures après le
passage de la lune au méridien, et qui forcent la mer à mettre
un peu plus de tems à descendre qu'à monter. Il est même
aisé de prévoir que l'étendue des eaux doit contribuer à la
hauteur des marées, puisque dans une vaste mer, tout y favorise l'action solaire et lunaire. C'est aussi pour cela qu'elles
sont à peine sensibles dans la Méditerranée, et qu'elles ne le
sont nullement dans la mer Caspienne et la mer Noire.

La configuration des rivages retarde aussi beaucoup
l'époque du flux : chaque côte, chaque point d'une côte
l'éprouve à des instans différens. Mais comme toutes ces
circonstances se représentent toujours les mêmes, leur effet
doit être aussi le même : ainsi le retard que la marée éprouve
dans chaque lieu sur le passage de la lune au méridien est
constant; il est de 6 heures à Saint-Malo, de 3 heures $\frac{1}{2}$ à
Lorient, de 10 heures $\frac{1}{4}$ à Dieppe, etc. C'est ce qu'on
nomme l'*Établissement du port*. Si on conçoit un large canal
ouvert d'un côté dans la mer et se prolongeant de l'autre au
loin dans les terres, lorsque le flux arrivera à l'embouchure,
le mouvement des ondes se propagera successivement jusqu'à
l'autre bout du canal; mais ces oscillations se feront sentir
d'autant plus tard que la distance à la mer sera plus grande
Telle est l'idée qu'on doit se faire du retard des marées dans
les différens ports.

Mais puisque les causes de retard sont à-peu-près constantes, la durée qui les sépare du passage de la lune au méridien sera toujours la même dans un même lieu ; et comme
la lune retarde chaque jour ce passage de la quantité moyenne
$50'\frac{1}{2}$, le retour du flux devra partout éprouver la même
différence, sauf les inégalités qui dépendent de celles du
mouvement de la lune et qui pourront hâter ou différer un
peu cette époque. C'est aussi ce qu'on observe; et dans la
durée de $1^{j},03505$, on observe régulièrement deux marées :
l'intervalle moyen qui sépare deux pleines mers successives est de $12^{h},42$; mais cette marée varie de quelques
minutes, parce que l'époque du retour du flux retarde ou
avance suivant les distances de la terre au soleil et à la
lune, et leurs positions relatives. Mais les nombres que
nous venons de donner sont des termes moyens qui
compensent toutes les inégalités et suffisent pour fixer et
prédire les retours des marées.

100. Voyons maintenant si les grandes montagnes de
notre globe exercent une action sur les corps qui en sont
voisins. Imaginons une étoile au nord de la montagne et
que l'observateur soit placé au sud : si l'attraction de la
montagne agit sensiblement sur le fil-à-plomb, il sera
écarté de la situation verticale vers le nord ; et par conséquent le zénith apparent, ou le point du ciel qui est rencontré par ce fil-à-plomb, reculera pour ainsi dire d'autant
vers le sud : ainsi la distance de l'étoile observée au zénith,
doit être plus grande que s'il n'y avait pas d'attraction.

Donc après avoir observé, du pied de la montagne, la
distance de cette étoile au zénith, si on se transporte à l'est
ou à l'ouest, et sans changer de latitude, hors de la sphère
d'action attractive de cette masse, la distance zénithale de l'é-
toile observée dans cette nouvelle station, doit être moindre
cette fois; si cette action a été sensible dans la première

observation. Mais si le fil-à-plomb au sud de la montagne est écarté vers le nord, au nord de la montagne, il sera écarté vers le sud : ainsi le zénith au contraire sera reculé vers le nord, et la distance au zénith sera moindre que s'il n'y avait pas d'attraction, au lieu que dans le premier cas elle était plus grande. Prenant donc la moitié de la différence de ces deux distances, on aura la quantité dont le pendule est écarté de la verticale par l'attraction de la montagne. Bouguer en effet a trouvé que le Chimboraço fait devier le fil-à-plomb de 7″ ½ de sa situation verticale.

Cette deviation explique la discordance des résultats obtenus dans la mesure de la terre par des géomètres également dignes de foi, et Maskeline a même employé cet effet à la recherche de la densité des montagnes, en comparant leur masse à la distance où elle exerçait l'attraction. Celle de Schehallien, en Écosse, faisait devier le fil-à-plomb de près de 6″ ; et il a trouvé ainsi qu'elle avait quatre fois et demie plus de densité que l'eau. Telle serait donc la densité de la terre, si elle pouvait être présumée de même nature que cette montagne, et si on était en outre assuré qu'aucun grand vide intérieur n'en diminuât la masse.

Puisque la vîtesse des satellites dépend de la masse des planètes, en vertu de la loi de l'attraction, on peut déduire ces masses des vîtesses qu'elles produisent. Tous les corps sont percés d'un nombre infini de pores, et on doit avec soin distinguer le volume de la quantité matérielle qui y est renfermée.

Le premier satellite de Jupiter en est à-peu-près aussi éloigné que la lune l'est de la terre, car cette dernière distance ne surpasse l'autre que de $\frac{1}{14}$. Si ces deux satellites accomplissaient leurs révolutions dans le même tems, la force que les deux planètes exercent pour les retenir dans leurs orbites serait la même, puisque tout serait égal de part et d'autre : Jupiter, avec un volume très-différent, aurait donc la même quantité de matière. Mais le satellite de Jupiter tourne 16 fois plus vîte que la lune ; à distances égales, la force centrale doit être quadruple pour une vîtesse double, et cette force croît comme le carré de la vîtesse : la force centrale de Jupiter est donc 256 fois celle de la terre, puisque 256 est le carré de 16. Ainsi l'attraction ou la masse de Jupiter est 256 fois celle de la terre : et comme le volume est 1500 fois plus fort, la densité, qui est le rapport de la masse au volume, est 5 fois moindre dans Jupiter.

Un calcul plus exact donne un résultat un peu différent (*) ; mais le raisonnement demeure le même. Il s'applique aussi à Saturne et à Uranus. Pour représenter par une compa-

---

(*) Soit ν la vîtesse d'une planète autour du soleil, ou celle d'un satellite autour de sa planète, t le tems qu'il met à faire sa révolution, m sa masse, enfin r le rayon moyen de son orbite ; la force attractive qui l'y retient est $= \dfrac{m}{r^2}$; de plus, toute force centrale a pour mesure $\dfrac{\nu^2}{r}$ (note, n°. 84) : donc, en égalant ces deux valeurs, $m = \nu^2 r$, ou plutôt $m = \dfrac{4\pi^2 r^3}{t^2}$, puisque la vîtesse ν est le quotient de l'orbe entier $2\pi r$, divisé par le tems t employé à le décrire. Soit aussi m' la masse terrestre, t' l'année sydérale, r' le rayon moyen de l'écliptique, on a de même $m' = 4\pi^2 \dfrac{r'^3}{t'^2}$; donc

$$ m : m' :: \frac{r^3}{t^2} : \frac{r'^3}{t'^2}, $$

proportion où le second rapport est connu par observation ; et qui peut servir à faire connaître le premier, ou celui des masses m et m' ; de la terre et d'une planète, ou d'une planète et d'un satellite. Ce moyen a toute la précision désirable.

raison les densités de ces corps célestes, nous pourrions supposer que la terre est composée de pierre ou de soufre, Uranus et Jupiter de résine, Mars de manganèze, Mercure de mine de fer, et Vénus de grès.

Nous avons donné (p. 149) la table des masses et des densités des planètes, tant exactes qu'approchées; ainsi on verra que la masse du soleil est 337 mille fois celle de la terre, mais que sa densité n'en est que le quart; que Mercure est 2 fois et demie plus dense que la terre, et que sa masse n'en est que le 16me.; que la masse de Vénus est presque égale à celle de la terre, et sa densité un peu supérieure, etc.

La masse de la lune se déduit de l'intensité de son action dans les marées; elle est à-peu-près le 59me. de celle de la terre, et comme son volume en est le 49me., la densité les $\frac{7}{8}$ de celle de notre globe.

Les valeurs des masses des planètes privées de satellites ont été tirées des perturbations qu'elles font éprouver aux autres corps célestes qui les approchent : mais ces résultats attendent des vérifications qui les rendent plus certaines.

Le même tableau p. 149 donne la loi de la pesanteur à la surface de chacun des corps célestes de notre système. Un poids serait, par exemple, 27,65 fois plus grand à la surface du soleil que sur la terre, du moins en n'ayant pas égard à la force centrifuge due à la rotation de cet astre (84). Ce résultat est facile à conclure de ce que l'attraction est en raison directe des masses et inverse des carrés des distances; on peut donc en calculer l'effet pour chaque planète, puisqu'on connaît son rayon et sa masse. On voit aussi dans ce tableau qu'au lieu de tomber de 15,1 pieds par seconde, comme il arrive sur la terre, les corps tombent de 421 pieds à la surface du soleil.

101. Les astronomes n'ont jusqu'ici remarqué aucune perturbation causée par les comètes, même dans leur plus grand rapprochement; c'est ce qui a fait conclure que leurs masses sont fort petites, et que, loin d'altérer le mouvement des planètes, elles doivent en éprouver elles-mêmes fortement l'influence. Le retour des comètes, si difficile à prévoir vu le peu de données que l'observation puisse fournir, le devient donc encore plus en raison des dérangemens auxquels elles sont soumises. Voilà pourquoi quelques-unes peuvent avoir leurs orbes elliptiques changées en paraboliques, et même en hyperboliques : mues dans des courbes indéfiniment ouvertes, elles doivent alors s'éloigner de nous pour n'y revenir jamais, et s'écartant du soleil à toutes distances, entrer dans la suite des siècles dans la sphère d'attraction de quelqu'étoile pour en devenir le satellite, ou pour continuer une nouvelle parabole ; changeant ainsi sans cesse de foyer d'attraction, jusqu'à ce qu'elle soit détruite. C'est ainsi que la comète de 1770, dont la durée de la révolution était de 5 ans et demie, n'a plus reparu depuis. Il n'y a nul doute que son orbite n'ait été changée par l'attraction de quelque corps céleste, et que ses élémens aient varié, ou de manière que la comète ne puisse jamais revenir, ou du moins que leur altération ne permette pas de reconnaître l'astre à sa réapparition.

IX. *Lumière, Atmosphère, Crépuscule, Réfraction, etc.*

102. La lumière est-elle une émanation des corps que nous nommons lumineux, ou une matière subtile qui remplit l'Univers, et à laquelle ces corps impriment une agitation qui se transmet de proche en proche jusqu'à nous ? Croirons nous, avec Newton, que la lumière agit sur nos

yeux comme les corpuscules émanés des substances sur notre
odorant; ou avec Descartes, qu'elle n'est sensible que par
les vibrations qu'elle reçoit, à la manière dont les corps so-
nores agitent l'air? Nous préférerons la première de ces deux
opinions qui réunit un plus grand nombre de partisans,
parce qu'elle répond à toutes les objections, résiste à toutes
les épreuves, et se trouve encore confirmée par les observations astronomiques. Le Traité de physique de M. Haüy
(n°, 842), contient une discussion approfondie de ces deux
hypothèses, et nous renvoyons à cet excellent ouvrage pour
tous les faits physiques rapportés dans ce Traité. Cette matière, étrangère à notre objet, nous paraîtra suffisamment
éclairée en rappelant quelques propositions principales qui
nous seront utiles.

1°. La lumière, semblable à tous les corps dont le mouvement n'est troublé par aucune action, se meut en ligne
droite. Si elle rencontre un obstacle, ou elle le pénètre et le
corps est nommé *Diaphane*, ou, après avoir frappé sa surface, elle se réfléchit. Le corps *Opaque* devient alors le centre
d'une émanation de rayons, et agit sur nous comme si lui-
même était lumineux; ce qui nous le fait apercevoir. On
conçoit toutes les nuances depuis la parfaite transparence,
qui rend les corps insensibles à nos yeux, jusqu'à l'opacité
complète.

2°. L'*Ombre* est la partie de l'espace où la lumière ne
pénètre pas; c'est ce que nous avons remarqué dans les
éclipses (58). Le passage de l'ombre *ABC* à la lumière ne
se fait que par nuances, et les bords de l'ombre ne sont
jamais nettement marqués. Cela vient de ce que le corps
lumineux *S* a des dimensions appréciables. Qu'on mène les
tangentes *DA*, *EB*, on verra que derrière le corps *AB*, il
y a un espace *FABG* dans lequel il n'entre qu'une partie
des émanations du corps lumineux, et que leur quantité

décroît en approchant du cône d'ombre *ABC.* C'est cette ombre imparfaite qu'on nomme *Pénombre*, et qui prend plus d'intensité auprès de l'ombre parfaite *ABC*, mais qui vers les bords éprouve une dégradation sensible dans les nuances. Cette pénombre s'observe à chaque instant, mais elle présente dans les éclipses un phénomène très-remarquable qu'on soumet au calcul.

3º. La lumière se réfléchit en formant des angles égaux avec la perpendiculaire menée à la surface au point vers lequel le rayon se dirige : *l'angle d'incidence est égal à l'angle de réflexion*, précisément comme dans le choc des corps élastiques ; mais ici le rayon lumineux est réfléchi par l'effet même de l'attraction du corps et un peu en avant de sa surface. La quantité de lumière réfléchie dépend de la quantité reçue, de la substance du corps et du poli de sa surface. Nous ne voyons la lune et les planètes que par l'effet de la lumière solaire qu'ils reçoivent et réfléchissent. La terre éclaire de même la lune (61), et c'est à cela qu'on doit attribuer ce qu'on nomme la *Lumière cendrée* ; phénomène en vertu duquel cet astre n'est pas entièrement invisible par nous dans les éclipses de soleil.

4º. Quand la lumière pénètre une substance diaphane elle se brise à son entrée et forme de part et d'autre des angles inégaux avec la perpendiculaire à la surface ; l'angle le plus petit est dans le milieu le plus dense, ensorte que le rayon s'y est rapproché de la perpendiculaire (*). C'est à

(*) La loi que suivent ces deux angles est comprise dans ce théorème : quelle que soit l'obliquité du rayon incident, le sinus de l'angle de réfraction divisé par le sinus de l'angle d'incidence, donne toujours le même quotient, pour deux milieux déterminés. Ce rapport change d'ailleurs avec les milieux, quoiqu'il demeure constant pour deux mêmes substances, l'obliquité variant comme on veut. Pour l'air et l'eau, le sinus de réfraction est les trois-quarts du sinus d'in-

cela qu'on doit rapporter les effets des verres concaves et convexes pour aider la vue, et pour réunir en un foyer incendiaire les rayons du soleil.

L'effet de la réfraction s'observe aisément en plongeant obliquement un bâton dans l'eau ; il semble se briser à la surface du fluide. La lumière qui frappe ce corps et qu'il réfléchit en tout sens, est ce qui le rend sensible à nos yeux : mais celle qui part de dessous l'eau n'arrive à nous qu'en s'infléchissant au sortir du liquide et se penchant un peu sur sa surface. Exercés, par l'habitude à rapporter les objets dans la direction où la lumière nous arrive, nous ne tenons point compte de sa déviation, et nous attribuons à la partie plongée une place différente de celle qu'elle occupe : cette suite de points n'étant plus sur le prolongement de la partie extérieure, nous jugeons que le bâton s'est brisé pour se rapprocher de la situation verticale. L'illusion est complète et il faut tout l'effort de l'habitude pour détruire le prestige.

Qu'on mette au fond d'un saladier vide une pièce de monnaie, et qu'après s'être placé de manière qu'elle soit presque tout-à-fait cachée par les bords de ce vase, on y fasse verser de l'eau ; quoique rien n'ait changé de place, on voit la pièce en entier. La lumière qu'elle réfléchit vers nos yeux était arrêtée par la paroi du vase ; l'eau a changé sa direction : les rayons qui étaient plus rapprochés de la verticale se sont brisés en sortant de l'eau, et sont venus jusqu'à notre œil sans rencontrer l'obstacle qui les interceptait. L'objet paraît même un peu déplacé, ce qui est une conséquence de la même illusion.

---

cidence ; c'est-à-dire, qu'en passant de l'air dans l'eau, le rayon se rapproche de la verticale, et le sinus de ce dernier angle est les trois-quarts du sinus d'incidence.

5°. La lumière n'est point une substance simple ; on la trouve composée d'un faisceau de mille rayons, dont chacun exerce sur nos yeux un mode d'action différent, que nous désignons par le mot couleurs. On en distingue sept principales qui sont le *rouge*, l'*orangé*, le *jaune*, le *vert*, le *bleu*, l'*indigo* et le *violet*. Il y a en outre toutes les nuances intermédiaires de l'une à l'autre. Nous appelons *blanc* la sensation que nous éprouvons par la réunion de tous ces rayons ; le *noir* est l'absence de toute couleur, de toute lumière.

Nous voyons les corps opaques parce qu'ils réfléchissent la lumière qu'ils reçoivent, et comme ils exercent sur ce fluide une action plus ou moins variée, ils en absorbent une partie et nous renvoyent le reste. Leur éclat dépend de cette dernière quantité, et nous leur attribuons la couleur qui résulte des rayons dominans parmi ceux qui sont réfléchis : c'est l'effet de la sensation que nous éprouvons d'après la nature de la lumière renvoyée. Le corps que nous disons être *bleu* n'est que celui qui absorbe en grande partie tous les rayons, excepté une portion où dominent ceux dont le mode d'action sur notre organe est exprimé par le mot *bleu*. La neige n'est *blanche* que parce qu'elle réfléchit la lumière qu'elle reçoit sans la décomposer ; un corps n'est *noir* que lorsqu'il l'absorbe tout entière.

Nous jugeons de la présence des corps par leur éclat, leur couleur, les ombres et la dégradation des teintes ; et l'habitude du tact nous apprend à connaître au simple aspect la configuration qu'ils affectent.

103. L'*Atmosphère* est ce fluide gazeux qui nous environne, mélange de beaucoup de substances différentes, et cause des phénomènes les plus variés, les plus magnifiques et les plus terribles. Elle est composée d'un cinquième d'*Oxigène*, air sans lequel il ne peut y avoir de combustion, qui

est éminemment respirable, et dont l'activité est tempérée par quatre cinquièmes de gaz azote.

L'atmosphère contient aussi de l'eau en dissolution et en suspension qui en trouble la transparence et produit les nuages, les brouillards, la pluie, la neige et la grêle. Ce sont ces globules aqueux qui, recevant la lumière solaire et la décomposant après qu'elle les a traversés, en séparent ses brillantes couleurs : les nuages nous présentent alors le magnifique spectacle de l'*Arc-en-ciel*, produit par ces faisceaux colorés qui arrivent à nos yeux lorsque les circonstances favorables se trouvent réunies. L'observateur doit avoir le nuage en face, le dos tourné au soleil, et l'astre à moins de 54° d'élévation sur l'horison.

Avant qu'on se fût assuré que l'air ne contient pas de gaz inflammable, on regardait ce fluide comme la cause de ces météores lumineux qu'on voit voltiger dans l'air, de ces feux errans, de ces étoiles filantes, etc. On attribue les éclairs, le tonnerre et les aurores boréales à l'action du fluide électrique. Ces nombreux phénomènes sont étrangers à la science qui nous occupe et nous ne pousserons pas plus loin cette rapide énumération.

104. Le mercure qui reste suspendu dans le tube barométrique fait équilibre par son poids à la pression de l'air; elle est ici d'environ 28 pouces. Ce même poids fait équilibre à une colonne d'eau d'à-peu-près 32 pieds : c'est à cette hauteur que l'aspiration peut élever ce fluide dans les pompes; au-dessus de cette colonne, le vide pourrait être parfait sans qu'elle s'élevât davantage. En comparant les poids de volumes égaux de mercure et d'eau, on trouve en effet que l'un est 13 fois et $\frac{3}{5}$ l'autre, rapport qui revient à-peu-près à celui de 28 pouces à 32 pieds. L'air étant un fluide compressible et élastique, a chacune de ses couches comprimée par le poids de celles

qui sont au-dessus ; sa densité, son ressort s'en accroissent , et c'est à cette cause qu'il faut attribuer l'effet dont nous venons de parler.

La hauteur du fluide métallique varie dans le tube avec le ressort de l'air, c'est-à-dire avec la chaleur et l'état hygrométrique : ces changemens qui n'offrent que des présages incertains de ceux de l'atmosphère, indiquent avec rigueur le ressort, le poids de l'air : or ce poids décroît à mesure qu'on s'élève ; le mercure doit donc en même tems s'abaisser. Une grossière estimation porte à 2 lignes l'abaissement correspondant à 25 toises d'élévation. A Paris , le mercure se soutient au terme moyen de 28 pouces ; il ne s'élève qu'à 15 ou 16 sur le sommet du Mont-Blanc. (*) On conçoit donc la possibilité de conclure la hauteur totale de l'atmosphère de la loi de dégradation de sa densité. Cette couche d'air ne serait que de 4000 toises , si sa densité était constante ; mais ce résultat, qui n'est pas même approché , suffit pour faire concevoir la détermination d'une valeur exacte. Nous démontrerons que la limite de l'atmosphère est élevée à 36 mille toises, environ 15 lieues et demie ; épaisseur très-petite si on la compare au diamètre du globe.

____

(*) Cette propriété a même conduit à divers moyens de mesurer les hauteurs par des observations barométriques. On a reconnu que la densité décroît par quotient lorsqu'on s'élève à-peu-près de hauteurs qui suivent la progression par différence, en sorte que ces hauteurs sont les logarithmes des nombres de lignes du mercure dans le tube : c'est ce principe qui a servi de base à diverses théories parmi lesquels on distingue celle de M. Laplace. L'adresse que cet illustre savant a employée dans cette question si délicate surprend encore moins que l'exactitude des résultats, qui ne le cèdent pas en précision aux opérations géodésiques les plus soignées. Voyez les *Tables hypsométriques*, opuscule de M. Oltmanns.

Nous sommes sans cesse pressés par l'air, et on évalue à 33600 livres le poids que porte ainsi un homme de taille ordinaire : voilà, dit plaisamment M. Haüy, celui dont étaient chargés les philosophes qui niaient sérieusement le poids de l'air. Cette pression s'exerce pour ainsi dire à notre insu, par la réaction des fluides élastiques renfermés dans notre corps; on la détermine en regardant chaque point de sa surface comme chargé d'une colonne de mercure de 28 pouces : loin de nous fatiguer, elle est même nécessaire pour maintenir l'équilibre dans notre organisation, et on ne peut en supprimer brusquement une partie sans les plus graves lésions.

Le volume entier de l'atmosphère qui enveloppe la terre est une sphère creuse de 13 lieues et demie d'épaisseur; ce volume n'est que le 35e. de celui de la terre, et son poids n'en est que les 8 dix-millionièmes, en supposant à celle-ci la densité de la pierre. Ce poids de l'atmosphère entière est exprimé en quintaux de livres par 11 suivi de seize zéros (110 000 000 milliards de quintaux).

Quelque légères que soient les dernières couches d'air, elles sont cependant retenues par l'attraction de la terre, qui dans son mouvement emporte l'atmosphère avec elle, comme elle entraîne les eaux qui sont à sa surface. La force centrifuge due à la rotation de la terre, donne à cette masse aëriforme la figure d'un sphéroïde applati sur ses poles ; et l'action du soleil et de la lune, y cause et des immenses oscillations et des gonflemens semblables à ceux des marées, quoique bien plus étendus.

Au-delà de l'atmosphère est le vide absolu. On a d'abord quelque peine à recevoir une opinion si contraire à ce qu'on observe tous les jours ; accoutumés à voir que tout espace vide est sur-le-champ comblé par l'air qui y vient affluer rapidement, nous ne pouvons concevoir

que ce vide puisse exister quelque part. Cette difficulté
ne provient que de l'idée inexacte qu'on se fait de la cause
qui détruit le vide : ce n'est point par une qualité occulte
qui rend cet état *en horreur à la nature*, comme on l'a
pensé si longtems ; c'est par l'égalité de pression en
tout sens, que pour rétablir l'équilibre, l'air se précipite
dans tout lieu où le ressort est moindre. C'est ce qui n'a
plus lieu dans une pompe aspirante à plus de 32 pieds de
hauteur, dans un baromètre au-dessus des 28 pouces de
mercure. C'est aussi ce qui arrive par-delà l'atmosphère,
puisque la pression s'affaiblit de toutes parts à mesure
qu'on s'élève. Si quelque substance surnageait à l'atmosphère, elle serait d'une ténuité plus grande que tout ce
que nous pouvons concevoir, puisque sans cela elle
devrait s'abaisser pour se placer à la hauteur qu'exigerait
sa légèreté spécifique.

Le mouvement des planètes n'est nullement altéré par
cette matière qui serait une cause retardatrice toujours
présente ; et quelque faible qu'on la supposât, avec la
durée des siècles son effet devrait être rendu sensible.
Pourquoi admettrait-on une matière subtile dans la région
sur-atmosphérique ? Si cette matière ne produit aucun effet,
qu'elle preuve a-t-on de son existence, et même qu'importe qu'elle existe ou non ? Il faut donc conclure que cet
espace immense qui nous sépare des corps célestes est un
vide qui n'est traversé que par la lumière et le calorique.

165. L'air agit sur la lumière à la manière des substances
transparentes ; il la décompose, la réfléchit et la réfracte :
c'est ce qu'il importe d'expliquer.

1°. La couleur d'azur dont le ciel nous semble peint,
est celle de l'atmosphère : le ciel ne peut envoyer ni réfléchir aucune lumière, il ne peut par conséquent être
coloré ; mais l'air agit sur celle qui la traverse et nous la

renvoie légèrement teinte de bleu. Cette couleur n'est sensible que dans de grandes masse , parce qu'elle est trop peu intense : aussi la voit-on s'affaiblir à mesure qu'on s'élève sur de hautes montagnes ; et le ciel paraîtrait noir à celui qui serait au-delà de l'atmosphère. C'est encore elle , c'est l'eau qu'elle tient en dissolution , qui pare l'horison , au lever et au coucher du soleil , de ce pourpre éclatant qui fait paraître l'air embrasé.

Une partie de la lumière solaire est absorbée dans son passage , ce qui en affaiblit l'intensité : les brumes de l'horison augmentent encore cet effet; les objets terrestres éloignés sont obscurs et teints de la couleur bleuâtre du ciel , leurs contours sont indistincts (*).

106. 2°. La lumière éprouve des réflections multipliées en traversant l'atmosphère ; son action oblique sur des couches de différentes densités , sa rencontre avec les corps opaques et les globules aqueux déterminent cette distribution

---

(*) La distance est une raison suffisante pour l'affaiblissement de la clarté, et elle aurait également lieu dans le vide. Prenons un cône de lumière envoyée par un corps; si on coupe ce cône par deux plans perpendiculaires à l'axe, les sections circulaires recevront la même quantité de lumière, qui se transmettra de l'une à l'autre. Prenons donc sur le plus grand cercle une aire égale au plus petit, elle ne recevra pas la même clarté; et si par exemple l'une est quadruple de l'autre, la même lumière étant dispersée sur une surface quatre fois plus grande, le quart du plus grand cercle ne recevra que le quart de celle qui éclaire le plus petit. Ces cercles sont comme les carrés de leurs rayons, et par conséquent comme ceux de leurs distances au sommet du cône : donc la lumière décroît d'intensité en s'éloignant du corps lumineux à raison des carrés des distances. L'éclat que réfléchissent les corps opaques suit la même loi de dégradation ; et l'interposition de l'atmosphère et des vapeurs qui en troublent la transparence augmentent encore puissamment cet effet.

de rayons dans une multitude d'endroits où leur direction primitive ne leur aurait pas permis de pénétrer. C'est ainsi qu'on ne peut fixer les yeux au centre d'éclat où l'image solaire vient se peindre sur un miroir; et même sur là surface d'une eau tranquille, que sa lumière pénètre cependant, partie réfléchie, partie réfractée. Sans l'atmosphère, nous ne pourrions être éclairés lorsque les rayons ne seraient pas directs. La nuit, le jour se succéderaient brusquement, et ce changement subit se répéterait à chaque instant dans le passage de l'ombre à la lumière.

C'est donc à la présence de l'atmosphère que nous devons le bienfait de ce jour faible et croissant qui précède le lever du soleil, et de celui qui suit son coucher. Imaginons un cercle parallèle à l'horison et plus bas de 18° mesurés verticalement; c'est lorsque le soleil atteindra ce cercle que commencera l'*Aurore*, ou que finira le *Crépuscule*; phénomènes pompeux qu'accompagnent d'une manière si ravissante les couleurs les plus brillantes, et l'éclat de la lumière zodiacale (43). Leur durée varie avec les saisons et les lieux: au solstice d'été, l'aurore succède à Paris au crépuscule, et il n'y a pas de nuit véritable (*). Vers les pôles, le phénomène doit s'observer deux mois avant que le soleil paraisse sur l'horison et deux mois après qu'il en est disparu, ce qui réduit à deux cette nuit de six mois à laquelle sont condamnés les habitans de cette région, s'il en est.

Puisque le point du jour commence lorsque le soleil est

(*) En effet le cercle que le soleil décrit à cette époque est tout entier au-dessus de celui qui marque le commencement de l'aurore. A Paris, la latitude ou l'élévation du pole est de 48° ½; donc ce cercle est à 66° ½ du pole, ce qui est précisément sa distance au tropique du cancer dans lequel se trouve le soleil au solstice d'été. L'aurore commence donc dès que finit le crépuscule.

abaissé à 18° sous l'horison , ses rayons en rasant la surface
terrestre vont se réfléchir dans la couche atmosphérique
qui a une densité assez grande pour nous renvoyer une
lumière sensible. C'est en livrant ces donnés au calcul qu'on
a trouvé que cette couche est placée à environ 36000 toises
de hauteur ; et si on s'élève seulement jusqu'à 40000 toises,
on est du moins certain que la pression de l'air n'y pourrait
pas soutenir le mercure à $\frac{3}{100}$ de ligne de hauteur dans le
tube. L'air y est au moins aussi rare que dans nos meilleures
machines pneumatiques. On ne doit donc pas supposer
que l'atmosphère s'étende bien au-delà, ce qui lui donne
à-peu-près 16 lieues d'épaisseur ; cependant si on doit
ajouter foi à des relations de quelques météores observés, il
faudrait admettre qu'à 20 lieues de hauteur, il y a encore
des substances gazeuses susceptibles d'inflammation et
même de détonation.

Fig. 8.   107. 3°. Si un astre nous envoie un rayon lumineux Mm,
ce rayon ne suit la direction rectiligne que jusqu'à son entrée
m dans l'atmosphère ; et si on conçoit l'épaisseur mO partagée
en tranches concentriques de densités successivement crois-
santes, ce rayon éprouvera des déviations continuelles qui le
rapprocheront de la verticale ($102,4°$), dans le passage de
l'une de ces couches à la suivante ; ce qui donne à sa marche
une forme courbe mO concave vers la terre. Accoutumés à
rapporter les objets dans la droite où la lumière qu'ils nous
envoient nous parvient, nous jugeons donc l'astre en M',
dans la direction OM' de la tangente à la courbe mO. Cette
réfraction nous fait donc rapporter les astres à une place
différente de celle qu'ils occupent ; et puisque le corps M
nous paraît en M', *l'effet de la réfraction s'exerce vertica-*
lement , accroît la hauteur des astres et diminue leur dis-
tance au zénith.

Plus le rayon est oblique et plus la réfraction est forte

(102,4°); c'est pourquoi elle est la plus grande quand l'astre est à l'horison; elle décroît ensuite graduellement jusqu'au zénith où elle est nulle. La réfraction cesse en effet d'avoir lieu lorsque le rayon incident est perpendiculaire à la surface qui sépare les deux milieux. Le bâton plongé dans l'eau ne paraît plus brisé s'il a une situation verticale, et plus il est oblique plus la fracture apparente est forte.

C'est à la réfraction qu'on doit l'avantage de jouir plus longtems de la présence du soleil sur l'horison; on évalue la réfraction horisontale à 33′, c'est-à-dire que si on conçoit au-dessous de ce plan DD' et à la distance de 33′, un second Fig. 8. plan parallèle au premier, les astres nous paraîtront se lever à l'instant où ils atteindront celui-ci. Le tems dont le lever réel précède le lever apparent dépend de l'étendue de l'arc décrit intercepté entre ces deux plans, et par conséquent de la déclinaison. Ainsi aux solstices, le soleil se lève 4′6″ plutôt en vertu de la réfraction.

Un phénomène qui déplace ainsi les astres et leur donne un mouvement apparent si différent du leur, ne pouvait être négligé dans les calculs : les astronomes ont donc dû s'assurer de tous les effets de la réfraction. Elle dépend surtout de la température et de la densité de l'air; et comme la loi qui distribue ces élémens dans les couches supérieures est inconnue, il devenait très-difficile de soumettre cette théorie à des règles sûres. C'est un des plus beaux travaux du siècle que de l'avoir pliée aux calculs les plus exacts ; et ce savant, dont le nom tient un rang distingué parmi les hommes de génie, M. Laplace, a porté cette doctrine à un point de précision inespéré.

La construction et l'usage des tables de réfraction sont consignés dans les traités d'astronomie : nous ferons remarquer seulement qu'on ne peut compter sur l'exactitude rigoureuse que lorsque l'astre est à plus de 12 degrés d'é-

lévation. Les vapeurs de l'horison influent assez sur la réfraction pour laisser quelque incertitude sur ses effets.

108.   Si la lune était douée d'une atmosphère, la lumière
des étoiles devrait s'y réfracter. Soit $GAOG'$ le globe de la

Fig. 8. lune; l'étoile P enverrait le rayon PO, qui, près de l'occultation, s'infléchirait en rasant la surface; la même chose
aurait lieu à la sortie de l'atmosphère, et une seconde déviation donnerait au rayon la direction OQ. A la fin de
l'occultation on éprouverait un effet semblable qui double-
rait le premier. L'étoile aurait semblé reculer d'abord devant la lune, et la fuir ensuite plus rapidement. On peut
même concevoir une atmosphère tellement composée que
l'astre ne disparaîtrait pas, et passerait brusquement d'un
côté de la lune à l'autre côte. Ainsi la durée de l'occultation
serait moindre que le tems nécessaire pour traverser le
disque lunaire; et comme on n'observe pas la plus légère
différence, il faut bien en conclure que la lune n'a pas
d'atmosphère.

109.   Calculons la vîtesse avec laquelle la lumière se
propage. Pour acquérir l'idée de la rapidité d'un mouvement, on compare l'espace décrit au tems employé : l'espace parcouru dans l'unité de tems est ce qu'on nomme la
Vîtesse; plus cette longueur est grande et plus il y a de rapidité. Celle de la lumière passe toute idée ; aussi pour la
mesurer, faut-il chercher une échelle dans l'immensité des
cieux.

Fig. 12.   Si la terre est en A, la lumière d'un astre placé du même
côté, par rapport au soleil S, doit mettre moins de tems à
y parvenir que lorsqu'elle sera du côté opposé P; la différence sera le tems employé à parcourir le grand axe AP de
l'écliptique, qui a 70 millions de lieues. C'est ainsi que
lorsqu'on entend de loin le bruit du canon, et qu'on peut
apercevoir le feu de l'explosion, on remarque un tems très-

appréciable entre la flamme et le bruit, durée qui augmente en s'éloignant. Le son court donc plus lentement que la lumière ; et même dans une aussi petite étendue que celle dont nous pouvons disposer, l'impression de la clarté peut être regardée comme instantanée. C'est à l'aide de cette expérience qu'on a mesuré la vîtesse du son ; qu'il soit grave ou aigu, fort ou faible, il parcourt 150 toises par seconde.

Au reste nous ne faisons ici qu'une comparaison bien imparfaite, puisque le son est une suite de vibrations de l'air qui se communiquent de proche en proche, comme les ondulations qu'on voit à la surface de l'eau. Le vent, qui n'est que le déplacement de l'air, aurait fourni une comparaison plus juste, si sa vîtesse n'eût pas été si variable ; elle n'est que de 5 toises par seconde dans les tems ordinaires, et de 15 toises dans les plus violentes tempêtes.

Lorsque le premier satellite de Jupiter passe dans le cône d'ombre de cette planète, il s'éclipse pour reparaître un peu au-delà : cette époque est marquée par l'instant où il se trouve dans le nœud de son orbite circulaire, c'est-à-dire tous les $42^h,35$. Si la progression de la lumière était instantanée, le tems écoulé entre deux éclipses quelconques, serait autant de fois $42^h,35$ qu'il y a eu de révolutions : mais il n'en est pas ainsi. Soient T la terre, S le soleil, et B Jupiter en opposition ; si, à dater de cet instant, on observe l'immersion du satellite, on trouvera que chacune des suivantes retardera de plus en plus à mesure que la terre s'éloignera en $G, P..$, et ces retards accumulés jusqu'à la conjonction en I, iront à $16',4$. Le contraire aura lieu lorsque, continuant son cours, elle se rapprochera en $I, H, A...$; l'instant de l'immersion avancera de plus en plus, et tout se trouvera compensé au retour à l'opposition ; ensorte qu'il se sera précisément écoulé, depuis la première

Fig. 12

14

immersion autant de fois 42ʰ,35, qu'il y aura eu de révolutions du satellite.

La présence de l'atmosphère ne change rien à ces considérations, non-seulement à cause de son peu d'étendue, mais encore parce qu'au lieu de retarder le mouvement, il suit de l'attraction qu'elle exerce sur la lumière, qu'elle doit au contraire l'accélérer, ainsi qu'on le prouve en physique. Nous avons encore fait abstraction de l'excentricité de l'écliptique et de quelques autres circonstances peu influentes; mais on a répété les expériences sur les autres satellites de Jupiter; on a employé la plus grande précision dans les calculs : leur constant accord avec les observations ne permettent pas de révoquer en doute que la lumière n'emploie 16′,4 à traverser l'écliptique; ce qui donne 8′13″ pour le tems qu'elle met à nous venir du soleil; vîtesse 10 millions de fois plus grande que celle d'un boulet de canon, et 10 mille fois plus que celle de la terre. L'atome lumineux qui frappe maintenant celui qui regarde une étoile, en est parti il y a plus de trois ans, et a parcouru 70 mille lieues par seconde. Quelle distance ! quelle vîtesse ! l'imagination ne peut s'y soumettre.

On a calculé qu'une bougie d'un pouce de longueur, est divisée par la combustion en un nombre de parties, exprimé par 27 suivi de 47 zéros; ensorte qu'à chaque seconde, il s'est dégagé de la bougie un nombre de parcelles marqué par 42 suivi de 43 zéros, c'est-à-dire plus de mille millions de fois le nombre des grains que fournirait la masse entière de la terre convertie en sable. Cependant une immense partie de la bougie a été bien plus grossièrement divisée que la lumière. Quelle est donc la prodigieuse ténuité de ses particules? Et si la vîtesse d'un corps lancé croît lorsque sa masse diminue, est-il si étonnant que celle de la lumière soit si grande; que ses molécules ne se heurtent pas en se croisant de mille manières; enfin que cette déperdition continuelle n'ait pas sensiblement diminué le volume des corps célestes?

Au reste, combien de choses incompréhensibles, et qui n'en sont pas pour cela moins incontestables! La connaissance de quelques nouveaux faits sert bien souvent à concevoir ce dont on était assuré d'avance, et on cesse alors d'être surpris.

110. La lumière des étoiles est animée d'un tremblement plus ou moins fort qu'on nomme *Scintillation.* Selon M. Biot, l'atmosphère étant très-agitée, il en doit résulter des changemens bruques de densités dans les diverses parties de son étendue, tant par la diversité des gaz et des vapeurs qui y flottent, que par les proportions de calorique et d'électricité : de là mille petites réfractions accidentelles qui produisent ce tremblement; mais si telle était la cause de ce phénomène, il semble qu'il en devrait résulter des ondulations de plusieurs minutes, ce qui n'est point.

Lorsqu'on regarde les étoiles à la vue simple, leurs dimensions en sont considérablement accrues : Tycho et Képler croyaient le diamètre de Vénus, l'un 12 fois, l'autre 7 fois plus grand qu'il n'est. Dans de bonnes lunettes cette augmentation, qu'on nomme *Irradiation,* disparaît presque tout-à-fait. Le diamètre des étoiles n'est nullement appréciable, et on est incertain de 2″ ou 3″ sur les diamètres du soleil et de la lune. On n'observe que très-peu de scintillation aux planètes, sur-tout si elles sont élevées : l'ondulation a bien lieu sur les bords, mais le disque n'éprouve pas cette espèce d'agitation.

111. Qu'un corps se meuve de D vers A, tandis qu'un autre viendra le frapper dans la direction BA, l'effet résultant de ces deux mouvemens se trouve en prenant les lignes AB et AD proportionnelles aux vitesses et achevant le parallélogramme ; la résultante sera la diagonale AC.

Fig. 24.

Ainsi on pourra supposer que le mobile, en repos au point A, est poussé par la force AC. Lorsque la terre nous entraîne dans son mouvement annuel selon la direction DA, la lumière nous vient d'un astre selon AB, et l'impression est la même, parce que nous sommes aussi insensibles au mouvement de la terre, que si nous étions en repos et que la lumière nous vînt selon AC. Nous devons donc voir l'astre selon la ligne AC.

Si on est dans une voiture en repos et ouverte par devant, on sera abrité de la pluie qui tomberait verticalement : mais si la voiture court, elle se présentera au-dessous de la pluie avant qu'elle ait pu arriver à terre, et on recevra la même impression que si elle eût tombé obliquement. C'est ce qu'on peut éprouver tous les jours.

Nous ne voyons donc pas les astres où ils sont; mais comme le côté AD est fort petit relativement à AB, et seulement la 10313me. partie au plus, la déviation n'est à peine que de $20''$. Cet effet prouve à-la-fois d'une manière invincible, le mouvement de la terre et celui de la lumière; on le nomme *Aberration*. Nous ne parlons pas ici de la rotation diurne, car son peu de vîtesse en rend la considération tout-à-fait insensible. Quant à la présence de l'atmosphère elle agit comme force réfractive, et non pas pour changer la vîtesse de la lumière; ainsi on doit combiner l'effet de la réfraction avec celui de l'aberration.

L'angle de déviation BAC dépend des directions relatives du mouvement de la terre et de celui de la lumière; ainsi il est nul lorsque ces directions concourent, et le plus grand ou de $20''$, lorsqu'elles sont à angle droit. Menons du soleil S la ligne St' à une étoile; lorsque la terre sera en quadrature au point B, la direction Bt de la lumière concourra avec celle de son mouvement, parce que le point t' est situé à l'infini; il n'y aura pas d'aberration. Mais si la terre est en

C, l'étoile *t'* devancera un peu son lieu réel, et elle paraîtra plus loin en *a'*, parce que la vîtesse de la terre est oblique sur *Ct'* ou *St'*. En *T* les mouvemens sont à angle droit, la déviation sera la plus forte, et *t'b'* étant de 20″, l'étoile sera vue en *b'*. Au-delà, en *E*, l'obliquité se reproduira, et l'étoile se rapprochera du point *t'*, où elle se retrouvera à la quadrature opposée ; après quoi elle semblera s'éloigner vers *d'* du côté opposé, etc. Outre ces déviations en longitude, elle en éprouvera de même en latitude, en sorte qu'elle semblera décrire une petite ellipse autour de son lieu véritable, de 40″ de largeur, paraissant ainsi osciller de part et d'autre, dans une période exacte d'une année, et en devançant toujours la terre de 90° dans cette orbite fictive, qu'elle décrit dans le même sens que se fait la révolution terrestre.

Toutes ces combinaisons se vérifient par l'observation ; le soleil paraît toujours 20″ en avant de son lieu réel : les étoiles paraissent décrire ces petites ellipses dont nous venons de parler, comme elles le feraient si elles étaient sensibles à la parallaxe annuelle ; mais elles n'en ont aucune, et on doit sur-tout ne point confondre la parallaxe avec l'aberration, puisque l'un et l'autre déplacent, il est vrai, les astres, mais non pas dans le même sens ; en sorte qu'ils retardent de 90° par rapport au lieu où ils seraient sur cette ellipse en vertu de la parallaxe. Les calculs les plus précis accordent les observations avec la théorie de manière à ne laisser aucun sujet d'incertitude ; on a même reconnu par là que la lumière se meut uniformément, puisque si sa vîtesse eût été différente à diverses époques en la comparant avec celle de la terre, on eût été conduit à d'autres résultats.

Les plus petites différences appréciables sont ainsi soumises au calcul astronomique : tel est le dégré de certitude que ses théories doivent inspirer, que si on a égard aux corrections de parallaxe, de nutation, de réfraction et d'aberration, on est certain, avec une précision étonnante, du lieu d'un astre à une époque long-tems donnée d'avance. On peut disposer une lunette et prédire, sans crainte d'erreur, pour toutes les étoiles et les planètes, et plusieurs années avant, la minute et la seconde où elles se présenteront, non-seulement dans l'axe optique de l'instrument, mais encore devant chacun des fils du micromètre dont il sera armé.

Fin de la première Partie.

URANOGRAPHIE.

SECONDE PARTIE.

Connaissance du Ciel.

I. Des Constellations.

Dans la première partie nous avons exposé les principes généraux nécessaires à l'intelligence de la seconde; nous ne ferons qu'appliquer ces principes à divers problèmes : nous enseignerons l'art de trouver à chaque instant le lieu d'un astre, et de le reconnaître par la place qu'il occupe.

112. Les étoiles ont été réunies en *Constellations*, groupes auxquels on a imposé des noms tirés de l'histoire, de la mythologie ou des règnes de la nature. Ces dénominations, consacrées par l'antiquité, sont d'ailleurs tout-à-fait arbitraires, et on ne doit s'attendre à trouver, dans les dispositions des étoiles qui les composent, rien qui puisse avoir rapport avec la figure dont la constellation porte le nom. C'est pour cela que nous avons préféré ne pas dessiner ces figures dans les cartes, qui eussent été plus confuses sans profit pour l'instruction, et qui, peut-être, eussent été d'un usage plus incommode, en présentant à

l'esprit des images fausses. Les constellations zodiacales présentant seules un degré d'intérêt dont l'histoire de l'antiquité s'appuie, nous avons cru devoir en rapporter les figures dans une seule carte (la IXe.).

Les figures et les dénominations des constellations, quoiqu'arbitraires en elles-mêmes, ne le sont pas tellement qu'on ne puisse les lier entre elles, à l'aide de rapprochemens chronologiques. Ce n'est pas une chose sans intérêt que de remonter ainsi à leur origine ; et si plusieurs sont d'une création moderne, un grand nombre du moins remonte à la plus haute antiquité : il est utile d'y reconnaître les usages civils et religieux de nos ancêtres, les phénomènes physiques et les grands événemens politiques dont ils ont conservé le souvenir, dans cette partie que les sciences laissent à la disposition des hommes.

Mais il est bien difficile de donner à l'explication de ces figures le caractère de vérité qui en fait le seul mérite et le charme. Ce ne peut être que par un accord unanime entre ces interprétations, que par des rapprochemens vrais avec les usages des peuples créateurs de cette sorte de langue, qu'on peut s'assurer d'être à l'abri de l'erreur. Combien d'hommes célèbres se sont trompés sur ce sujet épineux ! combien d'opinions adoptées légèrement et défendues sans mesure ! craignons donc de substituer des erreurs à d'autres. Mais s'il n'est pas possible d'avoir une démonstration mathématique dans des suppositions de cette nature, ne renonçons pas à recevoir celles qui réunissent un haut degré de probabilité, seule preuve que les vérités historiques puissent offrir.

Nous adoptons en grande partie l'opinion de Dupuis (*Mém. de l'Acad.*, 1785 ; *Journ. des Sav.*, 1788) ; elle nous a paru réunir tous les genres de preuves dont ces assertions sont susceptibles, tant par la sagacité des explications et

leur accord, que par les rapprochemens heureux auxquels
les résultats conduisent. Ce savant professeur était loin de
prévoir, lorsqu'il composa ce beau travail, que vingt-cinq
ans après, les Français iraient conquérir l'Egypte, et en
rapporteraient tous les élémens confirmatifs de son systême.

Toutes les constellations ne furent pas créées par les
Egyptiens; mais les temples de Dendérah et d'Esné, dont
l'existence remonte à trois et quatre mille ans, bien avant
les tems fabuleux de la mythologie, ne laissent pas douter
que les Grecs n'aient emprunté à ces peuples les constellations zodiacales : ce ne peut être maintenant le sujet d'une
discussion. Ces constellations ont depuis été respectées
comme autant de mystères religieux, et nous sont parve-
nues, à travers tant de siècles, presque sans altération. Ce
sont sur-tout les figures du zodiaque dont l'interprétation
est utile, autant par leurs rapports avec la religion, l'histoire et les événemens physiques de ces tems reculés, que
parce qu'on doit prévoir que les autres constellations,
quoique créées dans des tems postérieurs, ont dû porter
l'empreinte des mêmes principes qui avaient présidé à la
création des premières. D'ailleurs le zodiaque, demeuré
inaltérable jusqu'à nous, nous offre bien plus de res-
source pour expliquer et plus de probabilité dans les résultats.

Quant aux autres constellations, leur importance est
bien moindre : souvent on a divinisé des hommes, et la
flatterie a osé souiller le ciel de ses louanges; d'autres fois les
héros bienfaiteurs des hommes y ont trouvé la place qu'ils
méritaient. Enfin, la poésie est venue parer de ses aimables
prestiges les faits véritables consignés dans le firmament, et
dénaturer leur simplicité. Nous rapporterons les principales
fictions mythologiques; mais on voudra bien ne pas oublier
que la fable n'a que bien longtems après embelli la vérité
de ses erreurs, et prêté ses riantes images aux événemens

dont les astronomes et les prêtres avaient placé les symboles parmi les astres (*).

Chaque étoile porte ordinairement une lettre grecque, qui sert à la dénommer ; c'est ainsi qu'on dit *l'étoile α de la grande Ourse, β des Gémeaux,* etc. ; celles qui se distinguent par la vivacité de leur lumière, sont dites de *première grandeur* ; celles dont l'éclat est un peu moindre sont de *seconde grandeur* ; viennent ensuite celles de *troisième, quatrième, cinquième* et *sixième grandeur :* les autres ne peuvent être aperçues à la simple vue. Il ne faut pas attacher une idée d'exactitude à ces différentes grandeurs, et les astronomes ne sont pas d'accord entre eux sur leurs limites : quelques étoiles sont entre la première et la seconde, d'autres entre la seconde et la troisième, etc. Cette espèce de classification èst établie d'après l'éclat, et non d'après la grandeur des astres, puisque leurs dimensions sont inappréciables pour tous ; nous remplacerons donc ces désignations par celles *d'étoiles primaires, secondaires, tertiaires,* etc. On

____

(*) Les noms des principales constellations ont été renfermés dans les vers suivans :

Zodiacus monstrat bis sex ea signa notanda :
Est Aries, Taurus, Gemini, Cancer, Leo, Virgo,
Libraque, Scorpius, Arcitenens, Caper, Amphora, Pisces.

Ad Boreamque tria et viginti sidera cernes :
Est minor Ursa, Draco, Cepheus et Cassiopeja,
Andromede, Perseus, Auriga, Trigonus et Ursa
Major, Pegasides, et Equi præsectio, Delphin,
Hercles, Anguitenens, Serpensque, Corona, Bootes,
Cæsaries, Vultur, Telum, Lyra fulgida, Cygnus,
Antinoïsque puer, Parioque Camelus ad Ursas.

Vigentique novem vergentia sidera ad AUSTRUM :
Cetus et Eridanus, Lepus et nimbosus Orion,
Sirius et Procyon, Argo ratis, Hydraque Crater,
Corvus, Centaurus, Lupus, Ara, Corollaque, Piscis
Austrinus, Piscisque volans, Dorado, Columba,
Deltoton, Pavo, Crux, Musca, Chamæleon, Hydrus,
Piscaque, Grus, Phœnix, Indus, Paradiseus ales.

donne aussi des noms particuliers à un petit nombre d'é-
toiles qui sont très-remarquables, tels que *Aldebaran*,
Antarès, *Rigel*, etc. Ces noms sont dus, pour la plupart,
aux astronomes arabes.

Quoiqu'on puisse observer le ciel dans toutes les nuits
sereines, celles d'automne et d'hiver sont préférables à
cause de leur longueur (34), et parce qu'aucune lueur crépusculaire ne diminue l'éclat des étoiles. En prenant donc
deux belles nuits vers les mois d'octobre et de mars, on
pourra connaître toutes les constellations visibles à Paris.
Mais il conviendra de ne chercher d'abord à distinguer que
les plus brillantes, et sur-tout les étoiles primaires et secondaires. Leur éclat est remarquable, même dans les nuits
éclairées par la lune, et on peut encore les apercevoir lorsque le tems n'est pas trop nébuleux : ces étoiles servent
alors de points de reconnaissance pour distinguer la place
qu'occupent les autres, et qu'on ne peut voir.

Voici les noms des étoiles de première grandeur rangés
dans l'ordre de leurs degrés d'ascension droite :

*Aldebaran, la Chèvre, Rigel, l'Epaule droite d'Orion,
Sirius, Régulus, l'Epi de la Vierge, Arcturus, Antarès,
la Lyre, Altaïr* et *Fomalhaut.*

Il y a en outre *Canopus* et *Achernar*, qui ne s'élèvent
jamais au-dessus de l'horison de Paris.

Outre ces quatorze étoiles, plusieurs astronomes en
mettent encore quelques autres au rang des primaires,
telles que :

*Le cœur de l'Hydre, la queue du Lion, Procyon, la queue
du Cygne, Castor, le pied α de la Croix du Sud, α et β aux
pieds antérieurs du Centaure, l'œil α du Paon, enfin β du
Vaisseau.* (Ces quatre dernières ne sont jamais visibles ici).

D'autres, au contraire, ne regardent pas *Altaïr* et *l'Epi*
comme primaires.

Pour aider la mémoire, on a consigné dans les vers suivans les noms des principales étoiles.

1°. Étoiles Primaires.

Primâ luce *Canis major* (1) præfulget in austro ;
Mox *Humerus dexter, Pes lævus* (2) *Orionis :* inde
Est *oculus Tauri* (3), supraque corusca *Capella :*
Hinc *Lyra* et *Arcturus*, *cor Scorpii* (4), *Arista puellæ*,
Anteit *cor Hydræ*, sie *cor* (5) et *cauda Leonis*
Ast infra *Fomalhaut* lucet, *Canopus, Achernar* (6).

2°. Étoiles Secondaires.

Est *superum Tauri* cornu fulgore secundo,
Pes et utrumque *caput* (7) *Geminorum*, sicque *Leonis*
In medio collo *Cervix* et lucida *Tergi :*
Utraque *lanx Libræ*, mox *Frons* quâ *Scorpio* fulget.
Insuper ad boream lucet quâ prima *draconis*
Caudæ flexuram sequitur : septemque *Triones* (8)
Inde corona nitet borealis, *Gnosia* dicta ;
Dein media in *collo Serpentis, caudaque Cygni :*
Hinc *Aquila* est, vulturve volans, quæ dicitur arti :
Aurigæ est *Humerus* dexter, mox lucida fulget.
Quam latere in dextro *Perseus* habet : inde quaternis
Pegasus, inque isto *Major crux* (9) dicta renidet.
At spectant austrum *Cetios* et lucida *Caudæ ;*
Balthæus Orionis fulgens, (10) *Humerusque* sinister,
Pes prior, inde *Canis majoris*, luxque *Minnis* (11)
Atque *Columba Noe*, cum *Gallo* est infima nobis.

On se sert de deux procédés pour reconnaître les étoiles : les alignemens et le passage au méridien ; le premier aide

---

(1) *Sirius.* (2) *Rigel.* (3) *Aldebaran.* (4) *Antarès.* (5) *Regulus.*
(6) Ces deux étoiles ne sont jamais visibles à Paris.
(7) *Castor et Pollux.* (8) *La Grande Ourse.* (9) *La Grande Croix.*
(10) *Le Baudrier d'Orion.* (11) *Procyon.*

beaucoup la mémoire; le second se prête mieux aux usages astronomiques; nous développerons l'un et l'autre, et les cartes seront utiles pour suivre ces explications. La méthode des alignemens consiste à connaître d'avance un certain nombre d'étoiles, et à s'en servir pour déterminer les autres à l'aide de lignes menées par les premières : c'est d'elle que nous allons d'abord nous occuper. Mais nous devons prévenir que ces alignemens ne sont qu'approximatifs, et que les cartes ne les représentent pas très-fidèlement. On ne peut projetter la sphère céleste sur un plan, qu'à l'aide de procédés qui ont leurs avantages et leurs inconvéniens. Après avoir essayé, avec le plus grand soin, toutes les projections connues, j'ai dû préférer celles qui conservent aux constellations leurs figures, objet ici le plus important : mais les alignemens sont un peu altérés, sur-tout à mesure qu'on les prolonge davantage.

113. Les cartes qui représentent les constellations polaires (planches IV et V) sont construites d'après la méthode de *Lorgna* (*voyez* Intr. de M. Lacroix à la Géogr. de Pinkerton).

Les méridiens sont représentés par une suite de droites; le pole est au centre des cercles concentriques qui sont les parallèles à l'équateur. Cette projection a l'inconvénient de dilater les dimensions dans le sens du cercle équatorial qui termine la carte, et de les resserrer dans le sens des méridiens. Mais toute la partie qui est voisine du pole, y est représentée de la manière la plus nette et la plus favorable; chose essentielle ici, puisque les constellations voisines de l'équateur sont figurées ailleurs. L'usage de cette carte est d'ailleurs très-commode, puisque les méridiens sont des droites, et qu'en outre les parallèles à l'équateur sont des cercles concentriques; d'où il suit que la règle et le compas peuvent suffire à la résolution d'une foule de problèmes. La planche V est destinée à montrer, sous de plus grandes dimensions, les constellations qui approchent du pôle de l'écliptique.

Les autres planches sont construites d'après la méthode des *cartes réduites* ; les méridiens sont représentés par une suite de parallèles, et les cercles d'ascension droite leur sont perpendiculaires. Comme toutes ces cartes représentent la concavité du ciel, le spectateur doit avoir le visage tourné vers le midi, l'occident à droite et l'orient à gauche, pour voir le ciel comme il y est figuré. La planche VI représente, mais sous des dimensions moindres, la même chose que les planches VII et VIII : la première a l'avantage de pouvoir être embrassée d'un coup-d'œil et consultée avec plus de facilité : les deux autres offrent plus de netteté, à cause de l'étendue des développemens. Enfin la planche IX représente les constellations zodiacales avec leurs figures. La ligne qui la traverse est l'écliptique, et l'équateur y est représenté par une courbe : c'est le contraire dans les autres cartes.

Au reste nous expliquerons par la suite l'usage de ces cartes avec plus de détail. Entrons maintenant en matière et indiquons les figures des constellations, leurs noms et les alignemens qui s'y rapportent.

Constellations boréales.

114. Que l'observateur se place dans un lieu découvert ; qu'il ait le dos tourné au midi, et par conséquent le couchant à sa gauche et le levant à droite ; il aura devant lui et presque au-dessus de sa tête le pole, qui est distingué par une étoile à-peu-près immobile et qu'on nomme *polaire* ; c'est presque la seule qui soit secondaire dans cet espace, et nous enseignerons bientôt à la reconnaître ; mais

Il nous suffit de dire ici que toutes les constellations tournant autour de ce point et celles qui en sont voisines, ne se couchant jamais à Paris, elles prennent toutes les situations possibles en 24 heures, et se trouvent tantôt d'un côté, tantôt de l'autre. Nous avons dit que le ciel change d'aspect à une même heure de chaque nuit, par la succession des saisons : les méridiens de chaque étoile anticipent de jour en jour sur celui que le soleil occupe, et on ne peut d'avance leur indiquer une place fixe, si ce n'est par une table qui en marque les variations journalières (*voy.* n°. 182).

Le spectateur ainsi placé, verra devant lui une constellation que nous allons décrire, et qui se nomme *la grande Ourse* ; une fois connue, elle nous servira à trouver successivement toutes les autres. Nous engageons sur-tout à chercher d'abord les suivantes dans l'ordre où nous les indiquons, du moins autant qu'elles seraient visibles ; savoir : la grande Ourse, Cassiopée, Pégase, Andromède, Persée, le Lion, Orion, Sirius, les Gémeaux, le Taureau, le Cocher, la Lyre, le Cygne, le Scorpion, le petit Chien et le Poisson austral. Les autres se présenteront pour ainsi dire d'elles-mêmes, et sont d'ailleurs bien plus difficiles à reconnaître sans le secours de celles qui en sont voisines.

115. LA GRANDE OURSE, LE CHARIOT ; *Ursa, Arctos, septem Triones, Helix, Plaustrum,* pl. IV et V.

Cette constellation est une de celles qui ne se couchent jamais à Paris, et qui par conséquent prend toutes les situations possibles, en tournant autour du pôle. Elle est formée de sept belles étoiles dont quatre α β γ et δ forment un carré long ; les trois autres ϵ ζ sont placées en ligne courbe, et on remarquera que les deux premières

Fig. 25.

$\iota\,\zeta$ sont sur le prolongement de l'une des diagonales $\beta\,\delta$ du carré. De ces sept étoiles, une seule δ est tertiaire, les autres sont secondaires; $\alpha\,\beta$ se nomment les *Gardes*, $\iota\,\zeta\,\eta$ forment *la Queue*. *Voy.* la fig. 25.

En avant du carré et du côté opposé à la queue, on voit 6 à 7 étoiles quartaires, placées en demi-cercle $o\,h\,\upsilon\,\kappa\,\iota$, convexe vers le carré, et dont un bout $\kappa\,\iota$ se joint à 3 ou 4 autres du Lynx, pour former une sorte de S: ce demi-cercle $o\,h\,\upsilon\,\theta$ est la tête de l'Ourse, les quatre pattes $\mu\,\lambda$, $\nu\,\xi$, et $\varkappa\,\iota$ sont placées au midi, un peu au-dessus du Lion.

Sous la forme de Diane, Jupiter ayant séduit *Calisto*, l'une de ses nymphes, il en eut un fils nommé Arcas: Junon les métamorphosa en Ourses; mais le Dieu les ayant enlevées les plaça dans le ciel. Junon furieuse pria les Dieux de la mer de refuser à cette constellation adultère l'avantage de se plonger chaque jour dans l'Océan.

> *Gurgite cœruleo septem prohibete Triones,*
> *Sideraque in cœlum, stupri m rcede recepta,*
> *Pellite, ne puro tingatur in æquore pellex.*
>
> (Métam. II. 527.)

On la nommait aussi les *Bœufs d'Icare*, à cause du voisinage du Bouvier (n°. 127).

> *Flectant Icarii sidera terga boves.*
> (Properce.)

116. LA PETITE OURSE, LE PETIT CHARIOT: *Ursa minor, Cynosura, Arctos minor*, pl. IV et V.

Cette constellation, plus près du pole que la précédente, est aussi formée de sept étoiles, qui affectent la même disposition, mais sous des dimensions moitié moindres; elle est d'ailleurs placée en sens inverse. Si on prolonge la ligne α β des deux gardes de la grande Ourse, ou les premières du carré, on sera conduit vers le nord, à la dernière de la queue : c'est l'*Etoile polaire* α ; elle est secondaire, et à $1\frac{1}{2}°$ du pole. Les deux étoiles β γ sont tertiaires ; on les nomme *les Gardes*, elles forment un carré avec ζ et η; ε, δ et α composent la queue. Mais α β et γ exceptées, les autres étoiles sont assez peu visibles.

Si sur le milieu du côté α δ du carré de la grande Ourse, on élève une perpendiculaire vers le pole, elle se dirigera aux deux gardes β γ de la petite Ourse. On voit donc combien il est facile de s'orienter la nuit, c'est-à-dire de trouver le quatre points cardinaux.

> *Arctos Oceani metuentes æquore tingi.*
>
> (Géorg. I, 246.)

117. CASSIOPÉE: *Cassiopea, Siliquastrum, Solium*, etc. pl. IV et V.

Cette constellation est de l'autre côté du pole par rap- Fig. 26. port à la grande Ourse ; elle est aussi une de celles qui ne se couchent jamais ici, et qui prend toutes les situations à l'égard de notre horison, à mesure qu'elle tourne autour du pole. La ligne qui va de la première ε de la queue de la grande Ourse à l'étoile polaire, prolongée d'une égale quantité, va traverser Cassiopée. Ce groupe de 5 étoiles tertiaires est très-remarquable, parce qu'il affecte la forme d'un *Y* (*Voy.* la fig. 26), dont la queue est brisée à l'étoile δ. Quelques personnes y trouvent encore la figure d'une chaise renversée; β, α, γ et κ, forment le siège ; le dos courbé est γ δ ε. Ces figures sont assez équivoques, sur-tout en considérant qu'elles se présentent sous toutes les apparences de renversement. Mais rien n'est plus facile que de distinguer cette constellation. β est secondaire, et fait avec α et γ un triangle presque équilatéral : c'est le haut de l'*Y*.

15

Cassiopée, femme de *Céphée*, roi d'Ethiopie, ayant eu la vanité de se croire plus belle que les déesses, elles s'en vengèrent en suscitant un monstre destructeur ; pour en arrêter les ravages, Céphée se vit forcé de lui dévouer sa fille *Andromède*. Les Dieux touchés de cette expiation, et de tant de beauté et d'innocence, permirent qu'elle fût délivrée.

Illic immeritam maternæ pendere linguæ
Andromedam pœnas injustus jusserat Ammon.
(Métam. IV.)

Persée, fils de Jupiter et de Danaë, ayant vaincu les Gorgones, et armé de la *tête de Méduse*, qui avait le funeste pouvoir de convertir en pierre quiconque la regardait, vainquit le monstre et épousa Andromède. Cassiopée est représentée sur un trône et ornée de palmes, pour marquer son orgueil ; Andromède est attachée sur un roc, et Persée est dans l'attitude d'un combattant et avec des ailes aux pieds.

Les Arabes dessinent un chien ou une biche à la place de Cassiopée (*cerva*, *canis*), et les Syriens un sanglier. Dupuis pense que c'est pour cela que le troisième Travail d'Hercule, ou l'entrée du soleil dans la Balance, est marqué par la défaite du sanglier d'Erimanthe ; c'était l'emblême du coucher de Cassiopée au lever du soleil. (*Voy.* n°°. 95 et 136,3°.)

Selon Fréret, le centaure Chiron forma les constellations 1350 ans avant J. C., et leur imposa les noms des héros de son siècle ou de leurs ancêtres ; c'est ce qui fait qu'on y trouve *Orion*, *Calisto*, *Persée*, *le navire des Argonautes*, etc.

118. CÉPHÉE : *Cepheus, Jasides, Nereus*, pl. IV et V. Trois étoiles tertiaires $\alpha\beta\gamma$ forment un arc, dont le

centre est vers β de Cassiopée, et qui est partagée en deux par la ligne α β qui termine les branches ouvertes de l'Y de cette constellation. Céphée est placé plus près du pole que Cassiopée, et entre elle et le Dragon. La ligne qui va des gardes de la grande Ourse à l'étoile polaire, et qui sert à trouver cette dernière, a son prolongement sur γ de Céphée. On trouve encore quelques étoiles quartaires, telles que ζ ε et δ à la couronne, η ι aux deux épaules.

On peignait aussi un berger avec un troupeau. C'est le jardin des Hespérides confié à la garde du Dragon.

113. Le DRAGON : *Draco, Serpens, Anguis, Python, Esculapius, Hesperidum custos.* pl. IV et V.

Cette constellation très-importante est du nombre de celles qui ne se couchent point; elle est très-facile à reconnaître par une file d'etoiles formant deux grandes sinuosités que nous allons décrire. La queue sépare les deux Ourses, et a une étoile secondaire α placée entre les gardes de la petite et ζ à la queue de la grande. En suivant cette file de 4 ou 5 étoiles λ κ α ι θ, on trouve une sinuosité et une étoile η sur le prolongement des deux gardes de la petite Ourse; c'est le corps du Dragon qui contourne cette constellation et se rapproche de l'étoile polaire, ou plutôt de Céphée, et s'en éloigne ensuite par une seconde sinuosité. On suit cette trainée d'étoiles ζ, ω, χ, τ, δ, π, et on arrive à la tête, qui est un carré β γ ξ, formé de quatre étoiles tertiaires très-visibles, sur le prolongement de la ligne qui coupe en deux parties Céphée et Cassiopée, et entre la queue du Dragon et la Lyre (130), sur le prolongement de la ligne menée de Markab (120), à la queue du Cygne (131). Les principales étoiles du corps du dragon, sont au milieu de l'intervalle entre Cassiopée et Arcturus.

Ce qui rend cette constellation très-importante , c'est qu'elle enveloppe le pole de l'écliptique (165).

Ce dragon avait été préposé par Junon à la garde du jardin des Hespérides, figuré par Céphée ; il fut tué par Hercule (136,12ᵉ).

> . . . . *epulasque draconi*
> *Quæ dabat, et sacros servabat in arbore ramos.*
>
> (Virg. Æn. IV , 485.)

120. PÉGASE : *Pegasus , Equus ales, Equus gorgonius*; en arabe *Alpharès.* Pl. IV , VII et IX.

En prolongeant d'une longueur double la ligne qui va des gardes *α β* de la grande Ourse à l'étoile polaire , on traverse le carré de Pégase , ou la *Grande-Croix*, formé de quatre étoiles secondaires (*voy.* fig. 27) ; les deux méridionales sont *γ Algénib* ; et *α Markab* ; les deux septentrionales sont *β Scheat* (à l'occident et au-dessus de Markab), et la tête *α* d'Andromède (au-dessus d'Algénib).

La ligne qui va de *δ* du carré de la grande Ourse à l'étoile polaire , prolongée, passe sur *β* de Cassiopée , et par-delà entre Algénib et la tête d'Andromède.

Le carré de la grande Ourse et celui de Pégase sont des deux côtés opposés du pole, et viennent passer au méridien à 12 heures d'intervalle l'un de l'autre. A l'Occident de Pégase sont quelques autres étoiles tertiaires *η ζ μ ι* assez remarquables.

Pégase était un cheval ailé né du sang de Méduse, lorsque Persée lui eut tranché la tête (*voy.* nᵒ. 117). Il s'envola sur l'Hélicon , où d'un coup de pied il fit jaillir la fontaine d'Hippocrène , célèbre parmi les poètes. Minerve le dompta et le donna à Bellérophon qui en fut précipité du haut des airs pour avoir voulu escalader le ciel.

Le lever de Pégase qui accompagne celui du navire , à

donné lieu, suivant Dupuis, à l'allégorie du cheval qui fait jaillir une fontaine d'un coup de pied.

121. ANDROMÈDE : *Andromeda, Persea.* Pl. IV, VII et IX.

La tête α d'Andromède est la plus septentrionale des quatre du carré de Pégase (*voy.* le n°. 120) : la ligne qui va de l'étoile polaire à β de Cassiopée, prolongée d'une Fig. 27. égale quantité, donne sur α ; et celle qui va de la première à ε de Cassiopée, va sur le pied γ d'Andromède, *Alamak.* Cette constellation est remarquable par ce caractère : la diagonale αα de Pégase, prolongée au-dessous de Cassiopée, s'étend jusqu'à Persée en passant sur les deux β et γ d'Andromède qui en divisent la longueur en trois parties égales (*voy.* fig, 27) ; cette ligne est un peu courbée, et les étoiles β μ et ν forment la ceinture d'Andromède : β est appelé *Mizach* ou *Mizar.*

Les Arabes dessinent un veau marin au lieu de cette constellation. (*Voyez* n°. 117).

122. PERSÉE : *Perseus, Pinnipes, Inachides, Abantiades, Cyllenius, Acrisioniades.* Pl. IV.

La luisante α de Persée, étoile secondaire dont nous venons d'indiquer la place, est entre deux autres tertiaires δ et γ qui forment un arc concave vers la grande Ourse et Fig. 27. très-facile à voir. L'extrémité inférieure δ de cet arc est la ceinture qui est aussi sur le prolongement de la ligne des Gémeaux à la Chèvre. A partir de δ, on voit deux files d'étoiles, l'une qui s'étend à l'orient vers la Chèvre et continue l'arc ; l'autre qui va au midi, en formant d'abord une inflexion en sens contraire, se dirige en ligne droite aux *Pléiades* η, en passant sur deux tertiaires ε et ζ : cette ligne est un cercle horaire. La droite menée du baudrier d'Orion à Aldebaran passe sur *Algol* ou la *tête de Méduse,* au-dessous de l'arc de Persée; elle est changeante et environnée d'un groupe de petites étoiles (168,2°).

α de Persée et la dernière η de la queue de la grande Ourse, viennent passer au zénith de Paris à 11 heures d'intervalle à-peu-près ; ces deux étoiles sont sur le cercle qui est à $41° \frac{1}{2}$ du pole , complément de la latitude de Paris. La partie Boréale de la constellation de Persée ne se couche jamais ici.

C'est par le moyen des étoiles de Persée que Dupuis explique l'histoire de Mercure Cyllenius , et celle de Saturne qui mutile son père : allégorie purement astronomique. Cette constellation voisine du Taureau , autrefois le signe équinoxial (95) , est un des symboles de la force de la nature ou du retour de la végétation. Persée est le Saturne des Phéniciens , le chien des Egyptiens , le Mercure des Grecs et des Romains , et le dieu des Perses qui en tirèrent leur nom. (*Voy.* n°. 117.)

123. LE COCHER , le CHARTIER : *Auriga* , *Arator* , *Heniochus* , *Ericthonius* , *Orus* , *Bellerophon* , etc., pl. IV.
Fig. 29. Si par l'étoile polaire on mène une ligne perpendiculaire à celle qui sert à trouver cette étoile, c'est-à-dire au prolongement des gardes α β de la grande Ourse , cette perpendiculaire ira à-peu-près d'une part à la *Lyre* et de l'autre à la *Chèvre* , toutes deux primaires , et presque aussi éloignées du pole que Persée.

La Chèvre est aussi sur le prolongement du côté le plus boréal δ α du carré de la grande Ourse. Cette belle étoile fait partie de la constellation du Cocher ; c'est un grand pentagone irrégulier, dont les trois étoiles les plus brillantes font un triangle isocèle qui a le sommet β en bas, (β est la corne supérieure du Taureau, *voy.* n°. 141), et la base vers le nord est formée par la Chèvre et β du Cocher. Ce pentagone, ou si on veut, ce triangle est à l'orient de Persée.

On remarque trois étoiles *ε ζ η* qu'on nomme les *Chevreaux*, et qui forment un petit triangle isocèle tout près de la Chèvre; ce qui sert à la distinguer de toutes les autres étoiles primaires.

Ericthon, roi d'Athènes, dont il fut le bienfaiteur, était contrefait, et passe pour avoir été l'inventeur des chars :

> *Primus Ericthonius currus et quatuor ausus*
> *Jungere equos, rapidisque rotis insistere victor.*
>
> (Géorg. III, 113.)
>
> *Quantus ab occasu veniens pluvialibus hœdis*
> *Verberat imber humum.*
>
> (Æn. IX, 668.)

Les Égyptiens avaient dédié cete constellation à *Orus*, le *Pan* des Grecs, qui fut le créateur de l'agriculture ; elle désignait l'entrée du soleil dans le Taureau, et recevait un culte particulier. Comme elle se levait à l'équinoxe et se couchait le matin en automne (95), on explique ainsi la fable de Phaéton qui tombe dans l'Eridan, parce que la première de ces constellations se couche un peu après la seconde (*voy.* n°. 156).

124. *La Giraffe* : *Camelopardalis*, pl. IV.

Constellation moderne formée en 1679 de quelques étoiles peu remarquables et réunies dans l'espace compris entre les deux Ourses, Cassiopée, Persée et le Cocher.

Le Triangle boréal : autre constellation, située entre le pied d'Andromède et le Bélier. Il y a sur-tout trois étoiles *α β γ* qui forment un triangle, pl. IV et VII.

125. LE LYNX, entre le Cocher et la grande Ourse : il est formé d'étoiles peu remarquables, planch. IV.

126. *Le petit Lion*, pl. IV, au-dessous de la grande Ourse, n'a qu'une étoile tertiaire sur le prolongement, vers le côté du midi, de la ligne des gardes de la grande Ourse, et qui, à l'opposé, a donné le pole. Cette constellation, placée au-dessus du Lion, faisait partie d'une autre qu'on a supprimée, qui se nommait le *Jourdain*, et comprenait en outre le Lynx, les Lévriers, et plusieurs autres étoiles éparses.

127. LE BOUVIER : *Bootes, Bubulus, Bubulcus, Plaustri Custos, Arctophylax, Lycaon, Icarus, Arcas, Clamator, Vociferator*, etc., pl. IV et V.

Arcturus, une des plus belles étoiles, est situé sur le prolongement des deux dernières $\zeta \eta$ de la grande Ourse, ou sur celui de la base inférieure du trapèze du Lion (143). Le Bouvier forme une espèce de pentagone au nord-est d'Arcturus; les trois étoiles du nord font un triangle isocèle $\delta \beta \gamma$; et en prolongeant le côté $\delta \epsilon$ du pentagone vers le midi, on trouve Arcturus, qui, avec ϵ et π, fait un triangle équilatéral.

La main supérieure du Bouvier formée de $\theta \varkappa \iota$, trois étoiles quartaires, s'élève jusqu'à la queue de l'Ourse; on le représente tenant en laisse *deux Lévriers* placés au-dessous de la queue de la grande Ourse, et dont l'un porte sur son col le *cœur de Charles*, étoile tertiaire située sur le prolongement de la ligne menée de α sur la queue du Dragon, à ζ sur celle de l'Ourse.

Cette même ligne, prolongée encore au-delà, va sur la chevelure de Bérénice.

C'est à cette constellation que se rapporte la fable de Janus : en effet, le Bouvier, la Vierge et le Vaisseau se levaient autrefois à minuit, au solstice d'hiver, époque du renouvellement de l'année romaine. Une étoile au pied de la Vierge, et qui se levait alors à minuit, annonçait l'ouverture de l'année romaine : cette étoile était Janus qu'on représentait avec quatre visages, douze autels, et portant dans ses mains le nombre 365 et les clés du tems, symboles des quatre saisons, des douze mois et des 365 jours de l'année.

Cette constellation était consacrée à Icare, père d'Érigone (*voy.* n°. 144). Bacchus lui ayant appris l'art de faire le vin, pour l'enseigner aux hommes, il fut lapidé par des bergers ivres. D'autres prétendent que le Bouvier est Arcas (*voy.* n°. 115). Elle figurait Atlas qui porte le monde, parce que sa tête était alors près du pôle (95). Il épouse Hesperis et il en naît sept filles; parce que quand le Bouvier se lève, les sept Pléïades se couchent, et qu'on les nomme *Atlantides.* On le représente par un moissonneur, à cause de son voisinage de la Vierge. *Voy.* l'Astronomie de Lalande et le Mémoire de Dupuis.

128. La chevelure de Bérénice. Groupe d'étoiles assez petites, mais très-approchées, qu'on trouve en allant de β à la pointe du V de la Vierge (*voy.* n°. 144) vers le nord, au cœur de Charles et à η de la grande Ourse, pl. IV, VI et VIII.

Bérénice, femme et sœur de Ptolomée Évergète, fit vœu de se couper les cheveux, si son époux revenait vainqueur de ses ennemis. Elle les consacra ensuite dans le temple de Vénus, d'où ils disparurent le lendemain. Le mathématicien Conon en fit une constellation.

> *Idem me ille Conon cœlesti numine vidit*
> *E Berenicco vertice cæsariem*
> *Fulgentem claiè.*
>   (Catulle.)

Le lever héliaque de cette constellation annonçait les

moissons , et autrefois elle était figurée comme une gerbe de blé , près de la Vierge , du Moissonneur , etc.

129. La Couronne Boréale : *Gnossia , corona Vulcani , Ariadnœ , Thesei , Amphitrites* , etc. , pl. IV, V et VIII.

Six à sept étoiles à l'orient du Bouvier forment un demi-cercle très-remarquable dont la concavité regarde la tête du Dragon. La diagonale β δ du carré de la grande Ourse, qui prolongée s'étend sur ε et ζ de la queue, donne plus loin sur la couronne, qui a une belle étoile secondaire α.

Après avoir été abandonnée par Thesée, Ariadne épousa Bacchus ; ce dieu plaça dans le ciel sa couronne.

Bacchus amat flores : Baccho placuisse coronam
Ex Ariadnœo sidere nosse potes.
                            (Fast. V.)

Dupuis prouve que cette constellation est l'origine de Proserpine ; Pluton est représenté par le Serpentaire qui est au-dessous. *Voy.* les ouvrages cités.

130. La Lyre : *Lyra , Cythara Appollinis , Orphei , Mercurii , Vultur cadens* , pl. IV et V.

On nomme aussi cette constellation le *Vautour tombant*, parce qu'on la représentait sous la forme d'un aigle dont le vol se dirige au midi, tandis que dans celle de l'Aigle, il se dirige au nord (132). La Lyre a une belle étoile primaire nommée *Wéga* ; elle forme, avec Arcturus et l'étoile polaire, un triangle rectangle dont l'angle droit est à la Lyre : elle est opposée à la Chèvre relativement au pole : quand l'une est presque au zénith, l'autre est sous l'horison. *Voy.* 123 et la carte IV. Un peu au-dessous de *Wéga* , on voit trois étoiles (168) tertiaires β γ δ qui font un triangle isocèle.

C'est la lyre d'Orphée. Ce Vautour est celui qui est figuré sur les monumens d'Égypte où il était adoré.

131. **Le Cygne** : *Cycnus , Olor , Helenæ Genitor , Ales Jovis, Ledæus, Milvus, Gallina , Crux*, pl. IV et V.

Cette constellation à l'orient de la Lyre forme une grande croix dans la Voie lactée ; elle est opposée aux Gémeaux relativement au pole, qui se trouve au milieu de l'intervalle ; une étoile secondaire α est en haut, sur la diagonale γ β de Pégase, ou sur le prolongement γ α de la corde de l'arc de Céphée (118); α, γ et β forme la grande branche de la croix, ε γ δ la branche transversale dirigée à la tête du Dragon.

C'est le Cygne dont Jupiter prit la figure pour séduire Léda ; ou suivant d'autres, Orphée changé en cygne après avoir été déchiré par les bacchantes. Suivant Dupuis, c'est le signe de la fécondation de la nature, parce qu'il annonçait le printems.

132. **L'Aigle** : *Aquila, Vultur volans*, pl. VI et VIII.

Au midi du Cygne et de la Lyre, et sur la ligne menée d'Arcturus à Pégase, ou de la tête du Dragon à la Lyre, on voit trois étoiles très-proches sur une ligne droite, dont celle du milieu est primaire ou secondaire ; on la nomme *Altaïr* : les deux autres sont tertiaires ; leur direction vers le nord va à la Lyre. On trouve encore plusieurs étoiles de cette constellation sur la ligne qui d'Altaïr va à la Couronne.

C'est l'aigle de Jupiter, qui nourrit ce dieu pendant qu'il était caché dans un antre de Crète, et qui porte la foudre.

>...................... *Quæ fulmina curvis*
> *Ferre solet pedibus.*
>
> (Ovide.)

D'autres disent que c'est l'aigle engendré par Typhon, qui dévorait le cœur de Prométhée, et qui fut tué par Hercule. Suivant Dupuis, l'Aigle est le symbole de la plus grande élévation du soleil, parce que son coucher héliaque était autrefois a l'époque du solstice d'été.

133. Antinoüs : *Ganymedes*, pl. VI, VIII et IX.

Les quatre étoiles tertiaires θ η ι et κ forment un quadrilatère au midi de l'aigle ; la plus orientale θ est sur le prolongement de γ α β de l'Aigle ; celui du côté θ η passe sur une tertiaire δ et de là sur la queue θ du Serpent; ces quatre étoiles θ η δ θ font une ligne droite qui se prolonge aux deux têtes d'Hercule et d'Ophiucus, puis de là sur la Couronne en traversant β et γ d'Hercule. Enfin une 6ᵐᵉ. étoile tertiaire λ est à la droite du quadrilatère sur une ligne qui va de θ au milieu du côté opposé ι κ; κ, λ et ι forment un triangle équilatéral.

Les étoiles d'Antinoüs ont été séparées de l'Aigle en honneur du favori d'Adrien ; cet empereur avait érigé un culte et des autels à Antinoüs.

134. Le Dauphin : *Delphinus, Hermippus*, pl. VI et VII.

Petit lozange de quatre étoiles tertiaires serrées α β γ δ ; une 5ᵐᵉ. ι est un peu plus bas : le Dauphin est précisément au midi de la Luisante α du Cygne, et forme avec celui-ci et la Flèche, un triangle isocèle.

Suivant la Fable , c'est le Dauphin qui sauva le poëte Arion du naufrage ; ou Triton fils de Neptune, ou etc.

Sic Methymnaeo gravisus Arione Delphin
Languida non tacitum per freta vexit onus.

                        (Mart. VIII, 49.)

135. Le petit Cheval : *Equuleus, Hinnulus*, pl. VI et VII.

La ligne de la Lyre au Dauphin se prolonge sur le milieu du petit Cheval, trapèze de quatre étoiles quartaires : cette ligne passe sur β du Cygne, à la pointe inférieure de la Croix.

Ce Cheval est celui dont Neptune prit la forme lorsqu'il fut surpris avec Philyre, mère du centaure Chiron et fille de l'Océan ; ou peut-être Cyllarus, cheval que Mercure avait donné à Castor, etc.

136. Hercule : *Hercules*, *Engonasis*, *Nessus*, *Thamyris*, *Desanes*, *Maceris*, *Almannus*, pl. IV, V et VIII.

La ligne qui va de la Lyre à α de la Couronne, traverse un quadrilatère *κ π ι ζ* d'étoiles tertiaires ; la diagonale *α ι* se dirige au nord vers α de la queue du Dragon, et au midi sur une tertiaire *δ*, et de là sur la tête α d'Ophiucus un peu à gauche et plus bas que la tête α d'Hercule (*voy*. n°. 133). La ligne d'Antarès à la Lyre passe entre ces deux têtes. Le bras oriental est une traînée d'étoiles qui, partant de *δ*, que nous venons de déterminer, va vers le triangle de la Lyre (130) ; au-dessous est le *Rameau et Cerbère*, petit groupe peu visible, qu'on rencontre aussi en allant de la tête d'Ophiucus à la Lyre.

Hercule est ce héros fils de Jupiter et d'Alcmène : on rapportait aussi à cette constellation *Ixion*, *Prométhée*, *Orphée*, *Palémon*, etc.

Dupuis a prouvé que les douze travaux d'Hercule sont des allégories relatives au passage du soleil dans les douze constellations zodiacales.

1°. ♌. 2500 ans avant J.-C. le soleil était dans le Lion au solstice d'été ; c'est la victoire sur le lion de Némée ;

2°. ♍. Le triomphe de l'hydre de Lerne est le coucher héliaque de l'Hydre qui arrive le mois suivant (*voy*. n°. 158) ;

3°. ♎. Quand le soleil atteint la constellation de la Balance, on remarque le lever du soir de Cassiopée (p. 226), qu'on nommait aussi le Sanglier, et le coucher du Centaure et du Sagittaire. C'est la défaite des Centaures et la prise du sanglier d'Érimanthe ;

4°. ♏. La Biche aux cornes d'or, qui est fatiguée à la course, malgré sa grande vîtesse ; c'est Cassiopée qu'on nommait aussi la Biche, et qui se couche quand le Scorpion se lève ;

5°. ♐. Lorsque le soleil est dans le Sagittaire, l'Aigle, le Vautour (ou la Lyre) et le Cygne se lèvent ; ce sont les oiseaux du lac Stymphale, chassés d'Arcadie.

6°. ♑ L'entrée dans le Capricorne ou le Bouc, et le coucher du fleuve du Verseau, désignent l'étable d'Augyas, nettoyée par un fleuve.

7°. ♒. La défaite du taureau de Crète et du vautour de Prométhée, sont le coucher du Centaure et du Vautour, qui disparaissent le matin lorsque le soleil est dans le Verseau.

8°. ♓. L'élèvement des cavales de Diomèdes est le lever héliaque de Pégase et du petit Cheval.

9°. ♈. La défaite des Amazones est le coucher de la Vierge et le lever d'Andromède, lorsque le soleil entre dans le Bélier.

10°. ♉. Geryon défait, et ses bœufs enlevés, se rapportent au soleil qui arrive dans le Taureau, ou au lever de la grande Ourse, qu'on appelait aussi les Bœufs d'Icare (*voy.* n°. 115).

11°. ♊. Quand le soleil atteint le signe des Gémeaux, on observe le coucher héliaque de Procyon; c'est Cerbère enchaîné lors de la délivrance de Thésée.

12°. ♋. L'entrée dans le jardin des Hespérides répond au Cancer, parce qu'alors on voit le lever de Cephée (*voy.* n°°. 118 et 119).

137. Le Serpentaire ou Ophiucus, *Anguifer, Anguitenens, Serpentarius, Triopas,* pl. VI, VIII et IX.

Le Serpent : *Anguis, Serpens, Lernœus,* pl. IV, VI et VIII.

Le Serpent est enlacé autour d'Ophiucus; ces deux constellations embrassent un grand espace. Au-dessous de la
couronne est la tête du Serpent, qui imite une sorte d'Y
oblique, dont la queue est brisée et formée de deux étoiles
tertiaires δ ϵ, entre lesquelles est une secondaire α ou le
Cœur. La queue de l'Y se prolonge en une file d'étoiles
tertiaires qui s'abaissent bien au-dessous de l'équateur,
δ et ϵ très-voisines, puis ζ, η : cette longue ligne se dirige à
la tête du Sagittaire, et est perpendiculaire sur celle qui va
du bassin austral α à la tête d'Ophiucus. La branche inférieure de la tête de l'Y est plus longue, et se termine par
deux tertiaires β γ qui sont le bras occidental d'Hercule ;
elles se prolongent le long du côté oriental π ϵ de son quadrilatère qui va à la tête du Dragon.

On sait trouver la tête α d'Ophiucus (133 et 136); au-
dessous sont deux tertiaires β γ très-voisines l'une de l'autre,
qui forment l'épaule orientale : à l'autre épaule sont deux
étoiles quartaires très-proches κ ι, à droite des têtes d'Hercule et d'Ophiucus; ces têtes et ces deux épaules forment
un trapèze.

Esculape, inventeur de la médecine, ressuscita Hypolite
à l'aide d'une herbe que lui avait donnée un serpent; c'est
à cette fable qu'on croit devoir rapporter cette double
constellation. On pense aussi que le Serpent est celui dont
Hercule délivra la Lydie ; et on prend pour Ophiucus
plusieurs héros, tels que Jason (n°. 139), Sérapis, Lao-
coon, Aristée, Cadmus, Phorbas, Glaucus, etc.

Dupuis a fait voir que cette constellation a fourni l'histoire et les attributs de Pluton, parce qu'étant placée autrefois à l'équinoxe d'automne, elle annonçait l'entrée du
soleil dans les signes inférieurs et le triomphe de la nuit sur
le jour.

Nous ne dirons rien de quelques constellations peu appa-

240

rentes, et que leur place sur la carte suffit pour reconnaître :
telles sont la *Flèche* formée d'étoiles quartaires sur une
ligne, entre l'Aigle et β du Cygne ; le Renard et l'Oie entre
la Flèche et le Cygne, l'*Écu de Sobieski* à l'occident de λ
d'Antinoüs ; le *Lézard* à l'orient du Cygne ; le *Taureau
royal* à l'occident de l'Aigle ; le *Renne* et le *Messier* vers le
pole.

III. *Des Constellations zodiacales.*

138. Suivant Pluche, le Bélier et le Taureau commen-
çaient le printems, parce qu'à cette époque, les brebis et
les vaches mettent bas : le mois suivant, les chèvres en font
autant, et autrefois la constellation des Gémeaux était représentée par deux chèvres : le Cancer annonce la rétrogradation du soleil vers les signes inférieurs : le Lion répond
ensuite aux chaleurs de l'été, et la Vierge aux moissons,
dont son épi est le symbole : la Balance désignait le tems
de l'égalité des jours et des nuits ou l'équinoxe d'automne :
le Scorpion, les maladies fréquentes dans cette saison : le
Sagittaire, les plaisirs de la chasse, dont l'exercice est commun
en novembre : le Capricorne annonce que le soleil remonte
vers nous : le Verseau répond au tems des pluies, et les
Poissons à celui de la pêche vers la fin de l'hiver.

Auteur plus amusant que profond, Pluche a expliqué
de même plusieurs autres constellations ; mais son systême,
dénué de preuves, a été fortement attaqué, et ne peut être
admis. Les constellations zodiacales, dont nous nous servons aujourd'hui, sont dues aux Égyptiens. On en retrouve
des traces dans leurs monumens bien antérieurs au tems
des Grecs ; et les mœurs de ceux-là, les phénomènes physiques, les tems consacrés à l'agriculture, ne s'accordent
nullement avec les hypothèses de Pluche.

Nous avons parlé (112) des motifs qui nous ont déter—
minés à adopter l'opinion de Dupuis. Si c'était ici le lieu
d'exposer cette théorie avec l'étendue qu'elle exige , on
reconnaîtrait combien ce système acquiert de vraisemblance
et même de force , par la liaison de toutes ses parties , du
moins en ce qui concerne le zodiaque ; mais forcés de nous
renfermer dans un cadre resserré , nous nous contenterons
d'indiquer les interprétations principales.

Les constellations zodiacales ont reçu des Égyptiens les
noms et les figures que nous leur connaissons (*voy.* pl. IX).
L'inondation du Nil est un phénomène si remarquable
par sa grandeur et sa durée , si important aux besoins de
l'agriculture, que ce fleuve recevait un culte public. La
mythologie égyptienne paraît en relation intime avec les
grands-événemens physiques et les mouvemens célestes qui
semblaient les produire et les régler. Le débordement du
Nil était toujours censé en être la cause ou le but, et son
retour périodique était consacré d'une manière solemnelle.

Cette inondation est due à une cause physique bien
connue : l'approche du soleil vers le tropique boréal ; elle
arrive donc constamment quelques jours après le solstice
d'été, époque du commencement de l'année Égyptienne.
Dans ces tems reculés, le soleil était au point solstitial dans
le signe du Capricorne, et cet astre, atteignant alors sa
limite la plus élevée, était comparé aux chevreaux qui se
plaisent à paître sur les hauteurs ; c'est le mois de juillet. Le
Verseau est le signe du débordement qui s'accroît en août ;
et comme le Nil n'atteint qu'en septembre sa plus grande
hauteur, les Poissons, répandus sur toute la surface de l'É-
gypte, annonçaient cette abondance des eaux.

Le Bélier marquait le mois d'octobre, tems où les eaux
retirées laissent des pâturages abondans aux troupeaux longtems captifs. Le Taureau annonçait l'époque des labourages

et des semailles, qui ne se font qu'en novembre, sur une terre encore humide et fécondée par le précieux limon du fleuve. Les Gémeaux ou les Chevreaux, ou les Amans, désignent les productions nouvelles; ce signe, symbole de la jeunesse de la nature et de sa fécondité, répond au mois de décembre, où se fait la germination des grains. Le Cancer se rapportait au solstice d'hiver, parce que le soleil commençait à revenir vers nous, comme l'Écrevisse qui marche à reculons : c'est le mois de janvier.

Février est le tems de la plus forte végétation; le soleil reprenait sa force en entrant dans le Lion qui en est le symbole. Le mois de mars était consacré à la Vierge et à son épi; c'est le tems des récoltes en Égypte, un peu avant le printems. L'équinoxe ou l'égalité des jours et des nuits est marquée par la Balance.

C'est en mai que règnent les maladies contagieuses, causées par les excessives chaleurs de la saison, et par les vents empestés d'Éthiopie : le Scorpion en désignait la redoutable époque, par la funeste influence qu'on attribuait à ce hideux animal. Enfin, le Sagittaire ferme l'année avec le mois de juin; armé d'un trait et poursuivant le Scorpion, il est l'emblême des vents d'été précurseurs du solstice et de l'inondation; vents qui ne manquent jamais de s'élever vers cette époque, et qui repoussant ceux du sud, chassent les vapeurs malfaisantes et ramènent la salubrité dans l'air.

Les divers phénomènes que nous venons de décrire, se reproduisent constamment aux mêmes époques; l'immuable loi de la nature les ramène toujours dans le même ordre et avec une égale durée : mais par l'effet de la précession, ils ne correspondent plus à l'entrée du soleil dans les mêmes constellations. Les figures zodiacales, qui en étaient le symbole, ne les accompagnent plus, et le soleil ayant rétrogadé de sept Signes, il faut remonter à quinze mille ans pour se reporter à l'état que cette interprétation suppose. Sans doute on ne donne pas de preuve mathématique de cette vérité; elle n'est pas même de nature à recevoir une semblable démonstration; mais l'unité du plan, l'accord qui règne entre toutes ses parties, lui donnent d'abord un haut degré de vraisemblance.

Les observations faites récemment en Égypte, les sculptures conservées sur les murs des temples, et plusieurs autres indices qui auraient sans doute besoin de plus de développemens pour être appréciés à leur juste valeur, se réunissent pour accroître la probabilité. On ne peut douter que les Égyptiens, il y a au moins 4000 ans, connussent la précession, dont on attribue faussement la découverte à Hipparque, puisque les zodiaques d'Esné et de Dendërah montrent le solstice d'été, l'un dans la Vierge, l'autre dans le Lion. C'est à M. Fourier qu'on doit cette remarque si importante et si digne du savant qui l'a faite. Servi par un heureux hasard, il a vu les célèbres zodiaques de Dendérah et d'Esné : ce qui aurait échappé à un homme ordinaire, est devenu pour lui un trait de lumière, qui a depuis dirigé bien des recherches. N'est-il pas étonnant de voir ainsi confirmer une opinion 25 ans après qu'elle a été émise d'après de simples témoignages historiques (*) ?

(*) Raige, l'un des orientalistes de l'expédition d'Egypte, que la mort a enlevé à la fleur de l'âge, aux preuves déjà connues en a ajouté une tirée de la langue égyptienne. C'est en comparant l'arabe, l'hébreux et le cophte qu'il s'est assuré que les noms donnés par les Egyptiens aux douze mois de l'année, noms qui nous ont été transmis d'une manière authentique par les auteurs grecs et dont les Cophtes ont conservé l'usage, ont la même signification que les douze constellations du zodiaque. En outre, par une propriété des langues orientales, ces mêmes noms se prenaient à-la-fois comme substantifs

Pour toutes les constellations zodiacales, consultez les planches VI, VII, VIII et IX : nous avons cru inutile de répéter chaque fois cette indication.

---

et comme adjectifs, en sorte qu'ils peignaient et les animaux du zodiaque, et l'action propre à ces animaux. Ainsi le mois qui voulait dire *Taureau*, signifiait aussi *labourer* ; le mois du *Cancer* signifiait *rétrograder*, etc.

On est surpris en ouvrant le premier vocabulaire arabe de voir que la traduction matérielle de ces noms de mois se rapporte *unanimement* à l'interprétation que nous avons donnée. En voici quelques exemples.

EPIFI répond au Capricorne ; ce mot signifie *caper, dux gregis, qui flavit ventus*. Le Capricorne ouvre la marche de l'année, accompagné des vents du nord, précurseurs de l'inondation.

THOTH désigne les Poissons, *ambulatio piscis*. L'abondance des eaux permet aux poissons de parcourir toute l'Égypte.

ATHYR : c'est le Taureau, *Taurus aravit terram*.

TYBI, le Cancer ; *amovit*, il rétrograde.

FAMENOTH : la Vierge, *mulier fœcunda et pulchra, quæ vendit frumentum*.

PAYNI, le Sagittaire : *extremitas sœculi, propulsator*. Il ferme la marche, poussant devant lui tous les animaux.

Cet extrait du Mémoire de Raige (Description de l'Égypte, Antiq., Mémoires, tome 1er.) suffit pour apprécier des conséquences qu'il en déduit. Les époques des phénomènes physiques et des travaux de l'agriculture sont immuables, et cependant ils ne se trouvent plus d'accord avec les constellations, quoique les dénominations de celles-ci désignent encore les actes dont elles sont la représentation. Donc :

1°. Les douze noms des constellations indiquent et les animaux qui y sont peints et les travaux de chaque mois ;

2°. Le Zodiaque est d'origine égyptienne, puisque l'Égypte présente seule la suite de phénomènes qu'il exprime ;

139. LE BÉLIER γ : *Aries*.

Prolongez d'une longueur à-peu-près égale la ligne de Procyon à Aldebaran, ou de β de Cassiopée à la ceinture β d'Andromède, ou enfin de δ de Persée à Algol, vous serez sur la tête du Bélier, formée de deux étoiles tertiaires $\alpha\beta$ très-voisines, dans une direction qui va au nord-est à la Chèvre : β est la plus basse ; un peu au-dessous de β est une étoile quartaire γ.

Cette constellation peu remarquable est au sud-ouest de la *Mouche*, qui forme un petit triangle sur le prolongement de la ligne $\alpha\beta$.

La droite des Pléiades au Bélier se prolonge sur γ Algénib ; celle du Baudrier d'Orion au Bélier, va au-delà

3°. Il désigne l'année solaire, puisque deux signes sont visiblement consacrés aux solstices et deux aux équinoxes. Le Capricorne indique le commencement de l'été et de l'année, le Sagittaire est la fin : les autres signes s'accordent avec la même justesse, et cela sans détourner le sens, en conservant littéralement les traductions généralement admises.

4°. Enfin les dénominations des constellations zodiacales ont pu être l'ouvrage des savans de cette époque ; mais le peuple les a adoptées et les a reçues dans une langue à son usage, en leur faisant à-la-fois signifier et l'animal représenté et l'acte dont il est le symbole. On ne peut par conséquent admettre que ces dénominations aient été inventées à dessein de tromper, et de donner à la nation une antiquité fausse. Elle avait porté les beaux arts à un haut degré de perfection, dont on a maintenant des preuves étonnantes. Platon disait (Livre II des Lois) : « Si l'on veut y prendre garde, on trouvera chez les Égyptiens des ouvrages de peinture et de sculpture faits *depuis dix mille ans* (ce qui n'est pas pour ainsi dire, mais à la lettre), qui ne sont pas moins beaux que ceux d'aujourd'hui, et ont été travaillés sur les mêmes règles. »

sur la tête d'Andromède : ce sont les deux orientales du carré de Pégase (120).

Lorsque l'équinoxe arrivait à l'entrée du soleil dans le Taureau, le lever héliaque du Bélier annonçait le printems. De là cette toison d'or, gardée par un dragon, et conquise par les Argonautes, après avoir subjugué un Taureau qui vomissait des flammes. Jason est le Serpentaire qui se lève lorsque le Taureau se couche : peu après, les premières étoiles du Navire s'abaissent sous l'horison. Le Dragon est la Baleine, placée au-dessous du Bélier; celui-ci devenait visible le matin un peu avant le lever du soleil, lorsque cet astre était dans le Taureau et absorbait encore la Baleine ; il se trouvait alors à l'équinoxe et revenait vers nos régions. *Voy.* n°. 136, le 9me. Travail d'Hercule.

Suivant les poètes Phryxus et Hellé sa sœur, s'enfuirent portés par un Bélier à toison d'or, pour éviter la haine d'Ino, et de leur père Athamas, qui voulait les sacrifier. Arrivé en Colchide, ce Bélier fut dévoué à Jupiter.

> *Utque fugam capiant aries nitidissimus auro*
> *Traditur. . . . .*
>   (Fast. II.)

140. LE TAUREAU ♉ : *Taurus* ; les PLÉIADES : *Pleiades, Taygetes* ; les HYADES : *Hyades, Succulæ.*

Fig. 28. La ligne du Baudrier d'Orion se dirige au nord-ouest sur un groupe de six étoiles serrées, dont une ŋ est tertiaire; ce sont les *Pléiades* ou la *Poussinière*, sur le dos du Taureau. La ligne qui va des Pléiades à γ d'Orion (à la droite supérieure du grand quadrilatère, n°. 153) rencontre en son milieu une étoile primaire un peu rougeâtre ; c'est *Aldebaran* ou l'œil du Taureau : il est à l'extrémité de la branche inférieure d'un *V* oblique formé de 5 étoiles très-visibles, qui sont les *Hyades*, au front du Taureau; si on y comprend l'étoile quartaire λ, on a la figure d'une *Y*. Aldebaran est aussi sur la droite qui du pole va passer entre la Chèvre et Persée, sans rencontrer aucune étoile remarquable.

En prolongeant au nord d'une quantité égale le côté occidental du carré d'Orion, on tombe sur la tertiaire ζ, qui est aussi sur la direction de l'épée d'Orion, en passant par le milieu ϵ du Beaudrier. Cette dernière ligne va au-delà de ζ à la Chèvre, et passant sur β qui est l'inférieure du pentagone du Cocher (123), et qui appartient ainsi à deux constellations : le côté occidental de ce pentagone va sur Aldebaran. β et ζ sont les deux cornes du Taureau.

Le Taureau, annonçant l'équinoxe du printems, fut adoré chez tous les peuples ; c'est de là que viennent les fables de Bacchus aux cornes de bœuf ; de Jupiter enlevant Europe et Io ; enfin de Pasiphaé, amoureuse d'un taureau ; car elle était une des Pléiades ou Atlantides, et mère d'Ammon ou du Bélier, c'est-à-dire que le Bélier se dégageait des rayons solaires, quand les Pléiades y entraient. Le Taureau est encore l'Isis et l'Osiris des Égyptiens, le Veau d'or des Juifs. Le lever héliaque du Taureau annonçait le retour de la végétation lorsque Virgile fit ces deux vers :

Candidus auratis aperit cum cornibus annum
Taurus, et averso cedens canis occidit astro.

(Georg. I, 217.)

On explique aisément cette énigme des mystères de Cérès ; le Taureau a engendré le Dragon, qui à son tour engendre le Taureau, *Taurus Draconem Genuit et Taurum Draco :* cela signifie que le Serpent se lève quand le Taureau se couche, et réciproquement. *Voy.* n°. 136, le 10°. Travail d'Hercule.

Le lever héliaque des Pléiades avait lieu vers le printems, époque où on recommençait les voyages ; leur nom vient de $\pi\lambda\epsilon\iota\nu$ *naviguer*, ou peut-être de $\pi\lambda\epsilon\iota\delta\nu$ *pluralité*. Elles étaient filles d'Atlas, ainsi que les Hyades, et on les appelait *Hespérides* et *Atlantides*, allégorie fondée sur ce que le coucher du Bouvier, ou Atlas, annonçait leur lever. On disait que Jupiter, qui les aimait, leur avait donné une place dans le ciel, pour les sauver de la fureur d'Orion leur persécuteur.

Les Hyades ayant eu leur frère Hyas déchiré par une lionne, les dieux les placèrent au ciel pour les consoler; mais elles y pleurent encore sa perte : allusion qui vient de ce que leur présence annonce le retour des pluies : *Arcturum pluviasque Hyadas*. On dit aussi que les Hyades avaient nourri Bacchus, et que Jupiter les sauva de la colère de Junon en leur donnant place dans le ciel.

141. LES GÉMEAUX ♊ : *Gemini*.

Les premières ζ ε δ de la queue de la grande Ourse se prolongent suivant une des diagonales du carré, ligne qui va bien au-delà à Rigel β d'Orion, en passant sur ζ la plus orientale du Baudrier : cette droite coupe perpendiculairement une ligne formée de 4 étoiles, dont une γ est secondaire; ce sont les pieds des Gémeaux; et plus haut elle passe entre deux belles étoiles qui sont leurs têtes; Castor au nord et à droite, puis Pollux. Castor et Aldebaran forment la base d'un triangle isocèle, dont le sommet est à la Chèvre. La constellation des Gémeaux forme une sorte de parallélogramme oblique.

On a fait aussi des Gémeaux le symbole de l'amitié : Castor et Pollux, Apollon et Hercule, Triptolème et Jason, Thésée et Pirithoüs, etc. Les Égyptiens plaçaient aussi deux amans au lieu de cette constellation, et les Grecs deux chevreaux. (*Voy*. n°. 136, le 11me. Travail d'Hercule.)

142. L'ÉCREVISSE, LE CANCER ♋ : *Cancer*, *Cammarus*, *Astacus*.

Sur la ligne qui va de Procyon à la queue de la grande

Ourse, ou au milieu de celle qui va de Régulus aux têtes des Gémeaux, est un amas d'étoiles très-petites, qu'on nomme l'*Étable* ou la *Nébuleuse*, entre deux étoiles quartaires δ γ qui sont les ânes : cette constellation est peu visible.

Suivant la Fable, l'Écrévisse fut placée dans le ciel, ou par Jupiter, pour avoir retardé par sa piqûre la fuite d'une nymphe qu'il poursuivait ; ou par Junon, pour avoir incommodé Hercule dans son combat contre l'hydre. (*Voy.* n°. 136, le 12ᵐᵉ. Travail d'Hercule.)

143. LE LION ♌ : *Leo.*

Le Lion est un grand trapèze de 4 belles étoiles α β γ δ au-dessous de l'Ourse ; la base inférieure a une étoile primaire, *Régulus* ou le *Cœur* ; cette base se dirige par la queue β à Arcturus. En prolongeant le côté δ γ du carré de la grande Ourse, on va à Régulus en suivant le côté occidental de ce trapèze qui sert aussi de côté à un triangle ε α γ, au-dessus duquel est un autre trapèze plus petit μ ζ γ ε. Régulus est encore au prolongement de la ligne des deux gardes de la grande Ourse, qui de l'autre part, donne le pole : et enfin sur celui de Rigel à Procyon.

C'est le lion de Némée dompté par Hercule (n° 136). Le soleil y arrivait autrefois au solstice : de là le nom de *Régulus* ou *Rex*, donné à la plus belle étoile, à partir de laquelle on commençait à compter les signes, et qui ouvrait l'année. Le Lion était consacré à Osiris comme symbole de la force et de la puissance.

144. LA VIERGE ♍ : *Virgo, Cérès, Erigone, Isis,* etc.

Sur le prolongement de la grande diagonale α γ de l'Ourse, et aussi sur celui du côté oriental δ ε du pentagone du Bouvier, côté qui passe par Arcturus, est vers le midi une belle étoile primaire ; c'est *l'Epi de la Vierge :*

elle fait un triangle équilatéral avec Arcturus et la queue β
du Lion. La droite qui va de cette dernière à l'Epi coupe
un *V* ouvert à angle droit, formé de 5 étoiles tertiaires ε,
δ γ η et β : le côté inférieur se dirige sur Regulus et suit
l'écliptique ; l'autre va à la dernière η de la queue de
l'Ourse : ι se nomme la *Vendangeuse*.

C'est le symbole des moissons, de la justice et des lois ;
elle était consacrée à Isis. Selon les uns, c'est *Astrée*,

> *Ultima cælestum terras Astræa reliquit.*
>
> (Mét. I.)

Selon d'autres, c'est Cérès ; ou enfin Erigone, fille d'Icare
(*Voy*. n°. 127), qui se pendit de désespoir de la mort de
son père, dont un chien lui avait fait retrouver le corps
dans un puits (155). (*Voy*. n°. 136, le second et le 9me.
travail d'Hercule.)

145.   LA BALANCE ♎ : *Libra, Jugum, Mochos.*

Un carré placé obliquement, formé de deux étoiles se-
condaires α β, et de deux tertiaires ou quartaires γ et ι,
est sur le prolongement de la ligne qui va de Regulus un
peu au-desssus de l'Epi. (*Voy*. n°. 137.) α et β sont les
deux bassins ; leur direction tend à la Lyre.

Les Grecs ont quelquefois remplacé cette constellation par
les serres prolongées du Scorpion ; cet animal occupait ainsi
deux signes ou 60° ; mais les Egyptiens y avaient placé la
Balance longtems avant. (*Voy*. n°. 136, le 3me. Travail
d'Hercule.)

146.   LE SCORPION ♏ : *Scorpius, Nepa.*

La même ligne de Regulus à l'Epi, et qui va sur le bassin austral α de la Balance (l'écliptique), donne plus bas encore sur *Antarès* ou le *Cœur* du Scorpion ; elle est primaire :

elle se trouve aussi sur la ligne qui va de la Lyre un peu à gauche de la tête α d'Ophiucus. La Lyre, Arcturus et Antarès font un triangle isocèle dont Arcturus est le sommet : Antarès est le centre d'un arc convexe vers la Balance, et formé de 4 ou 5 étoiles, dont l'une β ou le *Front*, est secondaire. La queue forme une file d'étoiles tertiaires et quartaires courbées en crosse vers l'horison ; elle est cachée à Paris par l'horison ou les brouillards.

Le mal introduit dans l'univers ou l'empire de Typhon, les maladies dangereuses communes dans la saison et dans les contrées où cette constellation a été formée, sont indiqués par cet animal venimeux. Les poètes disent que, par ordre de Diane, il piqua le géant Orion, ce qui vient de ce qu'a son lever Orion se couche. La vue du scorpion imprima à Phaéton une terreur qui lui fit abandonner les rènes de son char et causa sa perte.

Hunc puer ut nigri madidum sudore veneni
Vulnera curvatá minitantem cuspide vidit
Mentis inops, gelidá formidine lora remisit.
(Mét. II, 1.)

Symbole du coucher de la Chèvre lorsque le Scorpion se lève, parce que le Cocher est aussi nommé Phaéton. (*Voyez* n°. 136, le 4me. Travail d'Hercule.)

147. Le Sagittaire ♐ : *Arcitenens, Sagittarius, Arcus, Pharetra, Eques, Croton.*

Un peu à l'orient d'Antarès, en suivant toujours la direction de l'écliptique, est le Sagittaire ; en prolongeant d'une égale longueur la ligne qui va du milieu du Cygne à celui de l'Aigle, ou la diagonale α α du carré de Pégase, (la même qui va jusqu'à Persée), on trouve un trapèze oblique ζ τ σ φ ; à droite est une file d'étoiles β γ δ λ ξ σ en

ligne courbe convexe vers le Scorpion ; elles forment l'arc ;
la flèche est σ δ γ.

Symbole des vents d'été qui annonçaient le débordement
du Nil, et chassaient les maladies que le Scorpion avait
amenées ; aussi le Sagittaire est-il représenté poursuivant
cet animal. Les uns veulent que ce soit le centaure Chiron,
instituteur d'Achille, de Jason et d'Esculape, et le premier
qui enseigna aux hommes l'art de l'équitation. D'autres,
Croton, poète et chasseur, ou le Minotaure qu'aima Pa-
siphaë. (*Voy.* n°. 136, le 5ᵐᵉ. Travail d'Hercule.)

148. LE CAPRICORNE ♑ : *Caper.*

La ligne qui va de la Lyre à l'Aigle se prolonge sur deux
étoiles très-voisines et tertiaires α β à la tête du Capricorne,
α la plus élevée est double. Trois autres étoiles quartaires
δ γ ε forment la queue et sont à l'orient sur la ligne qui va
du centre γ de la croix du Cygne au Petit-Cheval prolongée
d'autant.

Dans l'origine, le soleil approchait du solstice d'été à son
entrée dans le Capricorne : la chèvre qui gravit les lieux
élevés a été l'image de ce phénomène ; l'inondation du Nil,
qui accompagne le solstice d'été, commençait alors dans ce
signe ; de là la queue de poisson qu'on a donnée à cet animal ; mais par l'effet de la précession, ce n'est plus lorsque
le Soleil entre dans le Capricorne que le phénomène se produit. Les poètes prennent le Capricorne pour la chèvre
Amaltée (*Voy.* le Cocher), d'autres pour le dieu Pan, qui,
pour fuir le géant Typhon, s'était caché dans le Nil. (*Voyez*
n°. 136, le 6ᵐᵉ. Travail d'Hercule.)

149. LE VERSEAU ♒ : *Amphora, Aquarius.*

Le prolongement de la ligne qui va de la Lyre au Dauphin, se porte sur le Verseau, et plus loin sur Fomal-

haut (152); on voit un triangle dont l'angle au sommet est une étoile secondaire α; les deux de la base sont tertiaires β γ, sur une direction perpendiculaire à notre alignement; cette base se porte à l'est sur deux quartaires ζ κ, qui est l'Urne, et à l'ouest, un peu plus bas, sur deux autres μ ε.

Le Verseau est le symbole de l'inondation du Nil.

Les poëtes veulent que ce soit Deucalion, d'autres Cécrops, fondateur d'Athènes, ou même Ganymède.

Arripit Iliadem, qui nunc quoque pocula miscet,
Invitâque jovi nectar Junone ministrat.

(Mét. X, 4.)

(*Voy.* n°. 136, le 7me. Travail d'Hercule.)

150. LES POISSONS ⟩⟨ , *Pisces.*

La ligne du pied d'Andromède γ à la tête α du Bélier, se porte sur une tertiaire α; c'est le nœud où se joignent les cordons qui unissent les Poissons. Cette constellation a ses autres étoiles peu visibles ; le Poisson boréal est placé sous Andromède, l'occidental est au-dessous du carré de Pégase : deux filas de petites étoiles qui vont de l'un et l'autre au nœud α sont les liens.

Même symbole que le Verseau. On veut aussi que les Poissons soient Vénus et son fils, qui se sont cachés dans le Nil pour éviter la fureur de Typhon.

IV. *Constellations australes.*

151. LA BALEINE: *Cetus, Draco, Leo.* Pl. VI et VII.
En tirant une ligne de la ceinture β d'Andromède entre α et β du Bélier, on rencontre plus loin une étoile secondaire α qui forme un triangle équilatéral avec le Bélier et les Pléiades ; c'est la mâchoire de la Baleine. α γ et δ forment un triangle ;

en prolongeant le côté *a d*, on tombe sur la Changeante *o*; cette ligne est sur la direction de l'axe du *V* des Hyades; elle se porte en bas sur un grand quadrilatère *ζ τ η θ* d'étoiles tertiaires; plus loin elle va à la queue *a* qui est secondaire, et de là presque sur Fomalhaut, beaucoup plus bas. La ligne des Pléiades à la mâchoire *α* se prolonge au midi sur un autre quadrilatère *π ε μ ξ*, plus petit, à gauche du 1er., et qui touche à l'Eridan.

Neptune envoya une baleine pour dévorer Andromède, dont il était épris; Persée tua ce monstre.

Selon d'autres, Hésione, fille de Laomédon, pour calmer la colère de Neptune, fut exposée à la fureur d'un animal marin; mais Hercule la délivra. Le dieu plaça la Baleine dans le ciel. (*Voy.* nos. 117 et 136.)

152.   LE POISSON AUSTRAL: *Piscis notius.* Pl. VI et VII.

La ligne qui va de l'Aigle à la queue du Capricorne, plus loin, se porte sur *Fomalhaut*, belle étoile primaire à la bouche du Poisson austral. A l'occident sont deux tertiaires *ε β*, avec lesquelles elle forme un triangle.

Selon Dupuis, c'est le dieu Dagon des Syriens, le Phagre et l'Oxyrinque d'Egypte où il annonçait le débordement du Nil.

153.   ORION: *Hyriades; Gandaon.* Pl. VI, VII et IX.

Cette constellation est la plus belle de toutes, tant par son étendue que par la multitude d'étoiles brillantes qui la forment et par celles qui l'environnent. Un grand quadrilatère *α γ β κ*, formé de deux primaires et de deux secondaires (la primaire inférieure à droite est *β Rigel*), est coupé au milieu par une ligne oblique de trois étoiles serrées et secondaires *δ ε ζ*, qu'on nomme *le Baudrier, la Ceinture, les Trois Rois, le Râteau, le Bâton de Jacob* (*Balthæus, Cingulus*); cette ligne va au nord-ouest à Aldebaran et au sud-est vers Sirius. Au-dessous on voit une traînée lumi-

neuse de trois étoiles très-voisines, c'est *l'Epée*. Entre γ
et Aldébaran est une file de petites étoiles en ligne courbe.

Orion ést placé sur le prolongement de la diagonale δβ
de la grande Ourse, qui a donné les Gémeaux, entre les Gémeaux et le Taureau, mais un peu plus bas. On la voit
étinceler, dans les belles nuits d'hiver, au-dessous du Cocher.

On disait qu'il excitait les tempêtes, *Assurgens nimbosus Orion*, parce que son lever du soir arrivait à l'entrée
de l'hiver. C'est alors que commençait l'empire des géans
et de Typhon, dont le Scorpion est le symbole ; parce que
le soleil était l'hiver dans ce signe. Orion, dit la fable,
était un géant d'une force et d'une taille prodigieuse ; chasseur intrépide, il accompagnait Diane et Latone. Il fut tué
par un scorpion ; d'autres disent par Diane, parce qu'il
avait voulu attenter à cette divinité. C'est une allégorie
pour indiquer qu'Orion cultiva les sciences et l'astronomie.
C'est le Nemrod des Assyriens, et qui depuis devint Saturne.

154. LE GRAND CHIEN: *Canis major*, *Æstifer*. Pl. VI
et VII.

En prolongeant vers la gauche la base βγ du quadrilatère d'Orion, ou le Baudrier δζ, on trouve *Sirius*, la plus
belle étoile du ciel ; elle fait partie d'un grand trapèze αβζε,
dont la base est proche de l'horison et adjacente à un
triangle εδη d'étoiles secondaires.

C'est *Anubis* ou *Osiris*, divinité principale des Egyptiens, à cause du Nil qu'on nommait *Siris*, et dont les dé-
bordemens suivaient les mouvemens de cet astre. C'est,
selon la fable, ce chien infatigable dont Céphale fit présent
à l'Aurore, qui avait été donné par Jupiter à Minos, et
ensuite avait appartenu à Procris, puis à Céphale.

Ce n'est que le 20 août qu'arrive le lever héliaque de

Sirius, mais autrefois il avait lieu bien plutôt, et annonçait l'époque des plus grandes chaleurs, et par conséquent des maladies qu'elles entraînent. Les anciens les attribuaient à l'influence de Sirius, qu'ils nommaient *Canicule*. De là vient la dénomination de *jours caniculaires*, du 22 juillet au 23 août, pendant que le soleil décrit le signe du Lion :

> *Jam rapidus torrens sitientes Sirius Indos*
> *Ardebat............*   (Géorg. IV.)

Le lever héliaque de Sirius a lieu en Egypte au 20 juin, et annonce maintenant le prochain accroissement du Nil.

155. LE PETIT CHIEN : *Canis minor, Catellus, Mæra.* Pl. VI, VII et IX.

Procyon est au nord de Sirius et à l'est de l'angle supérieur α du quadrilatère d'Orion ; ces trois étoiles primaires forment un triangle équilatéral. Près de Procyon, et se dirigeant aux pieds des Gémeaux, on passe sur une tertiaire β.

C'est le chien d'Orion, ou celui d'Hélène, ou enfin celui d'Icare : ce chien se précipita dans un puits après avoir vu périr son maître et Erigone sa fille, qui s'était pendue de désespoir. (*Voy.* n°. 144.)

156. L'ERIDAN : *Eridanus, Pædus, Nilus, Melo, Mulda, Oceanus.* Pl. VI et VII.

Une file d'étoiles tertiaires et quartaires β μ ι ζ ο δ ε ς η, va en serpentant de Rigel (l'angle inférieur à droite du quadrilatère d'Orion) au petit carré oriental de la Baleine ; puis, descendant vers l'horison, revient vers le méridien de Rigel, mais bien plus bas, en formant ainsi une grande courbe ouverte, dans le milieu de laquelle est γ, la principale de l'Eridan, et plusieurs autres. Le Fleuve se perd ensuite sous l'horison ; mais dans cette partie invisible de son cours, il se recourbe encore au-dessous de la Baleine, et aboutit à une belle étoile primaire, *Achernar*, à 31° ½ du pôle austral.

Éridan, fils du soleil, et qu'on nomma depuis Phaéton, conduisant le char de son père, et s'étant égaré dans sa route, menaçait d'embraser l'univers. Jupiter le foudroya; il fut précipité dans un fleuve d'Italie auquel il donna son nom.

> *At Phaëton, rutilos flammá popu'ante capillos*
> *Volvitur in præceps. . . . .*
> *Excipit Eridanus, fumantiaque abluit ora.*
>
> (Mét. II.)

Allégorie de l'embrasement du monde ou de l'été, qui finit par un déluge ou les pluies d'automne, parce que le coucher de l'Éridan et du Cocher se fait le matin, quand le soleil est dans le Scorpion. On a cru aussi que cette constellation était le Nil, objet d'un culte particulier chez les Égyptiens.

157. Le Lièvre: *Lepus, Levipes.* Pl. VI et VII.

Petit quadrilatère placé au-dessous de celui d'Orion, et à droite du grand Chien, il est formé de quatre étoiles tertiaires α β γ δ. Il y en a en outre quelques autres quartaires.

En Égypte, le Lièvre caractérisait la vigilance, la prudence, la crainte, la solitude et la vitesse. Il n'est au rang des constellations que comme un des attributs du fameux chasseur Orion, sous les pieds duquel il est placé.

158. L'Hydre: *Hydra, Echidna, Serpens aquaticus.* Pl. VI et VIII.

L'Hydre est une longue constellation qui occupe le quart de l'horison sous le Cancer, le Lion et la Vierge. A la gauche de Procyon, est la tête formée de 4 étoiles quartaires η δ ι ζ, au-dessous du Cancer et sur la ligne prolongée de α d'Orion à Procyon. Le côté γ α du trapèze du Lion (143)

va plus bas sur *α* ou le cœur de l'Hydre. La ligne des têtes
des Gémeaux va aussi sur *α*, qui est secondaire. Une file
de 10 étoiles, *λ μ γ α β ξ β β γ* et *π*, forme les replis de
l'Hydre, qui porte sur son dos les constellations de la
Coupe et du Corbeau, dont plusieurs de ces dernières
étoiles font aussi partie.

Quand le soleil entrait dans la Vierge, l'Hydre dispa-
raissait dans les rayons de cet astre ; mais lorsqu'il atteignait les dernières étoiles de la Vierge, c'était l'époque du
lever héliaque de l'Hydre, ce qui a fait dire qu'elle renais-
sait. De là est venue la fable du triomphe d'Hercule sur
l'hydre de Lerne. Elle est le symbole de l'envie.

On dit aussi qu'Apollon voulant sacrifier à Jupiter,
chargea un corbeau de lui apporter de l'eau dans une
coupe. L'oiseau s'arrêta sur un figuier pour attendre la ma-
turité des fruits ; il revint enfin, et Apollon, pour le punir,
changea en noir la couleur blanche de son plumage, et le
plaça près de la Coupe pleine d'eau, à côté de l'hydre qui
l'empêchait d'en boire.

> *Anguis, Avis, Crater, sidera juncta micant.*
>   (Fast.)

159. LE CORBEAU : *Corvus*, Pl. VI et VIII.

C'est un grand trapèze de 4 étoiles tertiaires *α β δ γ*, au
midi de la Vierge, et sur l'alignement de la Lyre à
l'Epi : celle-ci se trouve sur le prolongement de la base
supérieure du trapèze. L'inférieure va au bassin austral de la
Balance : elles font un angle droit avec le côté oriental *β δ*.
(*Voy.* n°. 158.) On dit aussi que ce fut le Corbeau qui
vint révéler à Apollon l'infidélité de Coronis.

160. LA COUPE : *Crater, Scyphus, Urna, Patera,
Calyx*, etc. Pl. VI et VIII.

Au-dessous de *ε* du Lion (l'angle supérieur à gauche

du grand trapèze), on voit une file de petites étoiles qui se portent sur la Coupe ; elle est formée de six étoiles quartaires en demi-cercle θ ε ∂ γ ζ η.

La Coupe est le symbole de l'oubli. (*Voy.* n°. 158.)

161. Le Navire, le Vaisseau : *Argo navis, Carina argoa.* Pl. VI, VII et VIII.

Cette constellation est tout près et à l'orient du grand Chien ; trois étoiles tertiaires x ξ ι, sont à côté du triangle que nous avons indiqué (154). Plus loin, à gauche, on en voit deux ou trois autres qui forment la mâture : le reste est caché sous l'horison ; mais on y trouve *Canobus* ou *Canopus*, étoile primaire, la plus belle après *Sirius*.

L'entrée du soleil dans le Verseau était annoncée par Canopus, la Coupe, la tête de la Vierge et Céphée ; on forma de ces quatre constellations un emblème.

Le navire Argo fut construit d'un bois sacré de la forêt de Dodone, par ordre de Minerve et de Neptune ; des héros, conduits par Jason, s'embarquèrent sur ce vaisseau pour la conquête de la Toison d'or. C'est en honneur de cette grande expédition que les poètes célèbrent cette constellation. Ce navire fut le premier vaisseau connu.

Per mare non notum primâ petiere Carina.
(Ovide.)

.......et altera quæ vehat Argo
Delectos Heroas..........
(Virg.)

Il est bien plus croyable que la multitude de barques de *Papyrus* qui naviguaient sur tout le sol de l'Égypte lors de l'inondation, a donné naissance à cette constellation.

162. La Licorne est entre le petit Chien et le Navire ; elle a quelques étoiles quartaires en forme de *V* très-oblique, et dont la branche supérieure se joint à la ligne des pieds des Gémeaux. Pl. VI et VII.

163. LE CENTAURE : *Centaurus, Semivir, Pelenor, Minotaurus, Chiron.* Pl. VI et VIII.

Le Centaure est au midi de l'Epi de la Vierge ; on y remarque une étoile secondaire *θ*, et vers la droite une tertiaire *ι*. La tête est un peu au-dessus, formée de quatre petites étoiles. Le reste de la constellation ne se voit pas ici, et contient plusieurs belles étoiles, entre autres deux primaires *α* et *β*.

Entre les jambes du Centaure est *la Croix du Sud*, qui est formée de quatre étoiles secondaires. On ne la voit jamais à Paris.

C'est le 7me. Travail d'Hercule (*voy.* n°. 136).

La Fable représente les Centaures comme moitié homme et moitié cheval ; ils formaient un peuple très-exercé à l'équitation, ce qui les avaient rendus redoutables ; ils furent exterminés par Thésée, Hercule et Pirithoüs. On dit aussi que cette constellation est le centaure Chiron.

164. LE LOUP : *Lupa, Lupus martius, Lycisca, Fera, Leopardus, Panthera.* Pl. VI et VIII.

Vers le sud-ouest d'Antarès, on voit plusieurs petites étoiles qui font partie du Loup ; on représente cet animal percé d'une pique que tient le Centaure.

Cette constellation annonçait autrefois l'hiver, c'est pourquoi on y a affecté un nom sinistre, comme pour le Serpent, le Scorpion, etc. La Fable dit que c'est Lycaon qui fut changé en loup.

165. LE SOLITAIRE, LE TÉLESCOPE.

L'AUTEL : *Ara, Altare, Thymele.* Pl. VI et VIII.

LA COURONNE AUSTRALE : *Corona, Caduceus.*

LA GRUE, LE PHŒNIX, LE PAON.

Au-dessous du bassin austral de la Balance, on voit

une étoile tertiaire γ, qui fait partie du *Solitaire*, et qu'on a séparée du Scorpion.

Le *Télescope* est composé de deux étoiles quartaires $\beta\gamma$, à gauche de la queue du Scorpion, et sous la flèche du Sagittaire.

L'*Autel* a une étoile tertiaire, au-dessous de la queue du Scorpion.

La *Couronne australe* est au bas du Sagittaire, et forme une couronne de très-petites étoiles, qu'on ne voit sur l'horison que très-peu, et vers minuit dans le commencement de juillet.

Elle fut placée au ciel par Bacchus, en honneur de sa mère Sémélé. D'autres disent que c'est la couronne donnée à Corinne, qui remporta cinq fois la victoire sur Pindare.

La Grue est au-dessous du Poisson austral; elle a une étoile tertiaire γ, et deux secondaires $\alpha\,\beta$, qu'on ne peut qu'à peine voir à Paris.

Le Phœnix toujours invisible ici, est un quadrilatère d'étoiles tertiaires au-dessus d'Achernar.

Le Paon, au-dessous du Sagittaire, toujours invisible ici, a une secondaire α, et au-dessous, sur une même ligne, trois tertiaires $\gamma\,\beta\,\delta$.

Nous ne pousserons pas ces développemens plus loin : les autres constellations australes étant toujours cachées pour l'horison de Paris, et n'ayant pas d'étoiles bien remarquables nous n'avons pas donné de planches qui les représentent, pour éviter des frais peu utiles.

Les divers alignemens que nous avons indiqués sont les plus remarquables, mais en jettant les yeux sur les cartes, il est aisé d'en trouver un nombre infini d'autres. Lorsqu'on voudra reconnaître dans le ciel une étoile, dont on ignorera le nom, il suffira d'en chercher deux déjà connues, qui s'alignent sur la première, et de comparer les distances qui les séparent, ou de chercher de même un second alignement. Recourant ensuite aux planisphères, et suivant les alignemens correspondans, il sera aisé de trouver l'étoile cherchée, puisqu'on devra être conduit sur elle. Il faudra autant que possible, préférer la polaire dans ces alignemens, parce que l'arc qui la joint à l'étoile dont il s'agit, est à-peu-près un méridien, et que cette direction est très-facile à suivre sur les cartes.

166. L'ÉCLIPTIQUE est un cercle de la sphère céleste que la terre décrit annuellement, et que le soleil nous semble parcourir (28). On a souvent besoin d'en connaître la position dans le ciel, puisque le nœud des planètes est toujours en un point de ce cercle; et il faut s'exercer à en trouver la direction dans tous les momens. La suite des constellations zodiacales la détermine; d'ailleurs à l'inspection des cartes, on juge bientôt de la situation de ce cercle dans le ciel, en y cherchant les étoiles dont elle s'approche le plus. L'ÉQUATEUR offre le même degré d'intérêt et les mêmes remarques.

Ainsi, on trouve que l'écliptique passe à distances égales de α du Bélier et de la mâchoire α de la Baleine; de même pour les Pléiades et Aldebaran, en traversant un peu au-dessus des Hyades; de là elle va entre les cornes β et ζ du Taureau, puis sur le pied boréal μ et sur δ des Gemeaux, de là à Régulus, un peu au-dessus de l'Epi, à α du bassin austral de la Balance, au front β du Scorpion, à la tête π du Sagittaire, enfin à la queue du Capricorne et à λ du Verseau.

On trouvera, avec la même facilité, la trace de l'équateur dans le ciel : ce cercle passe par les étoiles η, γ et ζ de la Vierge, entre le cœur du Serpent et δ γ d'Ophiucus; entre γ et η d'Ophiucus, par η la plus boréale du quadrilatère d'Antinoüs, un peu au-dessus de la tête α du Verseau et au-dessous du nœud α des Poissons, entre γ et δ de la Baleine (au-dessous de α), par δ la plus septentrionale du Baudrier d'Orion, entre Procyon et le cœur de l'Hydre, enfin entre celle-ci et Régulus, par le nœud ι de l'Hydre, après avoir passé au-dessous de sa tête.

Un plan qu'on disposerait obliquement à Paris, sous un angle de 41° 10' vers le sud, et perpendiculairement au méridien, déterminerait par son prolongement dans le ciel, la suite des points de l'équateur. Ce plan est perpendiculaire à l'axe de la terre, ou au style d'un cadran solaire (*Voy.* n°. 174); il est éclairé par le soleil, tantôt en dessus et tantôt en dessous, suivant que cet astre est plus près du solstice d'été ou d'hiver : mais aux équinoxes il ne reçoit aucun rayon sur ses surfaces, parce que le soleil est dans l'équateur même.

Les nœuds de l'équateur, ou ses intersections avec l'écliptique, sont les équinoxes; savoir ♎, près de ι de la Vierge, et γ au milieu de la ligne qui joint la queue de la Baleine à γ de Pégase (Algénib).

Le pole de l'écliptique est un point du ciel à 90 de distance de toutes les parties de ce cercle, et par lequel tous les cercles de longitude viennent se croiser. Les planches IV et V donnent deux alignemens, à l'aide desquels on trouve aisément ce pole qui est environné dans un repli du corps du Dragon : au reste on le trouvera à l'intersection des prolongemens de ces deux lignes : le côté γ δ du carré de la grande Ourse, avec la ligne qui va de α de la Grande à β de la petite; ce pole fait un triangle rectangle et isocèle avec la polaire, et β de la petite Ourse : cette dernière est à l'angle droit; il fait encore un triangle équilatéral avec la Lyre et la queue α du Cygne.

167. LA VOIE LACTÉE est une bande irrégulière et blanchâtre, qu'on aperçoit sur le firmament dans les nuits sereines, et qui le traverse en coupant l'écliptique vers les deux solstices. La queue du Scorpion y est placée; de là cette bande se partage en deux; une des divisions s'élève vers l'arc du Sagittaire, l'Ecu de Sobieski, l'Aigle, la Flèche et l'Oie: l'autre va un peu à l'occident sur le pied et l'épaule orientale d'Ophiucus, le Taureau royal, le Cygne, et retrouve à la queue du Cygne la première bande dont elle s'est peu écartée. La Voie lactée passe ensuite par la Couronne de Céphée, par Cassiopée, Persée, les deux côtés inférieurs du pentagone du Cocher, les pieds des Gémeaux, la Licorne, le Vaisseau, la Croisade; enfin, revient à la queue du Scorpion. Pour éviter la confusion, nous n'avons pas indiqué la Voie lactée dans les planisphères: cette description nous a paru suffisante.

La lueur blanchâtre et laiteuse de la Voie lactée est produite par une multitude infinie d'étoiles, qui sont tellement petites, qu'il faut de très-forts télescopes pour les apercevoir. Dans une espace de 15° de long sur 2 de large, Herschel en a compté jusqu'à 50 mille.

Suivant les poètes, la Voie lactée est produite par le lait de Junon, qu'Hercule avait laissé échapper de sa bouche; ou par l'embrasement du ciel causé par Phaëton; ou enfin, selon Ovide, elle est le chemin de l'empire et du palais de Jupiter.

> *Est via sublimis cœlo manifesta sereno*
> *(Lactea nomen habet), candore notabilis ipsa.*
> *Hac iter est superis ad magni regna tonantis*
> *Regalemque Domum.*
>
> (Métam. I, 168.)

168. Il y a plusieurs étoiles dont l'éclat est variable,

et qu'on nomme *Changeantes*: nous devons indiquer ici les principales pour que les cartes n'induisent pas en erreur.

1°. L'étoile *o* de la *Baleine*, paraît d'abord secondaire et plus brillante que *α* et *β*; cet éclat dure 15 jours, et diminue ensuite jusqu'à ce que l'étoile disparaisse entièrement. Les retours au plus grand éclat se font après 334 jours; mais cette période est sujette à des écarts.

2°. ALGOL ou la *tête β de Méduse* est une étoile qui, dans une période de 69 heures (2ʲ 20ʰ, 82), passe de la 2ᵉ. à la 4ᵉ. grandeur.

3°. Le cou du *Cygne* a une changeante *χ* qui ne devient jamais plus que quintaire; sa période est de 405ʲ 3ʰ, avec des irrégularités.

On citera encore quelques autres étoiles, telles que *δ* de *Céphée*, qui devient au plus quartaire dans une période de 5 jours; *μ* d'*Antinoüs* qui devient aussi quartaire dans une période de 7 jours; *β* de la *Lyre* devient tertiaire tous les 6 jours, etc.

Quant à la cause de ces variations, on en peut donner trois, entre lesquelles il paraît difficile de choisir. L'opinion qui paraît la plus fondée suppose que ces étoiles ont des planètes invisibles pour nous à raison de la distance, et qui dans leurs révolutions s'interposent et offrent l'effet d'une éclipse. Les deux autres veulent que ces étoiles aient un mouvement de rotation sur un axe : suivant les uns, la surface porte des parties obscures qui viennent s'offrir tour-à-tour à nos yeux : suivant les autres, la forme de l'astre est déprimée et lenticulaire; ce qui lui fait présenter une surface plus ou moins étendue.

Outre ces étoiles dont les variations sont régulières, il en est dont la place change un peu d'une manière périodique, et qui semblent ainsi former des systèmes à part. D'autres ont brillé d'un éclat extraordinaire, et ont bientôt disparu : telle est celle qui, dans Cassiopée, en 1572, prit tout-à-coup une lumière plus vive, que celle de Jupiter; et qui, après avoir passé du blanc au jaunâtre, au jaune-rougeâtre, et enfin au blanc plombé, s'est éteinte seize mois après sa découverte, sans avoir changé de place dans le ciel. La cause de ce singulier phénomène est inconnue ; il parait pourtant qu'on peut le regarder comme le résultat de vastes incendies. Ce soupçon est confirmé par le changement de couleur, analogue à celui que nous offrent sur la terre les corps que nous voyons s'enflammer et s'éteindre. Quelques étoiles ont un éclat sensiblement croissant avec la durée des siècles ; telle que β de la queue de la Baleine.

V. *Résolution de divers Problémes.*

169. *Tracer une Méridienne.* On nomme ainsi l'intersection du méridien par un plan quelconque.

Concevons que, sur une table, ou un terrain bien horisontal AMB, on ait tracé un cercle AMB, et qu'on ait élevé au centre C un axe vertical ou *Gnomon CI*. Si avant midi on observe la décroissance des ombres de cet axe jusqu'à ce que l'extrémité A se place sur cette circonférence, et qu'on marque ce point ; qu'en outre, après midi, on réitère cette opération en suivant le progrès de l'ombre jusqu'à ce qu'elle se termine au même cercle en B, il ne s'agira plus que de tracer une droite CM par le centre C, et qui coupe en deux parties égales l'arc AB ainsi déterminé: cette ligne sera la méridienne, et chaque jour à midi l'ombre du gnomon CI se peindra sur cette droite CM.

Cette méthode est fondée sur ce que la hauteur du soleil est la même pour deux distances égales de part

et d'autre du méridien (*); par exemple, à 9 heure
du matin et à 3 heures du soir : c'est ce qu'on nomme
des *hauteurs correspondantes*. Ainsi les ombres CA, CB,
sont de même longueur en ces deux instans, et leurs
directions s'écartent également du méridien.

Il est bon de tracer plusieurs cercles concentriques
ab, $a'b'$ et de réitérer l'opération pour chacun, afin
d'éviter qu'elle ne soit interrompue par la présence de
quelques nuages qui pourraient éclipser le soleil, à l'instant où, le soir, on doit marquer l'extrémité d'ombre correspondante à celle du matin. On a, en outre, cet avantage
que les méridiennes obtenues par chaque construction, se
servent de correction mutuelle, et se compensent : on
peut alors compter sur l'exactitude de la ligne moyenne.

Cette opération ne se fait ordinairement que pour obtenir l'heure de midi, et pour l'employer à la construction
d'un *Méridien*. Le gnomon n'est point destiné à demeurer
fixe, et son établissement passager permet de le remplacer
par un fil-à-plomb, qui porte un nœud sur sa longueur,
ou tout autre indicateur, tenant lieu de l'extrémité du
gnomon. On fait alors tomber le plomb dans un verre
d'eau pour éviter qu'il n'oscille par l'effet de l'agitation de
l'air. Mais le plomb doit avoir son axe dans une corres-

(*) A proprement parler, cette opération manque de rigueur, puisque
le soleil décrit chaque jour un petit arc d'environ 1° de l'écliptique
(45,2°) obliquement à l'équateur. Il ne demeure donc pas du matin
au soir dans le même cercle de déclinaison. Le résultat aurait besoin
d'une correction, mais elle est si petite, qu'on peut se dispenser d'y
avoir égard. Au reste, si on veut plus d'exactitude, on fera l'opération
vers les solstices. On pourrait aussi se servir des hauteurs correspondantes d'une étoile quelconque ; mais on ne peut les observer
sans l'usage d'un instrument, ce qui rend le procédé plus difficile.

pondance bien exacte au-dessus du centre des cercles ; et le fil doit être supposé à l'abri des influences atmosphériques qui pourraient en faire varier la longueur dans la durée de l'observation.

Une fois la méridienne tracée, le gnomon peut être supprimé, et lorsqu'on voudra faire usage de cette ligne pour avoir le midi vrai, il suffira d'élever quelques instans avant, un fil-à-plomb au-dessus de l'un des points de la méridienne, et l'ombre du fil se peindra sur cette ligne à midi.

170. Ce procédé est atteint d'une légère imperfection qui provient de ce que l'ombre du gnomon n'est jamais bien nettement terminée ; la pénombre (102,2°) qui l'environne laisse un peu d'indécision sur son extrémité. On peut, pour plus de rigueur, se servir du procédé suivant qui n'est pas moins facile, et qui est bien plus exact. (*Voy.* aussi les nᵒˢ. 171, 174 et 180.)

Fig. 31.   Ayant suspendu un fil-à-plomb *AB*, on observera, la nuit, l'instant où la polaire α se trouvera dans la direction de ce fil avec l'étoile ε de la queue de la grande Ourse : ce sera le moment de leur passage au méridien, qui arrive entre 9 et 10 heures du soir et du matin vers les mois de mai et de novembre, à huit heures environ en juin et décembre, etc. Si on fait placer à l'instant même dans cet alignement, ou un second fil-à-plomb ou un jalon, ou une bougie allumée, ou tout autre indicateur *C*, *BC* sera la méridienne. Ainsi, lorsque le lendemain le soleil sera observé dans cet alignement, ou que l'ombre *BC* du fil *AB* ira tomber sur l'indicateur *C*, on sera assuré que l'astre est dans le méridien, et qu'il est midi juste.

Au reste, les deux étoiles dont nous avons parlé n'offrent pas un degré d'exactitude mathématique ; il y a réellement 7 minutes de différence entre l'instant ainsi déterminé et celui où la polaire passe au méridien. En effet, leurs ascensions droites diffèrent de $178°$ $12'\frac{1}{4}$, et non pas de $180°$, comme cela serait nécessaire pour qu'elles fussent dans un même méridien, et vinssent s'y placer ensemble dans une direction verticale. L'erreur est de $1°47'\frac{1}{2}$, qui revient à $7'2''$ de tems à raison de $15°$ par heure (p. 13), c'est-à-dire que ε de l'Ourse passe au méridien $7'2''$ plutôt que la polaire. Il faudrait donc attendre $7'2''$ après le passage des deux étoiles par le même fil vertical, puis aligner de nouveau la polaire, et faire placer l'indicateur dans sa direction seule, sans avoir égard à ε, qui aura déja passé au-delà du méridien et du fil vertical.

Mais cette différence peut être négligée, car dans un quart d'heure la polaire ne décrit qu'un arc de $11'\frac{1}{4}$, attendu que le rayon du cercle entier qu'elle parcourt en 24^h est de $1°45'$ seulement. L'erreur réelle n'est donc à peine que d'une demi-minute, erreur qu'on peut au reste éviter, si on veut, sans une plus grande peine.

On peut aussi employer toutes les étoiles qui ont des ascensions droites égales, ou dont la différence est de $180°$; telles sont α d'Andromède et β de Cassiopée ; ou le pied γ d'Andromède et le nœud α des Poisons ; ou α d'Ophiucus et β du Dragon ; ou l'Epi de la Vierge et ζ de la grande Ourse ; ou β de la Vierge et β du Lion, etc. ; mais pour plus d'exactitude, il sera convenable de préférer une circompolaire, puisque la petite différence de méridien devient alors insensible ; et on lui comparera une étoile qui remplisse la condition exigée, et qui en soit un peu éloignée, pour que la différence de leurs mouvemens soit marquée. Telles sont β de Cassiopée et δ de la petite Ourse ; γ de la petite Ourse, ι du Dragon et α de la Couronne, etc. Quant à l'heure du passage de ces étoiles par le fil vertical,

ou par le méridien, nous donnerons le moyen de la prévoir
(p. 290).

Il faudra donc consulter les cartes pour reconnaître les
étoiles qui ont même ascension droite ; et si on veut
plus de rigueur, on recourra à la *Connaissance des Tems*,
qui, en donnant la différence des méridiens d'une manière très-précise, indiquera la correction que doit
éprouver le procédé, en opérant comme on vient de
l'expliquer. Enfin, on pourrait même employer deux
étoiles quelconques dont les méridiens auraient une plus
grande différence, pourvu qu'on la connaisse et qu'on
la fasse servir à la correction dont il s'agit. L'ouvrage cité donne cette différence. Les étoiles qu'on choisira
pour sujet de l'observation doivent d'ailleurs être placées
de même côté du zénith, puisque, sans cela, elles ne
pourraient être aperçues ensemble dans le fil vertical.

171. On sait encore quelle est la déclinaison de l'aiguille
aimantée ; elle est indiquée chaque année dans l'*Annuaire*
et comme les variations sont de très-peu d'étendue, on
peut regarder la déclinaison comme constante dans la durée
de l'an. On pourra donc encore marquer une méridienne à
l'aide d'une boussole construite comme pour la levée des
plans. On ne doit pas oublier que le fer a la faculté de
déranger la direction de l'aiguille, et qu'il faut éviter
l'approche de ce métal.

172. *Tracer un Méridien.* On placera sur une muraille
BM, ou à l'embrasure d'une fenêtre, une plaque *A*
de métal, percée d'un trou *a* en son milieu pour laisser
passer le rayon solaire *AI*. On attendra que l'astre soit
dans le plan du méridien ou qu'il soit midi juste, ce dont
on sera assuré à l'aide de l'opération précédente, ou d'une
bonne pendule bien exactement réglée. A cet instant, on
marquera sur le mur ou sur le plancher, le centre *M* de

Fig. 34.

l'empreinte du rayon solaire. Le mur étant bien uni et vertical, on suspendra un fil-à-plomb *CM* qui, en rasant le mur et passant par le point ainsi déterminé, fixera la ligne méridienne *CM* qu'on tracera avec soin. On sera assuré que chaque jour à midi le point lumineux sera sur cette ligne.

Si le méridien doit être tracé sur le plancher; on suspendra un fil-à-plomb *ag* dans le trou *a* de la plaque, et on marquera le trait *CM* que fait la ligne d'ombre à midi précis; ou bien on alignera avec le fil-à-plomb *ag*, le point qu'on vient de déterminer; la trace que suivra cet alignement sera la méridienne.

173. Au reste, on peut tracer d'une manière très-commode un méridien, lorsque l'arrête murale de l'embrasure de la fenêtre est bien verticale : il suffit d'avoir marqué un jour, à midi juste, la ligne de l'ombre que porte cette arrête pour être sûr que chaque jour à midi l'ombre tombera de nouveau sur le même trait. Cela suit de ce que le plan du méridien est vertical.

On peut aussi tracer sur un mur vertical la ligne d'un fil-à-plomb *CM*; puis préparant une verge de métal *CG*, Fig. 36, la ficher dans la muraille sans autre précaution que d'en faire tomber l'ombre à l'époque de midi sur la droite *CM* déjà marquée; car cette direction une fois fixée, chaque jour, lorsque le soleil passera au méridien, l'ombre de la verge couvrira le même trait.

174. *Construction des Cadrans solaires.* Nous ne nous proposons pas d'enseigner la gnomonique; l'étendue de ce Traité ne comporte pas un pareil développement. Nous donnerons seulement le principe fondamental de la construction des cadrans solaires, et quelques moyens d'en faire usage.

Concevons par l'axe de la terre douze plans mutuellement inclinés de 15°, et coupant ce globe en 24 fuseaux égaux ; prenons pour l'un de ces plans le méridien d'un lieu donné : à partir de celui-ci et en allant vers l'occident, ou de gauche à droite, inscrivons sur ces plans les nombres 1, 2, 3,....... jusqu'à 12 qui sera sur le plan méridien, mais à la partie inférieure recommençons de même de 1 à 12, en achevant le tour entier, jusqu'à ce que nous soyons ramenés à 12 sur le méridien supérieur. On aura ainsi le système des *plans ou cercles horaires* du lieu dont il s'agit ; c'est-à-dire qu'il sera 10 heures du matin ou du soir, lorsque le soleil sera arrivé par la révolution diurne, au plan n°. 10, du côté supérieur ou inférieur ; qu'il sera 1 heure, quand cet atre sera sur le plan n°. 1, etc.

Si on imagine maintenant un plan quelconque mené par le centre de la terre, il coupera le système de nos 12 plans horaires suivant des droites ; et il est évident que chaque jour à 10 heures du matin, l'ombre de l'axe de la terre ira se peindre sur le plan dont il s'agit, suivant la droite où le méridien n°. 10 le rencontre : et ainsi des autres heures.

On voit donc que ce plan sera un cadran solaire, dont le *Style* indicateur des heures, sera l'axe de la terre, et qui aura pour lignes horaires les intersections de ce cadran par nos douze méridiens. Comme les dimensions de la terre sont nulles (p. 8), comparées à la distance du soleil, tout cadran solaire est censé passer par le centre du globe ; et pour en construire un dans un lieu donné, il faut en supposer le plan transporté à ce centre parallèlement, et prendre pour style l'axe terrestre.

Concluons de là que, *dans tout cadran solaire, le style est parallèle à l'axe de la terre et tend directement vers le pole* : sous l'équateur, le style est horisontal ; sous

le pole , il est vertical ; à Paris , il est incliné sur l'horison , comme l'est l'axe terrestre, de 48° 50'. Les lignes
horaires sont les sections de la surface du cadran par
douze plans successivement inclinés de 15° l'un sur l'autre,
passant tous par le style , et l'un d'eux étant le méridien
du lieu. Il n'est pas besoin d'avertir qu'on se dispense
de tracer sur le cadran les lignes horaires de nuit , et
même celles où le soleil ne répand pas sa lumière sur
le plan de ce cadran.

Ainsi un cadran horisontal étant fait, il ne s'agit
plus que de l'orienter pour qu'il donne les heures. On
préparera l'appui qui doit le supporter afin que le cadran
soit bien horisontal ; ce dont on jugera à l'aide d'*un
niveau à bulle d'air* ; ou simplement en plaçant sur la
surface une bille , et relevant le plan du côté où elle
descend en roulant ; ou enfin en versant de l'eau sur le
cadran pour voir de quel côté elle s'écoule. Le spectateur
tournera ensuite le cadran , sans qu'il cesse d'être horisontal, de manière qu'à midi juste l'ombre du style couvre
la ligne de 12 heures ; ce qu'on reconnaîtra par les procédés
antérieurs.

Pour plus de facilité , et afin qu'on ait plus de loisir
dans cette opération, on mettra une bonne montre à
l'heure, ou ce qui équivaut, on s'assurera de la différence
de l'heure qu'elle marque et de celle du soleil. Il ne
s'agira plus que de faire tomber l'ombre du style su_r
l'heure solaire que la montre fera connaître. Mais on
devra toujours préférer les instans voisins de midi , pour
éviter les erreurs des réfractions atmosphériques qui sont
alors presque nulles (107).

On peut aussi faire coïncider le style avec la direction
du plan méridien à l'aide d'une boussole , mais il faut
qu'aucune parcelle cachée de fer n'en trouble la déclinaison.

18

On observera que le style doit diriger son extrémité libre vers le pole, et que la base ou le bout qui se réunit au cadran est du côté opposé. Les heures du soir sont à gauche, et celle du matin à droite, pour le spectateur qui regarde le midi. Le style est parallèle à l'axe de la terre; (à Paris, il fait avec l'horison un angle de 48°.50'). Les lignes horaires sont deux à deux également inclinées sur la méridienne de part et d'autre, et sous des angles qui dépendent de la latitude du lieu; angles qu'on va apprendre à déterminer pour toute espèce de cadran.

Toutes ces lignes horaires vont se rendre à la base du style qui est un point quelconque de la méridienne, et la ligne de VI heures du matin et du soir lui est perpendiculaire. Avant VI heures du matin et après VI heures du soir, les lignes horaires sont le prolongement des précédentes : par exemple, la ligne de V heures du matin se trouve en prolongeant celle de VII heures du soir, à la base du style.

Les angles des lignes horaires changent avec les latitudes; cependant un cadran solaire construit pour un pays peut servir pour tous, en l'inclinant de la quantité dont a changé la latitude. Si, par exemple, on veut faire servir un cadran fait pour Paris en un lieu qui a 51° de latitude, il faudra l'incliner de 2° 10'. Le style enfin doit toujours se diriger au pole ; c'est là la condition nécessaire. En inclinant ainsi le cadran, il est évident qu'il ne faut pas faire sortir du plan méridien le style ni la ligne de midi.

175. Pour *fixer une ligne parallèlement à l'axe de la terre,* c'est-à-dire, pour diriger le style d'un cadran solaire, on pourrait simplement avec une règle aligner la polaire; mais ce procédé manquerait de rigueur parce que cette étoile n'est pas le pole. Si on veut plus d'exactitude, on observera avec un graphomètre le lieu le plus bas et le

plus élevé du cercle que décrit une des étoiles circompolaires, le milieu de cette distance sera le pôle; ce
sera même un moyen de *déterminer le plan du méridien
et la latitude du lieu* (9).

Au reste, cette opération exige du soin et l'usage des
instrumens, et il est bon de l'éviter; d'ailleurs, lorsqu'on veut
que le style, ou la parallèle à l'axe terrestre, soit fixée
dans une muraille, comme cet obstacle empêcherait d'apercevoir le pole et de s'y diriger, il faut se servir d'un autre
moyen; en voici un facile à employer.

Après avoir tracé sur le mur plusieurs cercles concen- Fig. 33.
triques, tels que *DE*, on placera au centre *A* un
axe *AB* bien perpendiculaire au plan du mur, et parconséquent horisontal. On remarquera, sur ces circonférences des ombres égales *AD. AE*, comme il a été dit
n°. 169, pour décrire une méridienne. La droite *CAS*
qui coupera en deux également les arcs *DE* déterminés
par ces ombres de même longueur, est ce qu'on nomme
la *Soustylaire.* C'est sur cette ligne *SAC* que le style *GC*
doit être élevé perpendiculairement au plan de la muraille,
avec laquelle ce style doit faire un angle *GCS* convenable,
et que nous allons trouver. Le plan déterminé par la soustylaire *CS* et par l'axe *BA*, est celui où le soleil est
entré lorsque ses rayons étaient perpendiculaires à la
face verticale qui doit recevoir le cadran.

Par un point arbitraire *C* de la soustylaire, on abaissera
la méridienne verticale *CM*; et ayant construit un angle
aigu *GCM* en bois ou en carton, égal à la distance du zénith au pole (41° 10' à Paris), on placera un des côtés de
cet angle le long de *CM* et son sommet en *C*; puisfaisant
tourner le plan *GCM* de cet angle autour de la charnière
CM, jusqu'à ce que l'autre côté *GC* réponde bien perpendiculairement au-dessus de la soustylaire *SC*, c'est-à-dire

Fig. 33. jusqu'à ce que l'autre côté *CG* de l'angle *GCM* pose sur
l'axe *BA*, la droite *GC*, dans cette attitude, se trouvera
parallèle à l'axe de la terre. Il ne restera donc qu'à placer
une verge métallique dans cette direction pour avoir le
style du cadran. On peut aussi former un triangle *GCS*,
et le placer perpendiculairement au-dessus de la soustylaire *CS*.

176. Il est plus exact de tracer une méridienne en face
du mur qui doit recevoir le cadran solaire; un fil-à-plomb
élevé en un point de cette ligne, détermine le plan méridien, ainsi qu'on l'a exposé n°. 169. On peut aussi l'obtenir à l'aide d'une boussole (171). Après quoi on appliquera sur le mur l'angle *GCM*, égal à la distance du zénith au pole, dans l'alignement du plan méridien ainsi
déterminé; *CM* étant la verticale qui est l'intersection du
mur par ce plan. Le côté *CG* de l'angle aura reçu la situation convenable.

Enfin, on peut orienter en face du mur un cadran solaire horisontal (174) construit d'avance. Le style de ce
cadran, prolongé jusqu'à la muraille, marquera la place
et la direction du style du nouveau cadran, puisque cet
axe est parallèle à celui de la terre. On voit même que si
on prolonge jusqu'au mur les lignes horaires du cadran
horisontal, elles y marqueront une suite de points appar-
tenant aux plans horaires et par conséquent aussi aux lignes
horaires du nouveau cadran, qu'on aura en traçant des
droites par ces points et le centre *C* où le pied du style.

177. *Tracer un cadran solaire.*

L'indicateur peut être de deux espèces, ce qui exige
deux procédés différens; ceux que nous allons exposer sont
extrêmement simples.

1er. *Cas*. L'indicateur étant un rayon solaire qui passe Fig. 24. par un trou dans une plaque métallique *AB*.

Après avoir fixé cette plaque *AB* et tracé la méridienne *CM* ainsi qu'il convient, d'après ce qu'on a exposé n°. 172, on se servira d'une montre bien réglée sur ce même méridien, et qui, du jour au lendemain, ne présente pas de diffé-rence notable. On remarquera d'heure en heure le centre du cercle lumineux qui frappe le mur, on aura ainsi un point de chaque ligne horaire. En réitérant l'opération après plusieurs mois d'intervalle, on en obtiendra un se-second point, et il ne s'agira que de les joindre deux à deux.

Observez que toutes les lignes horaires vont concourir en un même point de la méridienne, qui est le centre du cadran : on verra donc si cette condition est remplie, ce qui pourra servir de vérification ; et même si on ne veut pas attendre aussi long-tems pour obtenir un second point de chaque ligne horaire, on pourra de suite chercher le centre du cadran par l'opération décrite au n°. 175, à l'aide de deux ombres égales ; pour cela, après avoir abaissé sur la face murale une perpendiculaire *aO* qui parte du trou *a*, de ce centre *O*, on décrira un cercle (ou même plusieurs pour plus d'exactitude); les deux points *I* et *I'* où le rayon solaire viendra le rencontrer, donneront l'arc *II'*, dont le milieu *S* fixera la soustylaire *SO*, et le centre *C* du cadran. Ce centre une fois connu, un seul point de chaque ligne horaire suffira pour en fixer la direction, et le cadran sera achevé.

Il est vrai que la réfraction astronomique influe sur les effets de cette détermination ; mais quelque procédé qu'on emploie, on ne peut soustraire les cadrans solaires à cette influence, et c'est un mal inévitable. Aussi l'heure n'est-elle exactement donnée par ces appareils qu'à midi même, et l'erreur est d'autant plus grande aux autres heures , que le soleil est moins élevé sur l'horison.

2ᵐᵉ. *Cas.* L'indicateur étant un style ou axe portant ombre.

Après avoir fixé sur le mur le style dans la situation convenable , et tracé la méridienne , ainsi qu'on l'a déja expliqué nᵒ. 175, on suivra d'heure en heure la marche de l'ombre , à l'aide d'une montre bien réglée ; puis marquant la trace à chaque heure indiquée par la montre , ces droites seront les lignes horaires du cadran , qui sera ainsi achevé.

Si le cadran a quelque étendue , le style doit avoir une épaisseur notable ; alors c'est le bord occidental qui doit marquer les heures du matin , et le bord oriental pour le soir. Il faut donc tracer deux méridiennes parallèles , séparées d'une quantité égale à l'épaisseur du style.

178. *Trouver l'ascension droite et la déclinaison des étoiles , la différence des distances au méridien à chaque instant , l'époque de leur passage par ce plan , leur longitude et leur latitude.*

On cherchera sur l'un des planisphères, l'étoile dont on demande la déclinaison et l'ascension droite , et il se peut présenter deux cas.

1ᵒ. Si l'étoile est dans les cartes IV et V , telle que β du Dragon, on menera , par cette étoile et le pole , une droite qui ira couper la circonférence en un point, dont le numéro de graduation 261° 32′ sera l'ascension droite cherchée. Posant ensuite une pointe de compas sur le pole , et l'autre sur l'étoile , puis portant cette ouverture sur l'échelle qui donne les distances au pole , et à partir de l'extrémité d'où ces distances vont en croissant , on trouvera d'un côté de l'échelle 37° 33′ , pour la distance de l'étoile au pole, et de l'autre côté 52° 27′ pour la déclinaison cherchée, ou la distance à l'équateur.

2°. Si l'étoile proposée est dans l'un des planisphères VI, VII et VIII, on menera deux parallèles aux dimensions du cadre de la carte ; elles le couperont en des points dont les numéros de division donneront la déclinaison et l'ascension droite. On trouvera ainsi, pour l'étoile Altaïr de l'Aigle, la première égale à 8° 22′, et la seconde à 295° 23′.

Observez que ces cartes donnent en même tems les heures correspondantes aux ascensions droites, à raison de 15° pour chaque. Ainsi β du Dragon a 17ʰ 26′ d'ascension droite, ce qui signifie que 261° 32′ reviennent à 17ʰ 26′ ; ou que cette étoile passe au méridien 17ʰ 26′ après le point de l'équateur qui a le n°. 0, ou le premier point de ♈, ou enfin l'équinoxe du printems : elle passe au méridien 2ʰ 20′ avant Altaïr, qui répond à 19ʰ 46′, parce que la différence entre ces deux ascensions droites en tems, est 2ʰ 20′. Ces heures sont sydérales ; on sait qu'elles sont plus courtes que les heures solaires moyennes de 4′ pour 24ʰ, ou de 10″ par heure (*V.* n°. 46). On doit avoir égard à cette considération lorsqu'on veut calculer les tems des passages au méridien, sur-tout si ces tems sont éloignés de plus de 8 à 10ʰ.

Quant à la longitude et à la latitude, elles sont de peu d'utilité pour les étoiles ; cependant si on les veut obtenir, du moins pour celles qui sont proches du zodiaque, on fera, sur la planche IX, la construction qui vient d'être indiquée pour les cartes VI, VII et VIII. C'est ainsi qu'on trouve que la longitude d'Altaïr est de 298° 57′, et sa latitude de 29° 19′.

Au reste, quelque soin qui ait été mis dans la construction des planisphères, on ne doit pas s'attendre qu'ils puissent donner ces divers nombres à quelques minutes près. Si on les voulait plus exactes, il faudrait recourir à la

Connaissance des Tems, où les déclinaisons et les ascensions droites sont chaque année calculées avec la plus grande précision. On devra faire la même remarque dans tous les usages auxquels les cartes sont destinées. Les longitudes et latitudes s'obtiennent ensuite par un calcul. Le volume de l'an VII, 1804, donne ces longitudes et latitudes.

Il est inutile d'avertir que chaque année, par l'effet de la précession et de la nutation, toutes ces quantités changent, mais dans une courte durée, il est peu nécessaire d'y avoir égard, puisque la longitude n'est altérée que de 1° tous les 72 ans (94).

La différence des ascensions droites de deux étoiles donne l'inclinaison de leurs méridiens.

279. *Convertir les degrés en heures, et réciproquement.* Nous savons que pour convertir les degrés et minutes en heures, à raison de 15° pour chaque, il faut diviser par 15; mais ce calcul se simplifie en remarquant qu'il revient au suivant : divisez les degrés par 15, le quotient sera les heures; multipliez par 4 le reste de la division, et vous aurez les minutes : de même divisez les minutes de degrés par 15, et multipliez le reste par 4, vous aurez les minutes et secondes de tems. Soit proposé, par exemple, 123° 42′ 15″; 123, divisé par 15, donne 8, et le reste 3; 3 fois 4 font 12, ainsi 123° valent 8ʰ 12′; en outre 42′ divisées par 15, donnent 2′ et le reste 12; d'où 42′ valent 2′ 48″ de tems. Enfin 15″ donnent 1″, et on a 8ʰ 14′ 49″ pour la valeur cherchée.

Réciproquement, pour réduire les heures en degrés, au lieu de multiplier par 15, on suivra un procédé inverse. Multipliez les heures par 15, prenez le quart des minutes de tems, et multipliez le reste par 15, vous aurez pour quotient des degrés et pour produit des minutes. De même,

prenez le quart des secondes de tems, et multipliez le reste,
par 15. Ainsi, pour 8ʰ 14ʹ 49ʺ, en prenant 15 fois 8, on a
120° : le quart de 14ʹ est 3, avec le reste 2, qui multiplié
par 15 donne 30; ainsi 14ʹ valent 3° 30ʹ : enfin 49ʺ divisées
par 4, donnent 12 avec le reste 1, ou 12ʹ 15ʺ; en tout
123° 42ʹ 15ʺ.

Au reste, en consultant les planisphères, la traduction
des degrés en heures et réciproquement, se fait à la seule
inspection des divisions d'ascension droite, du moins, lorsqu'on ne veut pas une très-grande précision : il suffit de
comparer les heures et les degrés qui se correspondent.
Cinq degrés donnent le tiers d'une heure, ou 20ʹ; chaque
degré vaut quatre minutes de tems.

180. *Trouver chaque jour le lieu apparent du soleil dans
l'écliptique, son ascension droite, sa déclinaison, sa hauteur méridienne et sa longitude.*

Le soleil paraît décrire l'écliptique en un an, d'occident
en orient : dans nos planisphères, cet astre passe successivement par la suite d'étoiles que nous avons indiquées
nᵒ 166. Le point où il se trouve chaque jour à midi, répond à une des divisions données au haut des cartes VI,
VII, VIII et IX. Dans les trois premières, l'équateur est
représenté par une droite qui les traverse dans le sens de
la plus grande dimension; l'écliptique l'est par une courbe;
c'est le contraire dans la carte IX. Il est aisé de suivre de
l'œil la marche de cet astre de jour en jour, et d'en indiquer la position, à l'aide de la graduation qui est au haut
de la carte, et qui se rapporte à tous les jours et les mois
successifs, pour l'heure de midi.

D'après cela, si pour une date donnée on pose une règle
perpendiculaire à la base de la carte, et sur le trait qui
porte sur le cadre supérieur la date proposée, de manière que

cette règle corresponde ainsi, en haut et en bas, à des
degrés égaux d'ascension droite ou de longitude, on aura
d'une part ces degrés, et de l'autre le lieu du soleil à midi,
qui sera à la section de la règle et de l'écliptique. En pre—
nant avec un compas la distance de ce point à l'équateur,
le long de la règle, et le portant sur le bord latéral, à
partir du degré zéro, dans les planches VI VII et VIII, on
aura la déclinaison de l'astre.

Par exemple, au 22 novembre, on voit que le soleil a
237° 54′ d'ascension droite, 240° 5′ de longitude, et qu'il
est près de β au front du Scorpion : ainsi cette étoile et
celles qui sont sur des méridiens voisins de part et d'autre
du 238° degré, sont tout-à-fait invisibles, si ce n'est les
circompolaires. On trouve aussi que cet astre est abaissé de
20° 11′ au-dessous de l'équateur, ou que sa déclinaison
est australe et de 20° 11′.

Quant à la hauteur méridienne de l'astre, elle suit aisé—
ment de là ; car l'élévation de l'équateur sur l'horison, ou
la distance du pole au zénith, est connue (à Paris 41°
10′) ; une simple addition, ou une soustraction suffira
pour déterminer cette hauteur. Par exemple en ôtant
20° 11′ de 41° 10′, on voit qu'à Paris le soleil est élevé
de 20° 59′ sur l'horison à midi le 22 novembre.

Observez que les planisphères sont construits pour l'an
bissextile 1812, et que chaque année le soleil est avancé dans
l'écliptique d'environ 6 heures de plus vers l'orient, ou
de ¼ de jour. Si donc on veut plus d'exactitude dans
les années communes, on fera usage des obliques placées
au bas des planisphères VII et VIII ; en voici l'usage.
Pour chacune de ces années, au lieu de prendre pour
l'ascension droite du soleil à midi celle qui est indiquée
en haut du cadre, on prendra le point d'intersection de
l'oblique correspondante, dont on vient de parler, avec

une des parallèles longitudinales, savoir : la première ou l'inférieure pour l'année bissextile , celle d'au-dessus pour l'année suivante , et de même des autres , jusqu'à la 4ᵉ., où la supérieure qui répondra à la bissextile , aussi bien que l'inférieure ; ainsi le degré d'ascension droite du soleil pour le jour désigné , sera celui qui se rapporte verticalement à ce point de section.

Et si on veut le lieu du soleil pour une autre heure que midi , comme il faut partager l'intervalle qui représente un jour en parties dans le rapport de l'heure donnée à 24 , ce partage pourra encore s'effectuer avec plus de précision , à l'aide de ces obliques parallèles , par la propriété géométrique connue des transversales. (*Voyez* mon Cours de Math. Géom. , nᵒ 216 , 4ᵉ.) Au reste , il suffit d'augmenter l'ascension droite solaire d'environ 2′ ½ de degré par heure , 5′ pour 2ʰ, ou 10′ pour 4ʰ , etc.

181. *Trouver l'heure à l'aide des étoiles , et l'époque de leur passage au méridien.*

On a donné (178) un moyen facile d'évaluer la différence des tems entre les passages de deux étoiles au méridien : mais puisque , pour chaque jour , on sait trouver le lieu du soleil à midi , en considérant cet astre comme une étoile dont l'ascension droite est connue , et le comparant à une autre étoile , il sera bien facile de connaître la différence des tems des deux passages au méridien , et par conséquent l'heure où cette étoile y entre , puisque le soleil y passe à midi : seulement il faudra avoir égard à ce que cet astre a lui-même procédé vers l'orient dans cette durée , d'environ 10″ de tems par heure (*Voy.* nᵒ 46), et par conséquent retrancher cette différence de l'heure obtenue.

Donc , pour savoir à quelle heure Antarès passera au méridien le 8 juin , on cherchera son ascension droite, qui est de 16ʰ 18′ ; puis celle du soleil qui ce même jour, à midi, est de 5ʰ 5′ ; la différence des méridiens étant 11ʰ 13′ c'est à cette heure du soir que l'étoile entre au méridien. Et comme dans cette durée le soleil s'est écarté vers l'orient, depuis midi d'à-peu-près 2′, l'heure solaire est 11ʰ 11′ ; puisque l'ascension droite solaire est réellement alors de 5ʰ 7′. Ce résultat devrait encore être corrigé de l'aberration, de la nutation et de la réfraction (*Voy.* nᵒˢ 111, 96 et 107) ; mais nos cartes ne comportent pas une telle exactitude. La Connaissance des Tems donne une table qui sert à trouver l'heure à 1″ près.

182. Comme on peut être indécis sur les étoiles qui, vers une heure donnée, peuvent servir à cette opération, nous mettrons ici un tableau des heures où les principales étoiles viennent passer au méridien, pour le premier jour de chaque mois. On a aussi indiqué l'ascension droite et la déclinaison. Enfin on a terminé par la hauteur de l'étoile sur l'horison de Paris, lorsqu'elle passe au méridien.

Les heures sont comptées, selon l'usage des astronomes, à partir de midi, et de 1 à 24 heures, qui répond au midi suivant : ainsi 17ʰ revient à 5 heures du matin, et 5ʰ indique 5 heures du soir. La table étant calculée pour une année bissextile (1812), pour plus d'exactitude, si on veut s'en servir dans une autre année, on ajoutera 1, 2 ou 3 minutes à chaque tems indiqué, selon que l'année dont il s'agira succèdera à une bissextile de 1, 2 ou 3 rangs.

Une colonne est destinée à donner l'heure du passage au méridien de l'équinoxe ♈, ou du degré 0, à partir duquel (on compte) les ascensions droites ; ainsi les nombres de cette colonne, sont la distance de l'équinoxe au soleil comptée sur l'équateur, en sens opposé à la graduation des ascensions droites, ou les supplémens à 24ʰ de l'ascension droite du soleil à midi du premier jour de chaque mois. Si à l'ascension droite d'une étoile en tems, on ajoute le nombre de cette colonne qui correspond à l'époque désignée, on aura l'heure du passage de l'étoile au méridien : c'est même ainsi qu'on a trouvé les nombres qui répondent dans le tableau à chaque étoile d'après son ascension droite.

Par exemple, je veux savoir l'heure du passage au méridien, le premier janvier, de α du Verseau, dont l'ascension droite en tems, est 21^h 56′; c'est la différence du cercle horaire de cette étoile, à celui du point γ : ainsi ce point passe au méridien 21^h 56′ avant α du Verseau, ou si on veut, 2^h 4′ après. Mais le premier janvier, le point γ entre dans ce plan à 5^h 16′ ; donc en retranchant, α du Verseau y était à 3^h 12′ : c'est l'instant cherché. Si on a une montre qui, à l'instant de ce passage, marque 3^h 5′, on est sûr qu'elle retarde de 7′ sur le tems vrai.

Au reste on aurait pu comparer l'étoile à quelqu'une de celles du tableau ; ainsi le planisphère donne 4^h 56′ de différence entre les cercles horaires de α du Verseau et de α de la Baleine ; il suffit de compter ces heures au bas de la carte, en partant du degré d'ascension droite de l'une, et allant vers l'autre. Donc quand l'une est au méridien, l'autre en est éloignée de 4^h 56′ : mais α de la Baleine y est à 8^h 8′ ; α du Verseau qui est plus occidentale, y était donc 4^h 56′ plutôt, ou à 3^h 12′. On voit que cette opération est analogue à la précédente, mais un peu plus longue.

Heures du passage au Méridien supérieur pour le 1er. jour du mois.

MOIS.	ALDÉBARAN.	LA CHÈVRE.	є D'ORION.	SIRIUS.	PROCYON.	REGULUS.	L'ÉPI.	DIFFÉRENCE par jour.
Janvier.........	$9^h 41'$	$10^h 20'$	$10^h 43'$	$11^h 54'$	$12^h 45'$	$15^h 14$	$18^h 31'$	4,26
Février........	7 29	8 7	8 31	9 41	10 33	13 2	16 19	3,89
Mars..........	5 36	6 14	6 38	7 48	8 40	11 9	14 26	3,68
Avril.........	3 42	4 20	4 44	5 54	6 46	9 15	12 32	3, 7
Mai..........	1 51	2 29	2 53	4 3	4 55	7 24	10 41	4
Juin..........	23 48	0 26	0 50	2 0	2 52	5 21	8 38	4,13
Juillet	21 44	22 22	22 46	23 56	0 48	2 17	6 34	4
Août.........	19 39	20 17	20 41	21 51	22 43	0 12	4 29	3,74
Septembre.....	17 43	18 21	18 45	19 55	20 47	23 16	2 33	3, 6
Octobre.......	15 55	16 33	16 57	18 7	18 59	21 28	0 45	3,74
Novembre.....	13 59	14 37	15 1	16 11	17 2	19 32	22 49	4,13
Décembre......	11 55	12 33	12 57	14 7	14 59	17 28	20 45	4,39
Ascens. droite..	66° 15'	75° 40'	81° 38'	99° 11'	112° 20'	149° 49'	198° 48'	
Déclinaison	16° 7' b	45° 47' b	1° 20' a	16° 28' a	5° 42' b	12° 53' b	10° 10' a	
Haut. mérid....	57° 17'	86° 57'	39° 50'	24° 42'	46° 52'	54° 3'	51° 20'	

MOIS.	ARCTURUS.	ANTARÈS.	LA LYRE.	MARKAB.	α BÉLIER.	α BALEINE.	POINT ♈	DIFFÉRENCE par jour.
Janvier........	19^h23	21^h34	23^h47	4^h11	7^h12	8^h8	5^h16	✻
Février........	17 11	19 22	21 35	1 59	5 0	5 56	3 4	4,26
Mars..........	15 18	17 29	19 42	0 6	3 7	4 3	1 11	3,89
Avril.........	13 24	15 35	17 48	22 12	1 13	2 9	23 17	3,68
Mai...........	11 33	13 44	15 57	20 21	23 22	0 18	21 26	3, 7
Juin..........	9 30	11 41	13 54	18 18	21 19	22 15	19 23	4
Juillet.......	7 26	9 37	11 56	16 14	19 15	20 11	17 19	4,13
Août..........	5 21	7 32	9 45	14 9	17 10	18 6	15 14	4
Septembre.....	3 25	5 36	7 49	12 13	15 14	16 10	13 18	3,74
Octobre.......	1 37	3 48	6 1	10 25	13 26	14 22	11 30	3, 6
Novembre......	23 41	1 52	4 5	8 29	11 30	12 26	9 34	3,74
Décembre......	21 37	23 48	2 1	6 25	9 26	10 22	7 30	4,13
								4,39
Ascens. droite..	211° 45'	244° 27'	277° 38'	343° 49'	29° 7'	43° 5'	»	
Déclinaison....	20 11 b	26 0 a	38 37 b	14 11 b	22 33 b	3 15 b	»	
Haut. mérid....	61 21	21 10	79 47	55 21	63 43	44 25	»	

Concevons, répartie proportionnellement entre tous les jours d'un mois, la différence qui existe entre les heures qui se succèdent dans une même colonne, pour le premier d'un mois et le premier du mois suivant (différence d'environ 2^h, ou de 4′ par jour) ; on aura ainsi la quantité dont le passage d'une étoile au méridien retarde chaque jour sur celui du soleil ; d'où il est facile, par une soustraction, de conclure l'heure du passage à très-peu-près, pour chaque jour du mois. Cette différence pour chaque jour est indiquée dans la dernière colonne du tableau.

Ainsi pour Markab, il est aisé de voir que le passage ayant lieu à 14^h 9′ le 1er. d'août et à 12^h 13′ le 1er. de septembre, la différence 116′., répartie sur les 31 jours d'août, donne 3′,74 pour chaque jour. Si on veut connaître l'heure du passage au méridien le 22 août, il faudra de 14^h 9′ retrancher 21 fois 3′,74, ou 78′,5 : ce qui donne 12^h 51′, ou 51′ après minuit pour l'instant cherché.

Comme α d'Ophiucus répond à 17^h 26, c'est-à-dire, comme elle passe au méridien 6^h 34′ avant le point ♈ ; que de plus ce point est dans ce plan le 1er. août à 15^h 14′. On voit que l'étoile y est le même jour à 8^h 40′ ; et retranchant, comme ci-dessus 78′ pour les 21 premiers jours du mois, on a 7^h 22′ pour l'instant du passage au méridien de α d'Ophiucus, le 22 août.

Pendant la durée qui s'écoule d'un midi au suivant, le soleil procède sur l'écliptique d'environ 1° vers l'orient ou de 4′ de tems, qu'il faut répartir sur toute la durée des 24^h, à raison de 10″ par heure. Ainsi l'arc d'ascension droite du soleil, qu'il faut comparer à celle de l'étoile proposée, a diminué de 10″ par heure, et les cercles horaires se sont rapprochés d'autant dans le sens où on compte les ascensions droites. Il faut donc, pour plus d'exactitude, diminuer le résultat obtenu d'autant de fois

10″, qu'il y a d'heures écoulées. Ainsi 7ʰ 22′ donnent 74″, ou 1′, en négligeant les secondes : donc α d'Ophiucus, dans l'exemple ci-dessus, a passé au méridien à 7ʰ 21′.

Les nombres de ce tableau changent lentement par l'effet de la précession et de la nutation (p. 182) ; ainsi il ne peut conduire à des valeurs exactes que pour l'instant où on l'a composé : il en faut dire autant des planisphères. Mais comme la différence n'est que de 1° de longitude en 72 ans, l'erreur dans ce long intervalle n'est au plus que 4′ de tems, ce qui n'est pas appréciable durant plusieurs années, relativement aux usages indiqués ici. Au reste la Connaissance des Tems donne, chaque année, ces quantités et leurs variations annuelles.

Ainsi en plaçant, dans un lieu découvert, deux signaux dans le méridien, il sera facile de reconnaître, à l'aide d'un fil-à-plomb, l'instant du passage d'une étoile quelconque au méridien, et de se servir de cette observation pour régler une pendule aussi exactement qu'à l'aide du soleil. Cependant comme ce procédé suppose une attention assez délicate, nous indiquerons un autre moyen un peu plus simple de parvenir au même but.

183. Ayant suspendu un fil-à-plomb, observez l'instant où une des 20 étoiles de la table suivante vient s'y présenter en même-tems que la polaire ; si celle-ci était fixée au pole, ce serait l'instant du passage de la première au méridien, et on retomberait dans le cas traité ci-dessus ; mais la polaire s'écartant du pole d'environ 1° ½, ces deux étoiles ne sont pas dans le méridien, lorsqu'elles sont verticalement élevées l'une sur l'autre. Avec une petite correction, il sera possible d'assigner la différence, et c'est le résultat de ce calcul qu'on trouve dans la table.

On y voit, par exemple, que la Chèvre répond à

17ʰ 16ʹ ; ce qui signifie qu'à l'instant où la Chèvre et la Polaire se sont trouvées dans la même verticale, le cercle horaire qui se confond avec le méridien de Paris, a, pour ascension droite, 17ʰ 16ʹ ; c'est la distance de ce cercle au point γ de l'équinoxe, comptée sur l'équateur dans le sens des ascensions droites.

D'après cela, si le premier août on observe la Chèvre au moment où elle se trouve dans le même fil vertical, avec la Polaire, comme l'ascension droite du soleil est alors 8ʰ 45ʹ 41ʺ, la différence de ce nombre au premier étant 8ʰ 33ʹ : c'est l'heure de l'observation. En sorte que si à cette même époque, une montre marque 8ʰ 23ʹ, elle retarde de 10ʹ sur l'heure vraie du soleil.

β Grande Ourse....	22ʰ 59ʹ		α Cygne............	8ʰ 22ʹ
α Grande Ourse....	23 2		β Cassiopée........	11 54
γ Grande Ourse....	23 40		α Cassiopée........	12 23
δ Grande Ourse....	0 9		γ Cassiopée........	12 45
ε Grande Ourse....	0 45		δ Cassiopée........	13 15
ζ Grande Ourse....	1 15		ε Cassiopée........	13 45
η Grande Ourse....	1 37		γ Andromède......	13 56
β Petite Ourse......	2 37		α Persée	15 20
γ Petite Ourse......	3 5		α La Chèvre........	17 16
β Dragon..........	5 11		β Cocher..........	17 59 (*)

(*) Cette table a été construite d'après des calculs de trigonométrie sphérique. Si on nomme D la différence des ascensions droites de deux étoiles, p et p' leurs distances au pole, z la distance du pole au zénith, enfin φ et θ deux angles auxiliaires, on a

$$\cot\left(\varphi + \tfrac{1}{2} D\right) = \frac{\tang\,\tfrac{1}{2}\,D\,\sin\,(p + p')}{\sin\,(p - p')}$$

$$\cos\theta = \frac{\tang\,p'\,\cos z}{\tang z}.$$

La première de ces formules donne $\varphi + \tfrac{1}{2} D$ et par suite φ, la seconde

184. *Trouver les étoiles qui, à un instant donné, sont dans le méridien, et leur élévation sur l'horison; déterminer les constellations visibles au même moment, leur position relative, et le zénith.*

Ce problème est l'inverse du précédent. Après avoir fixé dans les planisphères VI, VII ou VIII le lieu du soleil et son ascension droite, ainsi qu'on l'a dit n°. 180, on comptera au bas de la carte, et de droite à gauche, autant d'heures qu'il y en a depuis midi jusqu'à l'heure proposée. On pourra encore, si on veut, ajouter à l'ascension droite solaire, autant de degrés qu'il y en a dans cette durée, à raison de 15° par heure, de 5° pour 20', ou de 1° pour 4' de tems. On obtiendra ainsi le n°. d'ascension droite qui passe au méridien à cet instant; et les étoiles qu'on rencontrera sur la perpendiculaire à l'équateur menée par ce n°., se trouveront ensemble au méridien dans l'ordre d'élévation où le planisphère les montre.

Les constellations voisines seront visibles, savoir; celles qui sont sur la carte à droite du méridien, en seront déja sorties, et seront vues à l'occident ou à droite du spectateur tourné au midi : les autres étoiles seront à l'orient ou à gauche, et passeront bientôt au méridien. On pourra compter depuis combien de tems les

______

donne θ. Or, on démontre que l'étoile qui a p pour distance au pole a pour sa distance angulaire au méridien $\varphi + \theta$; cet angle réduit en tems donne donc l'instant où elle était dans ce plan, et enfin l'heure cherchée. Voyez un Mémoire de Lambert dans les Ephémérides de Berlin, 1789, p. 213.

Dans le cas que nous traitons ici, l'étoile polaire a pour distance au pole 1° 42′ 19″ $= p$; son ascension droite est 13° 38′ 17″; enfin pour l'horison de Paris, $z = 41° 9′ 47″$.

premières en sont sorties, et dans combien les autres
y entreront, en évaluant en tems les degrés d'ascension
droite qui les séparent du cercle horaire, actuellement
dans le méridien. Chaque étoile y passe deux fois en
24^h, l'une à la partie supérieure, l'autre à l'inférieure,
et à 12^h d'intervalle. Le premier passage est seul visible,
si ce n'est pour les circompolaires : encore l'éclat du
jour empêche-t-il souvent d'apercevoir l'un ou l'autre.

En recourant ensuite au planisphère polaire IV, on
y cherchera le n°. d'ascension droite qu'on vient de trouver coïncidant avec le méridien, et on tournera la carte
de manière à avoir devant soi, en ligne directe, la droite
qui va de ce n°. au centre, et à pouvoir lire les noms
des constellations voisines dans le sens où ils sont écrits. On
reconnaîtra aisément le point du ciel qui est au zénith à cet
instant ; ce point est à l'intersection de la ligne horaire
qui coïncide avec le méridien, par le cercle décrit du
centre avec un rayon égal au complément de la latitude
du lieu. Ce cercle est tracé à 41° 10' du pôle pour
Paris, et on le décrirait aisément pour toute autre latitude à l'aide de l'échelle qu'on voit sur la carte. Les
constellations que présente le planisphère polaire IV, font
la continuation de la partie supérieure des planisphères
VI, VII et VIII ; et comme celles qui avoisinent le pôle
prennent sous nos yeux toutes les positions possibles à
l'égard de ce point (p. 223), la carte montrera les dispositions respectives pour l'instant proposé.

On a donc ainsi un second moyen très-facile de distinguer les constellations à l'aide des cartes, et d'après
la situation des étoiles qu'on y voit ; c'est le second
moyen que nous avons promis de donner (p. 211) pour
apprendre à les reconnaître sans le secours des aligne-

mens. Ce procédé a de l'avantage lorsqu'un tems nébuleux ne permet de voir qu'une partie du ciel.

Le tableau du n°. 182 peut aussi servir à trouver l'état du ciel pour l'instant désigné ; car d'après l'usage auquel il est destiné, il fait connaître de suite l'heure du passage au méridien d'une des étoiles les plus remarquables le jour désigné. L'inspection des cartes suffit alors pour juger de la position relative des autres étoiles au même moment.

Quant à la hauteur de chaque étoile au-dessus de l'horison, à l'instant de son passage au méridien, on l'a donnée dans le même tableau pour les principales étoiles à Paris, et on peut aisément la trouver pour les autres étoiles et pour tous les pays. En effet, cette hauteur se tire de la déclinaison comparée à l'élévation de l'équateur sur l'horison du lieu, et à l'aide d'une addition ou d'une soustraction. On cherchera d'abord la déclinaison de l'étoile sur la carte, et on l'ajoutera à l'inclinaison de l'équateur (41° 10′ pour Paris) si elle est boréale ; on l'en retranchera si elle est australe. Quand cette déclinaison surpasse l'élévation de l'équateur, l'étoile ne paraît jamais sur l'horison, si elle est australe, et ne se couche pas au contraire, si elle est boréale (18).

Suivons ces détails sur un exemple, et prenons l'époque du 22 août à 9ʰ 25′ du soir. Il s'agit de connaître les dispositions des constellations à cet instant sur la voûte céleste visible. Je vois d'abord qu'à midi le soleil était dans la constellation du Lion, près de Régulus, avec 151° 17′ d'ascension droite ou X heures et un degré. Le moment désigné est 9ʰ 25′ du soir; ainsi il faut procéder de ce n°. vers la gauche, de IX heures 25′ ou IX h. et 6° 15′, ce qui me porte à 292° 32′ : telle est l'ascension droite du cercle de déclinaison qui coïncide

avec le méridien. Je m'assure donc, qu'il traverse Antinoüs, près de *x* et *i*, laissant un peu à gauche le Capricorne et Altaïr qui sont sur le point d'y arriver ; que la
Lyre et Ophiucus, en sortent. Mais *α* d'Ophiucus ayant 261°
3i' d'ascension droite, la différence entre ces deux cercles
horaires est de 31° i' ou 2^h 4' ; ainsi il y a 2^h 4' que cette
étoile est sortie du méridien, pour aller vers la droite ou
l'occident. La queue *α* du Cygne n'y passera de même
que dans 1^h 5', parce que son cercle horaire est de 16° 4'
plus à l'orient.

Voici donc l'état du ciel à Paris pour l'instant proposé. A l'orient du méridien, on voit, en s'élevant de
l'horison au pole, le Capricorne, Antinoüs, l'Aigle, le
Dauphin, la Flèche (dont *α* est presque au méridien),
et le Cygne. Un peu plus loin, à gauche, sont le Verseau, le petit Cheval, les Poissons et Pégase ; enfin,
en continuant de se rapprocher du méridien inférieur,
on voit Andromède, Persée et la Chèvre. Vers l'occident on remarque d'abord le Sagittaire et la Lyre ; plus
loin, à droite, Antarès, Ophiucus, Hercule et le Dragon ;
puis la tête du Serpent, la Couronne et le Bouvier. Si
on se tourne vers le pole, la Petite et la Grande Ourse,
séparées par la queue du Dragon, sont à gauche : le carré
de la grande Ourse, est situé au-delà de la queue qui
se dirige vers la gauche : à droite est Cassiopée, dont
la figure d'*Y* est entièrement renversée. Enfin le zénith
est près de *θ* du Cygne.

185. *Trouver les étoiles qui répondent aux zéniths des
divers points du globe à un instant donné et réciproquement.*

Concevons du centre de la terre, considéré comme
le même que celui de la sphère céleste, des lignes
dirigées aux étoiles les plus remarquables, telles que la

Lyre, Sirius, Altaïr, Aldebaran, etc. ; ces lignes perceront la surface du globe en divers points variables à chaque instant, et qu'il s'agit de déterminer pour une époque fixée.

La déclinaison d'une étoile étant donnée, on connaît tous les lieux qui l'ont tour-à-tour à leur zénith, puisque ces pays doivent avoir une latitude égale à cette déclinaison. On trouvera d'abord les étoiles, qui sont dans le méridien, pour l'époque proposée (184); puis prenant une étoile, sur un autre méridien quelconque, vers l'orient ou l'occident, la différence des ascensions droites de ces deux méridiens sera la différence des longitudes orientales ou occidentales pour le pays qui voit actuellement cette étoile à son zénith. Ce lieu sera donc déterminé, puisqu'on en connaît la longitude et la latitude.

C'est ainsi que le 22 août à 9^h 25′ minutes du soir, on trouvera que les lignes menées du centre de la terre aux étoiles rencontrent sa surface à-peu-près aux lieux suivans :

α Couronne boréale près Guic en Perse ;

Antarès près du sud de Madagascar dans la mer ;

α d'Ophiucus en Abyssinie près de Gondar ;

La Lyre dans la mer près de la Calabre ;

β de la Baleine dans la mer du Pérou ;

Sirius près des îles des Amis, dans la mer du Sud ;

Regulus aux îles Mariannes ;

Arcturus au Bengale, etc.

Le problème inverse se résoud de la même manière.

186. *Déterminer l'arc qui mesure la distance entre deux étoiles, ou entre deux pays donnés.*

Tracez un cercle quelconque *ADEB* destiné à repré- Fig. 52. senter le méridien d'une étoile *E* ; *P* étant le pole, portons de *P* vers *E* et *D* les distances données des deux étoiles à un même pole (si les déclinaisons sont l'une et l'autre

boréales ou australes ; ces distances seront les complémens
des déclinaisons à 90° ; autrement, l'une sera 90° plus la
déclinaison, l'autre 90° moins la declinaison). Menons DI
perpendiculaire à l'axe PC de la terre, et traçons sur
le diamètre DI le demi-cercle DFI qui représentera la
courbe décrite par l'étoile D autour du pole : prenons DF
égal à la différence des méridiens ou des ascensions droites
des deux astres ; l'un sera en F, l'autre en E, et il s'agit de
trouver l'arc de grand cercle qui va de E en F. A cet effet
abaissons FG perpendiculaire sur DI, puis GHO perpendiculaire sur le rayon EC, EO sera l'arc cherché (*).

(*) Ceux qui savent la géométrie descriptive verront bientôt que
le plan de l'arc de grand cercle qui va de E en F, passant par
le centre C, doit couper le méridien selon EC ; et que si on fait
tourner ce plan autour de EC, comme charnière, pour le recoucher
sur ce méridien, tous les points de l'arc EF décriront des cercles perpendiculaires à EC : celui que tracera le point F se projettera et
se rabattra en quelque point de OG : donc ce point se recouchera
en O ; EO est donc l'arc cherché.

On traduit aisément cette construction en calcul : car soient p et p'
les distances au pole (ou $p = DP$, et $p' = EP$), D la différence des
méridiens (ou $D = DF$); le rayon $EC = 1$; d'où $DR = FR = \sin p$
et $RC = \cos p$, $HC = \cos EO = \cos x$; désignant l'angle GCR
par φ, on résoudra les trois triangles rectangles suivans :

1°. FGR......$GR = FR \times \cos FRG = \sin p \cos D$;

2°. GCR..$\tang GCR = \dfrac{GR}{RC}$, ou $\tang \varphi = \tang p \cos D$,   (1)

et $GC = \dfrac{RC}{\cos GRC} = \dfrac{\cos p}{\cos \varphi}$;

3°. GCH......$HC = GC \times \cos GCH$ ou $\cos x = \dfrac{\cos p \cos (p' - \varphi)}{\cos \varphi}$ (2)

Voici donc le calcul qu'on devra faire à l'aide des tables de loga-

Observez que *AB* perpendiculaire sur *PC* désigne ici l'équateur, et que *AE AD* sont les déclinaisons des deux étoiles supposées l'une et l'autre australes ou boréales : s'il en était autrement, l'une *D* serait d'un côté de l'équateur et l'autre *E* serait du côté opposé, en sorte que *DE* qui est la différence des déclinaisons serait remplacé par leur somme. Mais ces détails ne changent rien à la construction, et l'équateur *AB*, ainsi que l'axe *PC* sont tout-à-fait inutiles ; il suffit de prendre *PD* égal à *PI* et à l'une des distances au pole ; *PE* égal à l'autre ; de mener *DI* et *EC*; de tracer le cercle *DFI* et de prendre *DF* d'un nombre de degré égal à la différence des ascensions droites ; enfin d'abaisser les perpendiculaires *FG* et *GO*; *EO* sera l'arc cherché, dont le nombre de degrés sera donné avec un rapporteur.

C'est ainsi qu'on trouve les distances suivantes, qui pourront servir comme d'échelle pour en évaluer d'autres dont approximativement en contemplant la sphère céleste.

De α à η de la grande Ourse. . . . . 26°
La diag. de Rigel à l'épaule α d'Orion. 19
Les deux épaules α γ d'Orion. 7
Les deux têtes α β des Gémeaux. . . . . 4 ½.

Au reste, la même construction se fera encore si on connaît les longitudes et les latitudes des deux astres : seulement *AB* sera dans la figure l'écliptique, *P* son pole ; *PD* et *PE* les distances à ce pole, ou les complémens des latitudes.

Si on veut trouver l'intervalle qui sépare deux villes, la

---

rithmes. L'équation (1) fera connaître l'angle auxiliaire φ, et par suite $p' - \varphi$, et la dernière formule donnera l'arc x qui est celui qu'on cherche. Au reste, voyez à ce sujet mon *Cours de Mathématiques*, n°. 595, 2°.

même construction la fera connaître ; mais il faudra multiplier chaque degré de l'arc obtenu par 25 pour l'évaluer
en lieues de 2280 toises. Il est bien entendu que cet intervalle est ici estimé par sa plus courte distance et par conséquent abstraction faite des déviations auxquelles obligent
les montagnes , les rivières, les torrens et tous les obstacles
qui peuvent se rencontrer.

187. *Connaître le lieu des planètes dans le ciel, leur
ascension droite et leur déclinaison, leur longitude et leur
latitude, et l'instant de leur passage chaque jour au
méridien.*

Au simple aspect, les planètes sont en général des
astres semblables aux autres étoiles ; mais lorsqu'elles sont
éloignées de l'horison, leur lumière n'éprouve pas de
Scintillation (110); effet qui pourtant ne peut guères servir
à les distinguer : mais voici plusieurs caractères fort utiles.

Nous supposons d'abord qu'on ait appris à bien reconnaître les constellations, et qu'on soit familier avec les
usages que nous avons indiqués de nos planisphères.
Comme les planètes s'éloignent peu de l'écliptique, (nous
ne parlons pas ici de Junon, Vesta, Cérès et Pallas),
que d'ailleurs le Zodiaque ne contient de primaires qu'Aldebaran, Régulus, l'Epi et Antarès ; si, en parcourant
l'écliptique, on voit une étoile différente des quatre précédentes et d'un éclat à-peu-près égal , on est assuré
qu'elle est une planète : en consultant les planisphères on
ne trouvera pas cet astre indiqué à la place qu'il occupe
dans le ciel.

L'éclat de ces corps varie avec leur distance, et nous
avons donné, p. 148, les dimensions sous lesquelles
nous les apercevons. Mais à la vue simple, l'éclat est
la seule chose qui frappe et qui puisse être employé
comme moyen distinctif ; et on sent qu'il est plus vif

à mesure que la planète est plus près du soleil et de nous.

Mercure est petit et assez difficile à voir, attendu qu'il ne s'écarte au plus que de 28° du soleil, qui l'embrasse toujours dans ses feux. On ne doit le voir que le soir un peu après le coucher de cet astre, ou le matin un peu avant son lever. Il présente au simple aspect un point très-brillant, mais de petite étendue et semble une étoile de 3ᵉ. et 4ᵉ. grandeur.

Vénus oscille comme Mercure de part et d'autre du soleil, et ne se voit de même qu'après le coucher de cet astre vers l'occident, ou avant son lever vers l'orient : mais elle s'en écarte bien davantage et même jusqu'à 48°. Elle paraît plus grande ordinairement que les étoiles primaires, et lorsqu'elle est dans son éclat, elle les surpasse toutes par sa grandeur et la vivacité de sa lumière qui est très-blanche.

Mars est petit et communément semble de 3ᵉ. quelquefois de 2ᵉ. grandeur. Sa lumière est d'un rouge de feu.

Jupiter, la plus grande des planètes, est aussi celle qui nous semble telle, malgré sa grande distance au soleil et à la terre. Cependant sa lumière paraît ordinairement moins vive que celle de Vénus qui nous semble alors avoir plus d'étendue, par une erreur d'optique que cause l'éclat de celle-ci. Jupiter sur-tout lorsqu'il est en opposition (il passe au méridien vers minuit), est très-brillant ; sa lumière est vive, bleue et même scintillante. L'impression que nous en recevons en général le fait paraître plus grand que les étoiles primaires, Sirius même.

Saturne est pâle, sa lumière est livide et comme plombée ; il est oblong à l'œil par l'effet de l'anneau, qui d'ailleurs ne peut être reconnu qu'au télescope. Cette

planète nous paraît primaire , et ses dimensions ne varient
guère.

. Quant à *Uranus*, *Junon*, *Vesta*, *Cérès* et *Pallas*, il faut
le secours du télescope pour les reconnaître.

..Ces moyens de distinguer les planètes ne peuvent être
que très-imparfaits ; . mais nous allons enseigner à en
déterminer la position sur la carte , et on pourra ensuite
bien aisément la trouver dans le ciel. On se servira pour
cela de l'*Annuaire* que publie chaque année le Bureau des
longitudes, et qui est un extrait de la Connaissance des Tems.
Ce petit ouvrage , d'un prix très – modique est le seul calendrier digne d'un homme qui réfléchit , et les faits
astronomiques y sont mis à la portée des gens du monde.

On y place chaque mois, outre l'heure du lever et
du coucher du soleil et de la lune, et l'heure du passage
de celle-ci au méridien pour chaque jour , ainsi que la
déclinaison du soleil, un résumé des phénomènes astronomiques les plus importans, tels que les phases de la
lune , les éclipses, les conjonctions , etc.

On y indique aussi pour les dates du 1 , du 11 et
du 21 de chaque mois, l'heure du lever et du coucher
de chaque planète, et l'heure du passage au méridien ;
c'est ce dernier point qui nous importe le plus ici.
En effet, si on y apprend que Jupiter, le 1ᵉʳ. décembre 1812, passe au méridien à 16ʰ 23′, il est bien facile
de trouver quel est le cercle horaire qui à cet instant coïncidera avec le méridien ; c'est celui qui a 133° 25′ d'ascension droite. Jupiter étant sur ce cercle a donc aussi
133° 25′ d'ascension droite ; d'où il résulte que cette planète
est située dans la constellation du Cancer et à l'orient de
l'étoile δ.

Pareillement le même jour Mars passe au méridien à
21ʰ 2′, le cercle horaire qui s'y placera à cette époque est à

203°; telle est donc l'ascension droite de Mars; et comme cette planète ne s'écarte pas de l'écliptique, on en conclut qu'elle est un peu au nord-est et près de l'Épi de la Vierge. On trouve aussi pour Vénus à-peu-près la même situation, mais un peu plus orientale ; d'où on conclut que ces deux planètes sont près de leur conjonction. Il est vrai que l'heure à laquelle le phénomène arrivera ne permettra pas de l'a-percevoir à cause de l'éclat du jour.

Une fois la place d'un de ces astres fixée par ce procédé, rien ne sera plus facile que d'en chercher la position sur le planisphère IX ; et d'après les graduations du cadre, de dé-terminer la latitude et la longitude. Réciproquement, si celle-ci est donnée (et on la trouve dans la Connaissance de Tems), rien n'est plus facile que d'avoir la place qu'oc-cupe la planète dans le ciel, en consultant le planisphère IX. Le premier janvier, 1813, par exemple, Jupiter a pour longitude 4 signes 6° 55′ et pour latitude 0° 38′ bo-réale. La seule inspection de la carte fait voir qu'il est tout près de l'étoile γ du Cancer, mais un peu à l'orient. On trouvera pour la même époque le lieu des autres planètes avec la même facilité; savoir :

Mercure un peu au-dessus de λ du Sagittaire : cette pla-nète est invisible, parce qu'elle n'est qu'à 7° ¼ à l'occident du soleil;

Vénus au-dessus d'Antarès: elle est visible le matin à l'orient, deux heures environ avant le lever du soleil;

Mars à l'orient d'α de la Balance : visible le matin, mais deux heures en avant de Vénus ;

Saturne au sud-ouest de β du Capricorne, et proche du soleil, qui en est à 20′ vers l'occident : la planète est invi-sible ;

Uranus entre γ et λ de la Balance, en avant du front β du Scorpion : visible le matin à l'orient.

Cet exemple suffit pour montrer comment, à toute autre époque, on pourrait déterminer le lieu de chaque planète dans le ciel : on remarquera que le second procédé offre bien plus de facilité et de promptitude. Mais si on était privé de la Connaissance des Tems, ou de l'Annuaire qui donne encore une approximation suffisante, il faudrait recourir aux tableaux p. 152, afin de déterminer le lieu moyen de la planète dans son orbite ; on composerait alors, pour son propre usage, une partie du traité que font avec soin nos premiers astronomes.

188. Trouver l'heure du lever et du coucher des étoiles ; les points de l'horison où elles commencent à paraître ou cessent d'être vues ; leur distance à ce plan lorsqu'elles sont au-dessus ou au-dessous ; leur azimuth ; leur hauteur, etc.

L'horison coupe chaque cercle de déclinaison en deux points, et lorsqu'un astre qui décrit ce cercle atteint l'un de ces points, il se lève ou se couche, selon qu'il est à l'orient ou à l'occident. Ces deux points sont d'autant plus voisins du nord, et l'arc visible du cours de l'astre a d'autant plus d'étendue, que la déclinaison approche plus de la latitude du lieu de l'observation, si on les suppose à-la-fois boréales ou australes ; mais le contraire a lieu si l'une est boréale et l'autre australe, et ces deux points se rapprochent vers le midi tandis que l'arc visible décroît. Nous faisons abstraction de la réfraction (p. 207), et nous ne parlons pas ici des étoiles circompolaires ; car on sait que si leur déclinaison surpasse la latitude, elles ne se couchent jamais ; et nous avons enseigné à déterminer leur position à chaque instant : celles qui sont proche du pole opposé n'ont au contraire pas de lever. D'ailleurs, pour chaque peuple le lieu du lever et l'étendue de l'arc visible changent avec la latitude.

Deux cercles horaires ou de déclinaison, qui sont également inclinés des deux côtés du méridien, vont rencontrer l'horison en deux points qui sont à même distance du pole, puisque tout est égal de part et d'autre du méridien. Concevons donc une suite de ces cercles les uns à droite, les autres à gauche de ce plan, et sous des inclinaisons respectives égales, l'horison les coupera deux à deux à la même distance du pole. La suite de ces points formera une courbe qu'il s'agit de déterminer, et qui est la limite des parties visibles du ciel.

Depuis o jusqu'à 90° d'inclinaison d'un cercle horaire sur le méridien, l'extrémité de ce cercle sur l'horison se trouve en dessous de l'équateur : à 90°, ou lorsque le cercle est perpendiculaire au méridien, ces points sont à l'intersection de l'équateur avec le méridien et fixent la ligne de l'orient à l'occident. Mais passé 90°, la distance des points de section au pole continuant à décroître, devient moindre que celle des points correspondans d · l'équateur, en sorte que la courbe qui termine à l'horison tous les cercles horaires, abaissée du côté du midi au-dessous de l'équateur, est au contraire élevée au-dessus du côté du nord.

Quant au méridien même, l'horison le coupe en deux points, l'un au midi, l'autre au nord, à la même distance de l'équateur et de part et d'autre de ce plan : cette distance est celle du zénith au pole (16,3°). Le premier est le plus bas de tous ces points de section, l'autre le plus élevé, à l'égard de l'équateur ; et les autres points de notre courbe passent graduellement de l'une à l'autre des quatre limites que nous venons d'établir.

Cela posé, concevons qu'on ait d'abord déterminé le cercle de déclinaison qui coïncide avec le méridien pour un instant fixé, et son degré d'ascension droite (178, 184). Sur la ligne verticale qui représente ce cercle dans les planisphères **VI**, **VII** ou **VIII**, on portera au-dessous de l'équateur la distance du zénith au pole (41° 10′ pour Paris) : on la portera pareillement au-dessus de l'équateur dans la carte **IV**. On aura ainsi les deux points opposés où le méridien coupe l'horison, et qui sépare la partie actuellement visible de ce cercle, de celle qui est cachée. On a tracé, dans la planche **IV**, un cercle qui donne pour Paris le dernier de ces points, en remarquant où il est coupé par le méridien inférieur. On tracerait avec la même facilité le cercle qui convient à tout autre pays, en prenant pour rayon la latitude, à l'aide de l'échelle.

Observez que le cercle où l'horison termine tous les plans horaires est coupé en deux parties symétriques par l'équateur, ensorte qu'un cercle horaire quelconque est limité en deux points, l'un vers le nord, l'autre vers le midi, et que le premier est elevé au-dessus de l'équateur, d'autant que l'autre est abaissé au-dessous. D'où il suit que deux plans situés d'un même côté du méridien, et inclinés, l'un de 60°, l'autre de son supplément 120°, doivent être coupés par l'horison, l'un au-dessous de l'équateur, l'autre au-dessus, et à mêmes distances ; en effet, le second de ces plans n'est que le prolongement de celui qui est aussi incliné de 60° du côté opposé du méridien.

Il n'est donc nécessaire que de calculer l'étendue de ces arcs jusqu'à 90° seulement (*), parce que, pour le cercle

---

(*) Le méridien, le cercle horaire et la partie d'horison que ces deux cercles embrassent, forment un triangle sphérique rectangle dans lequel on connaît l'angle du cercle horaire avec le méridien, et la distance du pole à l'horison ; on peut donc en résolvant ce triangle par les principes connus (*V.* mon *Cours de Mathématiques*, formule 8, n°. 592), calculer l'étendue de l'arc du cercle horaire qui s'étend du pole à l'horison.

Soit *l* la latitude du lieu, *D* l'inclinaison du cercle horaire sur

horaire qui fait un angle plus grand que 90°, il faudra prendre l'angle aigu qu'il forme avec le méridien inférieur; mais on devra porter la distance correspondante au-dessus de l'équateur, tandis qu'on la porterait au-dessous pour une inclinaison moindre que 90° avec le méridien supérieur.

Cette table contient, dans la première colonne, les inclinaisons des cercles horaires sur le méridien, et dans la seconde, les distances à l'équateur des points où ces cercles sont coupés par l'horison. Du reste, ces calculs sont propres à la latitude de Paris, et il en faudrait d'analogues pour d'autres parallèles.

---

le méridien, la distance V de l'équateur au point où l'horison coupe ce cercle horaire est donné par l'équation.

$$\tang V = \cot l . \cos D$$

A Paris on a $l = 48°\,5o'$, d'où log cot $l = 9.9417135$. C'est cette formule qui a servi à construire la table suivante et qui pourra être employée à en construire une semblable pour toute autre latitude.

TABLEAU *pour déterminer les Astres qui sont dans l'horison de Paris.*

Inclinaison.	Distance à l'équateur.	Différence pour 1°.	Inclinaison.	Distance à l'équateur.	Différence pour 1°.	Inclinaison.	Distance à l'équateur.	Différence pour 1°.
0°	41° 10'	1',3	34°	35° 56'	20'	59°	24° 15'	38'
5	41 4	4	36	35 16	21	62	22 19	41
10	40 44	6,5	38	34 34	22	65	20 17	43
15	40 11	9	40	33 45	23	68	18 8	45
20	39 24	11	42	33 1	25	71	15 53	47
22	39 2	12	44	32 10	27	74	13 33	49
24	38 37	13	46	31 16	28	78	10 18	50
26	38 10	15	48	30 20	30	82	6 56	51
28	37 40	16	50	29 20	32	85	4 21	52
30	37 8	17	53	27 45	34	88	1 45	53
32	36 33	19	56	26 3	36	90	0	

Il est inutile d'observer que, comme cette table ne ren‑
ferme pas toutes les inclinaisons, on doit répartir propor‑
tionnellement entre celles qu'on y trouve, les différences
des distances successives à l'équateur ; c'est pour cela qu'on
a indiqué dans la table la différence que donne 1°. Ainsi,
pour 62° 35' d'inclinaison d'un cercle horaire sur le méri‑
dien, je trouve dans la table l'angle de 62°, qui répond à

la distance 22° 19′ et à la différence 41′ pour 1°; donc 35′ doivent donner 24′ de différence, et retranchant de 22° 19′, on obtient 21° 55′ pour la distance à l'équateur, correspondant à un cercle horaire qui fait un angle de 62° 35′, ou de son supplément 117° 25′ avec le méridien.

D'après cela, soit demandé, par exemple, si le 22 août à 9ʰ 25′ du soir, l'étoile β à la queue du Lion est sur l'horison de Paris. Comme l'ascension droite du cercle horaire, qui coïncide à cet instant avec le méridien, est 292° 15′, et que celle de l'étoile est 174° 5o′, la différence 117° 25′ est l'inclinaison du cercle horaire de l'étoile sur le méridien, ou plutôt en retranchant de 180°, on voit que ce cercle fait un angle de 62° 35′ avec le méridien inférieur, vers l'occident. Or la table donne 21° 55′ pour l'arc qui mesure la distance à l'équateur du point de l'horison qui est sur le même cercle horaire, et cette distance doit être prise en dessus de l'équateur, parce que l'inclinaison est rapportée au méridien inférieur. Or la déclinaison de β du Lion est aussi boréale, mais de 15° 38′, moindre que 21° 55′ : donc cette étoile est actuellement abaissée sous l'horison d'une quantité qui dépend de la différence entre ces deux nombres.

On voit donc que si, pour une époque donnée, on marque sur les cartes le point où chaque cercle horaire rencontre l'horison, en déterminant ce point comme il vient d'être dit, et si on unit ces divers points par un trait continu, on aura une courbe qui sera la représentation de celle que l'horison forme dans le ciel, et qui sépare à cet instant la partie visible de celle qui est cachée, sans avoir égard à la réfraction. On voit cette courbe tracée par des points sur les planisphères IV, VI et VIII; celle qui est sur ces deux derniers, par exemple, montre l'état du ciel pour la latitude de Paris, toutes les fois que le cercle de déclinaison qui coïncide avec le méridien a 210° d'ascension droite, ce qui arrive une fois tous les jours ; par exemple, le 1er. juin, à 9^h 24' ; le 1er. mai à 11^h 25', etc.

189. Pour éviter ces calculs, et les constructions qui s'en suivent, ce qui ne conviendrait guère à une opération dont l'usage est instantané, il suffira de découper un papier ou une glace qui imite le contour de cette courbe concave ; alors la simple application de ce *Modèle* ou *Patron* sur la carte dans la position convenable, suffira pour faire juger au seul aspect des étoiles qui sont levées ou couchées, et de leur distance à l'horison : voici donc ce qu'il faudra faire.

On cherchera d'abord le cercle qui, pour l'instant proposé, coïncide avec le méridien ; puis prenant 90° de part et d'autre, on marquera sur l'équateur les deux points qui correspondent à ces ascensions droites. On appliquera ensuite le modèle de manière que les extrémités de la courbe soient posées sur ces points : tout ce qui sera du côté concave sera actuellement visible, le reste sera sous l'horison ; et on jugera du degré d'élévation ou d'abaissement de chaque étoile, par sa distance à la courbe, en l'évaluant perpendiculairement ou selon la normale.

En faisant ensuite glisser les deux extrémités du modèle le long de l'équateur, jusqu'à ce que la courbe passe par une étoile donnée, on pourra dire dans combien de tems elle se levera ou se couchera, ou depuis combien elle est levée ou couchée, en comptant les heures qui répondent à la partie d'équateur, décrite par l'extrémité du modèle, lorsqu'on l'a fait glisser vers l'orient ou l'occident. Les degrés qu'on voit marqués le long de cette courbe de l'horison, marquent les inclinaisons des cercles horaires correspondans sur le méridien.

Observez que le modèle de la carte polaire IV s'emploie de la même manière ; les deux extrémités de la courbe de

l'horison, devant répondre à des degrés déterminés de l'é-
quateur, qui est représenté par le cercle *intérieur* dans
lequel est renfermée la carte. Mais la courbe dont il s'agit
doit toujours toucher le cercle des astres qui n'ont pas de
coucher, et cela précisément au point opposé au zénith,
et qu'on trouve sur le prolongement, au-delà du centre, de
la droite qui représente le méridien actuel; ce point est dans
l'horison et le plus élevé au-dessus de l'équateur, de toute
la partie invisible du ciel.

Par exemple, le 22 août à 9^h25' du soir, on trouve
qu'en allant du midi vers l'occident, l'horison passe au-
dessous du Sagittaire et d'Antarès; puis entre les deux
bassins de la Balance, au-dessus de δ de la Vierge et de β
de la queue du Lion. Du côté de l'orient, on voit Fomalhaut
se lever; α des Poissons et les Pléiades sont un peu au-
dessous de l'horison, la Chèvre est vers le nord un peu au-
dessus, et le méridien inférieur se dirige vers les têtes des
Gémeaux qui sont cachés pour nous. Continuant de faire
le tour et revenant du nord à l'occident, on observe le petit
Lion et la chevelure de Bérénice, qui sont sur le point de
se coucher. Il convient pour comprendre bien ces détails,
de suivre toujours les descriptions, à l'aide du modèle et
les yeux fixés sur la carte.

Il sera bon, pour faciliter cette recherche, de joindre les
planisphères VII et VIII bout à bout pour n'en former
qu'une seule carte, en supprimant la partie latérale du
cadre, pour faire coïncider les n°s. 300° d'ascension droite;
les deux lignes longitudinales qui représentent l'équateur
devront se placer sur le prolongement l'une de l'autre. Dans
cet état, on pourra même rouler cette longue carte sur un
cylindre dont le rayon soit convenable, pour que les deux
autres extrémités se réunissent aussi et que la carte présente
ainsi une bande, image de la zone céleste qui borde l'équa-

teur de part et d'autre. Le modèle sera alors très-facile à appliquer, et la rotation du cylindre sur son axe, imitera celle des cieux.

On connaîtra aisément ainsi la distance d'une étoile lors-qu'elle est dans l'horison, au point équatorial qui s'y trouve ; cette distance entre le lieu du lever d'un astre et le vrai point d'est et d'ouest, est ce qu'on nomme l'*Amplitude ortive* et *occase*.

190. Cette courbe est tracée d'après les nombres de notre table qui ne convient qu'à la latitude de Paris : si on veut la décrire pour tout autre lieu, il faut calculer une table ana-logue. Nous indiquerons ici une opération graphique qui peut en tenir lieu et conduire à des résultats assez exacts, si on l'exécute avec soin et dans des dimensions un peu étendues.

Fig. 35.　　Après avoir tracé un cercle *dpd'p'* et le diamètre *dd'* pour désigner le méridien et l'horison, si on mène *p'p*, qui fait avec *cd* l'angle *pcd* égal à la latitude, puis la perpendi-culaire *ee'*, *pp'* est l'axe du monde et *ee'* est l'équateur ; par un point quelconque *a* de *dd'* on mènera les droites *ab*, *ag*, *ao* dans des directions perpendiculaires à *pp'*, à *ab* et à *dd'* ; puis *ph* parallèle à *ao*.

Cela posé, par le point *F* on tracera une suite de droites inclinées de 5° en 5°, ou 10° en 10°, par exemple, à partir de *ba* jusqu'à 90° degrés ; il sera bon de tracer un cercle *bjg* sur le diamètre *bn* et de partager ce cercle de 5° en 5°, ou de 10° en 10°, etc. ; on opérera pour chacune de ces lignes comme nous allons le faire pour l'une d'elles, *fg* qui répond à l'angle *gfa* de 40°. Cette droite détermine le point *g* sur *ag* ; on prend *ao* égal à *ag* et on tire *co* qui donne le point *k* ; enfin prenant la longueur *hk* de *h* en *l*, on porte *pl* de *p* en *i* sur la circonférence : *ic* est

la distance à l'équateur pour le·cercle horaire incliné de Fig. 35.
40° (*).

Soit *bn* le cercle de déclinaison d'un astre quelconque ;
recouchons ce cercle en le faisant tourner autour de *ban*;
à cet effet décrivons sur *bn* comme diamètre une demi-
circonférence *bjgn* ; ce sera la route qu'il parcourt en
douze heures à raison de 15° de cercle par chaque heure :
s'il est en *j*, l'arc *bj* sera sa distance au point *b* où il
entrera au méridien. Abaissons *mj* perpendiculaire sur *bj*,
puis menons l'horizontale *rr'*, *r'd'* sera sa hauteur verticale au-dessus de l'horison lorsqu'il est en *j*.

Ainsi on pourra aisément déterminer la hauteur verticale

(*) Ceux qui savent la géométrie descriptive pourront aisément
reconnaître dans cette construction le problème inverse de celui où
on veut trouver l'angle que forment deux plans : *d'p·d* est le plan Fig. 35,
vertical de projection, *d'pd* le plan horisontal, *dd'* la commune
section de ces deux plans : *pc* la trace du plan horaire sur le
premier, et on cherche sa trace sur le second d'après son inclinaison donnée de 40° sur le méridien ; cette trace est *ck*. En effet
relevons le triangle *gfa* afin qu'il soit perpendiculaire sur le plan
pca ; comme. *cao* l'est aussi, *ag* se confond avec son égale
ao ; et puisque le cercle horaire s'applique sur *fg*, le point *g*
ou *o* est un de ceux où il rencontre le plan horisontal : sa trace
est donc *co* et *k* est le point où l'horison est percé par le cercle horaire.
La droite qui va de *p* en *k* dans l'espace est l'hypothénuse d'un
triangle rectangle dont les côtés de l'angle droit sont *ph* et *hk* ou *hl* ;
donc cette droite *pk* ou *pl* est la corde de l'arc horaire qui s'étend
du pole *p* à l'horison *k* ; ainsi cet arc est *pi*, et *ei* est la distance
de son extrémité à l'équateur.

Il est à observer que si on traduit en calcul algébrique les parties
de cette figure, on retombe sur la formule de la note suivante,
qui doit toujours être préférée à cette construction, quand· on ne
veut pas que l'exactitude du résultat dépende de la perfection des
instrumens dont on se sert, ou de l'habileté du dessinateur.

d'un astre à chaque instant : il suffira de chercher sa distance bj au méridien, ce qui est bien aisé (182); puis on fera la construction précédente : $r'z$ sera la distance au zénith. Et si on décrit sur le diamètre rr' le demi-cercle $r'qr$, puis qu'on élève qm perpendiculaire sur rr', l'arc $r'q$ sera la distance au méridien du cercle vertical qui passe par l'astre et le zénith, c'est ce qu'on nomme l'*Azimuth* (*).

Fig 36.   (*) Soit près le méridien, q une étoile quelconque, p le pole et z le zénith : si on mène par l'astre q le cercle vertical zql il ira couper l'horison en l et le méridien au zénith z, et on formera un triangle sphérique zpq, dont les côtés zp et zq sont les distances du zénith au pole et à l'astre, et pq la distance polaire de l'étoile. Soient l la latitude du lieu de l'observation, complément de zp; h la hauteur lq de l'astre sur l'horison, complément de sa distance zénithale zq; p la distance pq de l'astre au pole, complément de sa déclinaison; D l'angle horaire dpq qui est donné par le tems qui s'écoule depuis le lieu q jusqu'à l'entrée au méridien en q'; D est encore l'inclinaison du cercle horaire pq de l'étoile sur le méridien, ou la différence de son ascension droite avec celle d'une autre étoile actuellement dans ce dernier plan; enfin A l'azimuth, ou l'angle dzl, ou encore l'arc dl de l'horison compris entre le plan vertical zql et le méridien; c'est la distance de l'étoile à ce plan, évaluée parallèlement à l'horison.

En résolvant ce triangle par les règles connues de la trigonométrie sphérique, (V. mon *Cours de Mathématiques*, n°. 596, formules 16, 17 et 18), on a

$$\tan \varphi = \cos D . \cot l, \quad \sin h = \frac{\sin l . \cos (p -)}{\cos \varphi}$$

puis posant

$$p + l + h = 2k,$$

$$\sin \tfrac{1}{2} A = \sqrt{\left(\frac{\sin (k - l) . \sin (k - h)}{\cos l . \cos h} \right)};$$

la première de ces équations sert à déterminer l'angle auxiliaire φ, qui introduit dans la seconde, donne h; après quoi la dernière fait enfin connaître A. On voit d'après cela, comment on pourra cal-

On voit aussi comment, en renversant l'ordre des constructions, la même figure donnerait le lieu de l'astre lorsqu'on en connaît la hauteur, ou l'azimuth, ou réciproquement. Ces divers problêmes inverses sont liés par la même

------

culer la hauteur d'un astre sur l'horison et son azimuth, d'après la latitude du lieu de l'observation, la déclinaison de l'étoile et l'angle horaire que donne son ascension droite.

Ces formules servent lorsqu'on veut observer un astre pendant le jour, parce qu'elles énoncent la position qu'on doit faire prendre à la lunette, pour que l'étoile se présente sur son axe à une époque donnée. En observant l'époque où un astre se trouve sur le prolongement du plan vertical d'un mur, sur lequel on veut construire un cadran so'aire, on peut donc aisément conclure l'azimuth de l'astre, qui est l'angle que le mur fait avec le méridien : problème souvent utile en gnomonique. La déclinaison d'un mur, ou l'angle qu'il forme avec le plan vertical qui se dirige de l'est à l'ouest, est le complément de son azimuth. On peut se servir aussi du soleil au lieu d'une étoile, parce qu'on en connaît l'ascension droite et la déclinaison pour l'instant de l'observation, et qu'il est bien facile de remarquer l'heure où il commence ou cesse d'éclairer le mur.

Le problème inverse de celui que nous venons de résoudre consiste à calculer les ascensions droites et les déclinaisons des étoiles, d'après l'observation de leur hauteur sur l'horison et de leur azimuth. Voici les formules propres à cet objet; on les obtient d'une manière analogue.

$$\tan g \; \varphi = \cos A . \cot l,$$
$$\cos p = \frac{\sin l . \sin (h + \varphi)}{\cos \varphi}$$
$$\sin D = \frac{\sin A \cos h}{\sin p}.$$

φ est encore un angle auxiliaire que la première équation détermine; la seconde donne p et la troisième D; d'où on conclut ensuite la déclinaison, complément de p : au reste il suffit pour obtenir celle-ci d'observer la hauteur de l'astre à l'instant où il est dans le méridien (p. 293).

construction et les données déterminent toujours facilement les inconnues.

Fig. 35.   Si le plan *bn* coupe l'horison *dd'* entre *b* et *n*, et qu'on
fasse pour ce point *a* la même construction que pour *m*, on
partagera le cercle que décrit l'étoile en deux parties : l'une
visible, l'autre cachée par l'horison. On connaîtra le rapport
de leur étendue, et on trouvera la durée pendant laquelle
l'astre peut être vu.

191. *Trouver l'heure du lever et du coucher du soleil, son
amplitude à cet instant, la durée du jour, son élévation
à une heure donnée, la longueur des ombres, etc.*

*Trouver l'époque du lever cosmique, acronyque et héliaque
des étoiles pour un pays quelconque.*

Puisqu'on sait trouver le lieu du soleil dans l'écliptique
pour une époque donnée, et par suite sa déclinaison et
son ascension droite, en supposant qu'il demeure fixe en
ce point dans la durée de 24 heures, ce qui est sensiblement exact, on fera pour cet astre toutes les opérations
que nous avons indiquées pour une étoile. En cherchant
donc l'instant où le point qu'il occupe se présente sur
l'horison, on aura l'instant de son lever et de son coucher. La
construction qu'on vient de faire (190), donnera la grandeur
de son arc diurne, de sa hauteur à chaque heure du jour,
et par suite la longueur des ombres et leur direction, etc.

Quant aux levers héliaques, cosmiques ou acronyques,
rien n'est plus facile que de les obtenir. Car, après
avoir trouvé le lieu du soleil dans l'écliptique, et placé
le modèle de l'horison sur la carte, de manière que ce
point vienne affleurer la courbe, d'abord du côté gauche
ou oriental, en parcourant des yeux successivement toutes
les étoiles que cette courbe rencontre de ce même côté,

on verra celles qui se lèvent en même tems que l'astre, ou qui sont dans leur lever cosmique ; du côté opposé, le long de la courbe, on voit la suite d'étoiles qui se couchent à l'instant du soleil levant, et qui sont dans leur coucher cosmique.

Si on place ensuite la courbe de manière qu'elle touche le lieu du soleil du côté droit ou oriental, on verra à gauche, le long de la courbe, les étoiles qui se lèvent, et à droite celles qui se couchent acronyquement. On a donc trouvé d'abord le lever et le coucher du matin, et on obtient ensuite le lever et le coucher du soir.

Si on place le modèle 15 degrés à l'occident du lever solaire, toutes les étoiles qu'on voit du côté gauche de la courbe sont dans leur lever héliaque ; et si on place de même la courbe 15 degrés à droite de la position où le soleil se couche, les étoiles qu'elle rencontre sont dans leur coucher héliaque.

192. *Mesurer la hauteur d'un édifice d'après la longueur de son ombre.*

On placera bien verticalement un jalon dont la hauteur soit connue, et on mesurera les longueurs des ombres du jalon et de l'édifice. Il est clair que les rayons solaires qui rasent l'extrémité de ces deux hauteurs terminent deux triangles semblables dont elles sont les hypothénuses ; les hauteurs verticales et les longueurs des ombres sont les côtés de l'angle droit. On a donc la proportion.

La longueur de l'ombre du jalon est à celle de l'ombre de l'édifice, comme la hauteur du jalon est à la hauteur cherchée.

Cette analogie fera connaître le 4e. terme, puisque les autres sont connus.

Il est à observer que comme la hauteur du soleil est connue pour chaque instant dans le triangle que forment l'ombre, la hauteur et le rayon solaire, on connaît l'angle au sommet et à la base. On peut donc calculer la hauteur, ou si on veut, construire ce triangle sur le papier à l'aide d'une échelle de parties égales, et en conclure ensuite la hauteur cherchée (*).

(*) Résolvons ce triangle par les procédés trigonométriques: désignons par h la hauteur du soleil à une époque donnée, par l la longueur de l'ombre de l'édifice, par x sa hauteur, il vient

$$x = l \operatorname{tang} h.$$

Cette formule peut aussi servir à trouver la hauteur h du soleil lorsque celle x de l'édifice est connue. Il est préférable d'employer alors l'époque méridienne parce que la hauteur solaire est plus simple à déterminer.

Cette hauteur méridienne se compose de celle e de l'équateur, plus ou moins la déclinaison du soleil, selon qu'elle est boréale ou australe : ainsi $h = e \pm d$, d'où on tire $e = h \mp d$. On voit donc comment une observation assez facile de la hauteur méridienne h du soleil peut donner la distance du pole au zénith dont le complément est la latitude du lieu de l'observation.

FIN.

ERRATA.

Page   8 , ligne 16 : n°. 3o , *lisez* n°ˢ. 29 et 3o.

       21 , ligne dernière : n°. 166 , lisez n°. 167.

       27 , ligne 4 : n°. 53 , *lisez* n° 49.

       42 , ligne 19 : n°· 85 , lisez n°. 84.

       83 , ligne 9 , n°. 165 , lisez n°. 166.

       84 , à la marge, fig. 15 et 16 , *lisez* fig. 15.

       96 , ligne dernière : n°. 168 , *lisez* n°, 169.

    194 , ligne 15 : la densité les $\frac{7}{8}$, *lisez* la densité est les $\frac{7}{8}$.

    202 , ligne 27 : des immenses , *lisez* et d'immenses.

    204 , ligne 2 : masse , *lisez* masses.

    224 , ligne 24 : *terga* , lisez *tarda*.

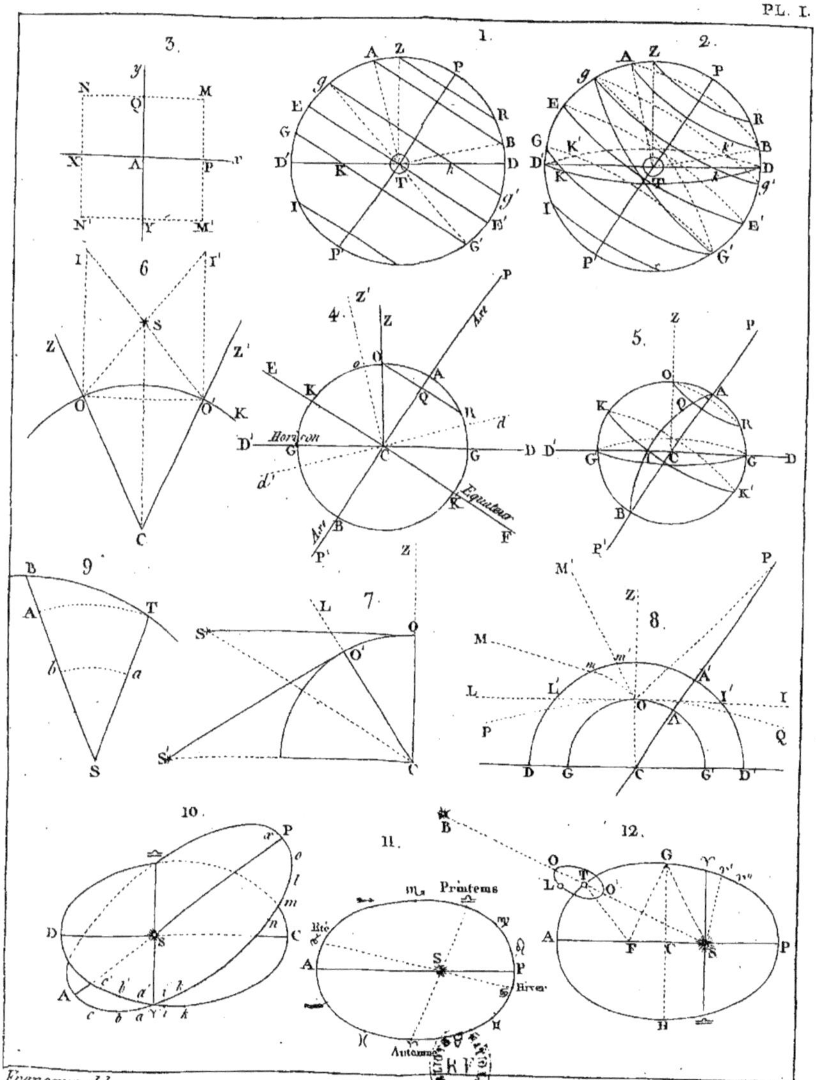

PL. I.
Franceur del.
Dien sculp.

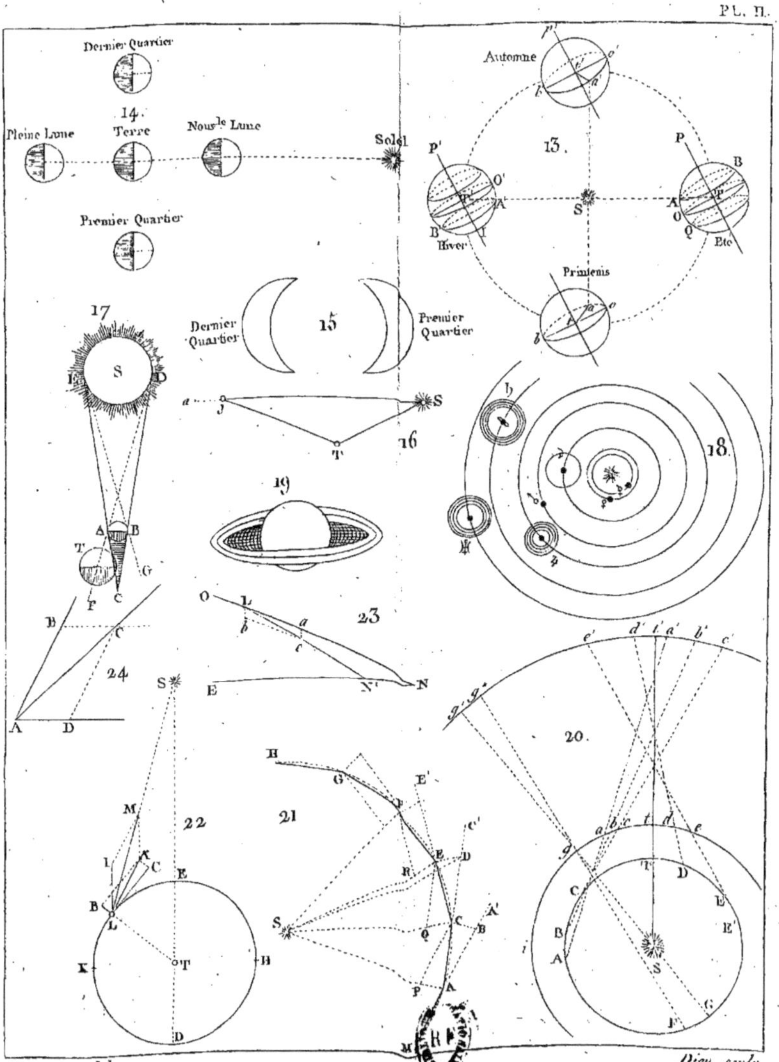

PL. II.
Dernier Quartier
14.
Pleine Lune   Terre   Nouvelle Lune   Soleil
Premier Quartier
Automne
13.
P'   O'   P   B
B   A   S   A   P
Hiver   Q   Etc
Printemis
17
S
D
Dernier Quartier   15   Premier Quartier
a   S
T   16
19
18
b
23
O   L   a   b   c
b   a
c
24   E   N   N
e'   d' t' a' b' c'
g' g'
20.
H
G   E'
F
S   M   22   21
M
A   C   E   E   D   c'
I   C   B   A   a b c t d e
B   D   g   T   D
L   C   E'
K   T   H   B   E'
A   S   C   B   A
D   P   A   G
M   F
Francœur del.   Dieu sculp.

Grandeur des Etoiles.
6 5 4 3 2 1
CASSIOPÉE
26
25
LA GRANDE OURSE
Chèvre
LE TAUREAU
les Hyades
Aldebaran
28
29
LE COCHER
PÉGASE
Scheat
Markab
Algenib
27
Corne sup.te du Taureau
ANDROMÈDE
36
30
32
31
33
34
35

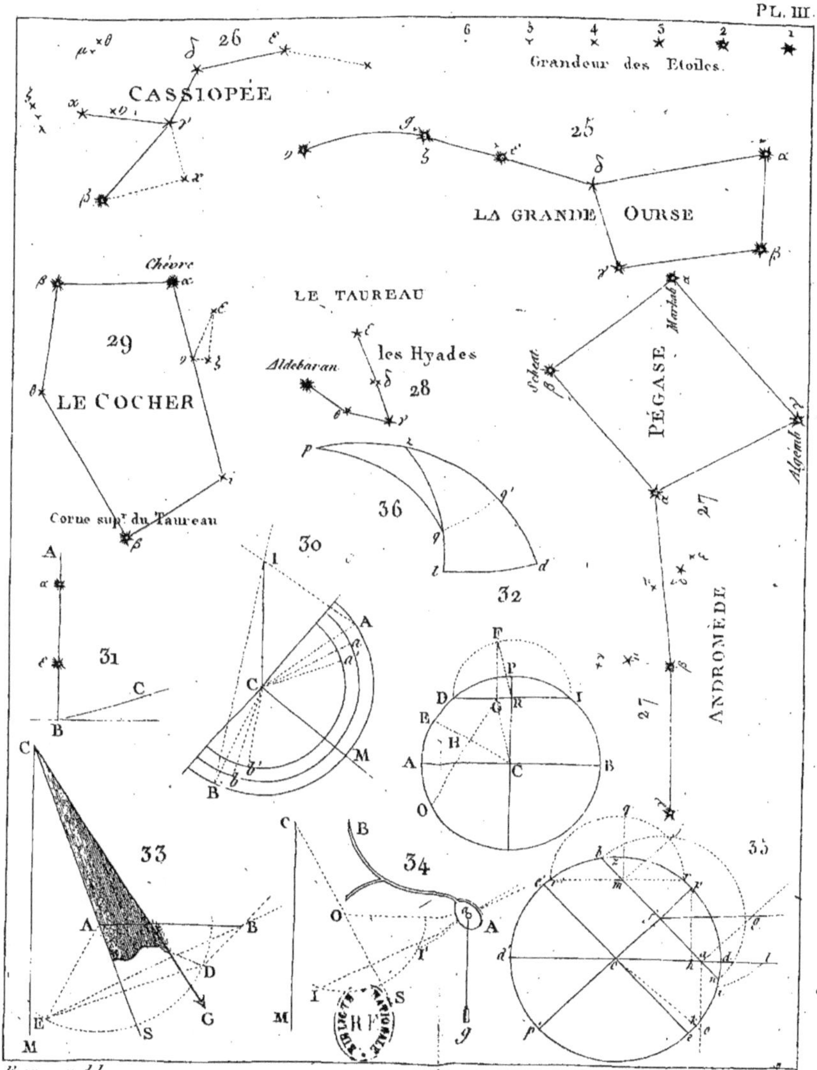

Francœur del.
Dien sculp.

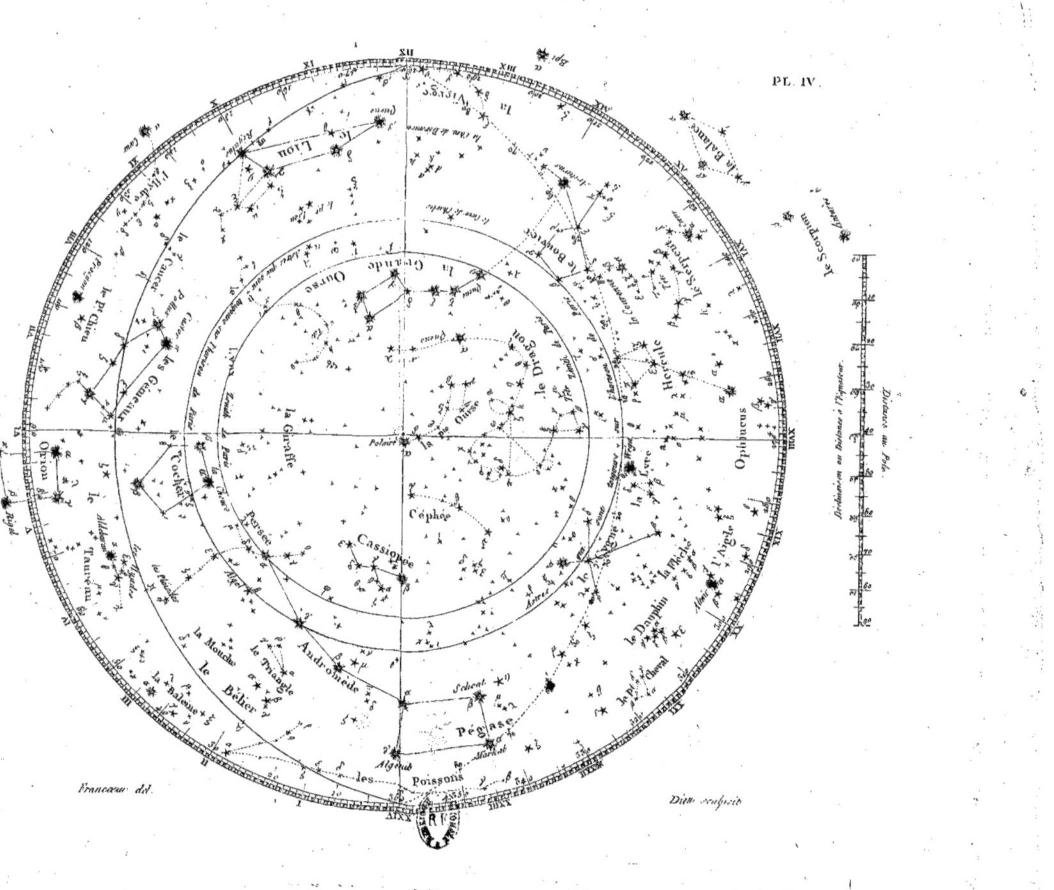

PL. IV.
le Scorpion
la Balance
Déclinaison ou Distance à l'Équateur
Distance au Pôle
le Lion
la Vierge
la Grande Ourse
le Dragon
la Giraffe
le Petit Lion
le Cancer
les Gémeaux
le Petit Chien
Orion
le Bouvier
Hercule
Ophiucus
la Couronne
la Lyre
la Flèche
l'Aigle
le Dauphin
le Cheval
le petit Cheval
Pégase
Persée
Cassiopée
Céphée
la petite Ourse
Polaire
le Cocher
Algol
Andromède
le Triangle
la Mouche
le Bélier
la Balance
le Taureau
Scheat
Algenib
Marhab
les Poissons
Regulus
Rigel
Aldebaran
les Pléiades
Francœur del.
Dien sculpsit

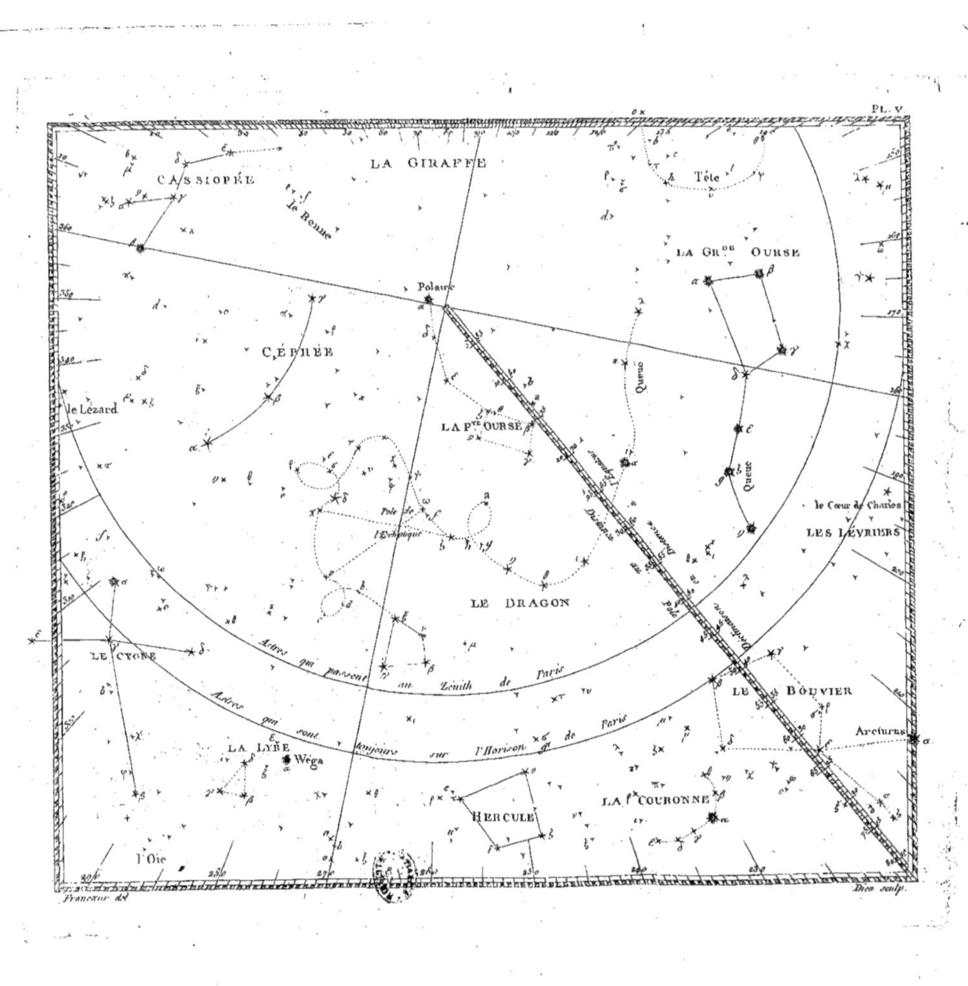

PL. V
LA GIRAFFE
CASSIOPÉE
le Renne
Tête
LA Gr de OURSE
CÉPHÉE
Polaire
le Lézard
Queue
LA P te OURSE
Queue
le Cœur de Charles
LES LÉVRIERS
Pôle de l'Écliptique
LE DRAGON
LE CYGNE
Astres qui passent au Zénith de Paris
Astres qui sont toujours sur l'Horison de Paris
LE BOUVIER
LA LYRE
Arcturus
Wega
LA Pte COURONNE
HERCULE
l'Oie
Francœur del.
Dien sculp.

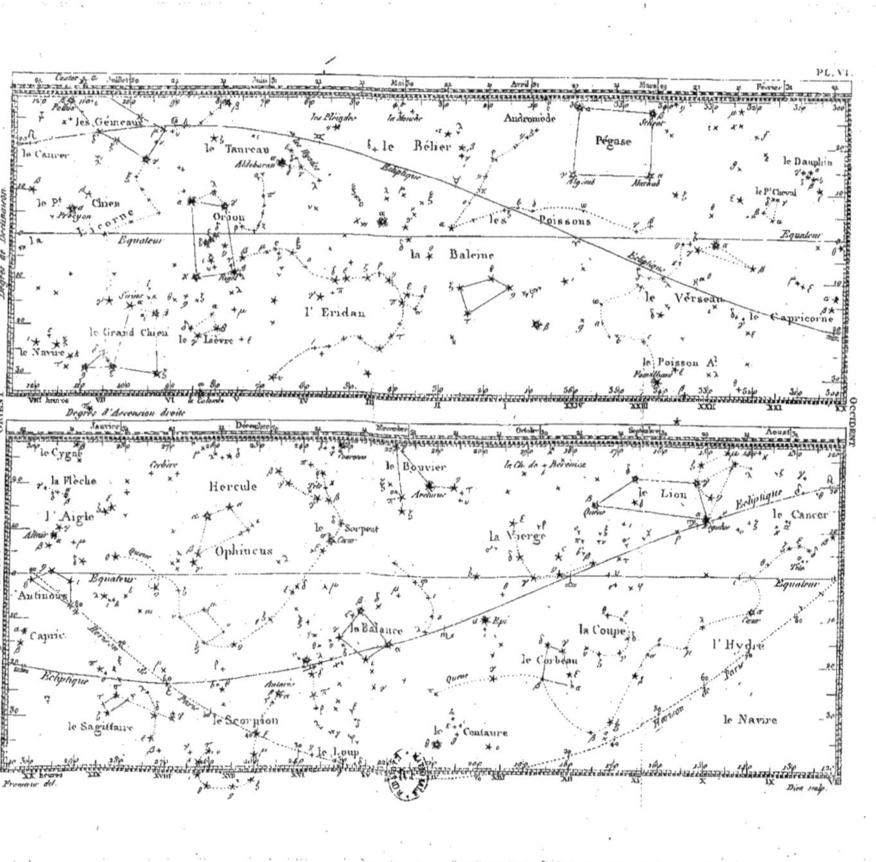

le Cancer
les Gémeaux
le Taureau
Andromède
Pégase
le Bélier
le Dauphin
le P.t Cheval
Orion
les Poissons
Équateur
la Baleine
le Verseau
Sirius
l'Éridan
le Capricorne
le Grand Chien
le Lièvre
le Navire
le Poisson A.l
Orient
Occident
Degrés de Déclinaison
Degrés d'Ascension droite
le Cygne
la Flèche
Hercule
le Bouvier
la Ch. de Bérénice
l'Aigle
le Lion
le Cancer
Ophiucus
la Vierge
Équateur
Antinoüs
Capric.
la Balance
la Coupe
l'Hydre
le Corbeau
le Scorpion
le Sagittaire
le Loup
le Centaure
le Navire

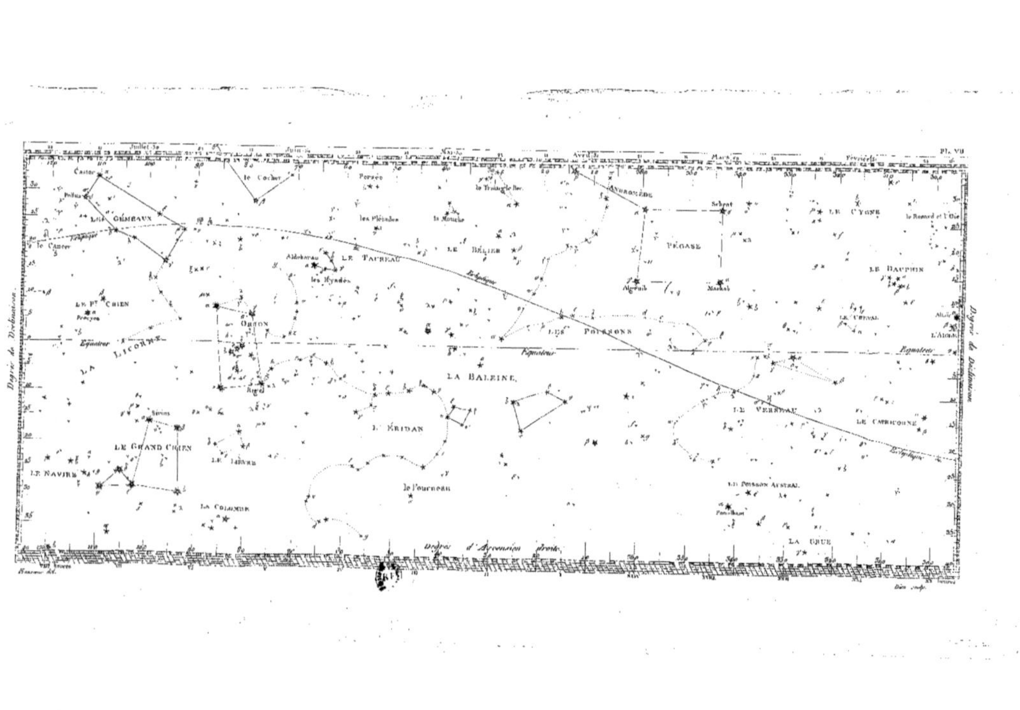

Pl. VII
Juillet 30
Juin
Mai
Avril
Mars
Février
Castor
le Cocher
Persée
ANDROMÈDE
LE CYGNE
le Renard et l'Oie
Pollux
les Pléiades
la Mouche
le Triangle Bor.
Scheat
LES GÉMEAUX
le Castor
Aldebaran
LE TAUREAU
LE BÉLIER
PÉGASE
LE DAUPHIN
les Hyades
l'Écliptique
Algenib
Markab
LE CHEVAL
LE Pt CHIEN
Procyon
ORION
LES POISSONS
L'AIGLE
Équateur
LICORNE
Équateur
Équateur
Rigel
LA BALEINE
Sirius
L'ÉRIDAN
LE VERSEAU
LE CAPRICORNE
LE GRAND CHIEN
LE LIÈVRE
LE NAVIRE
le Fourneau
LE POISSON AUSTRAL
Fomalhaut
LA COLOMBE
LA GRUE
Degré de Déclinaison
Degré de Déclinaison
Degrés d'Ascension droite

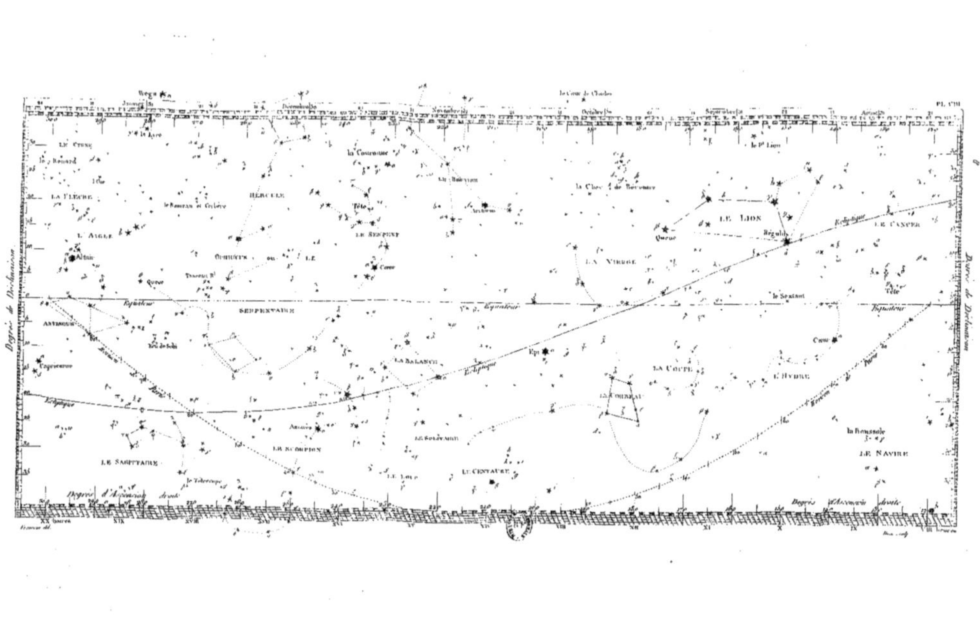

Pl. CXI
LE CYGNE
le Renard
l'Oie
LA FLECHE
L'AIGLE
Altaïr
Queue
ANTINOUS
le Dauphin
Le Surceur
LE SAGITTAIRE
le Télescope
le Rameau de Cerbère
HERCULE
Tête
OPHIUCUS ou LE
SERPENTAIRE
Coeur
Antarès
LE SCORPION
LE LOUP
la Couronne
le Bouvier
Arcturus
LA BALANCE
LE SERPENT
le Serpent
LE CENTAURE
le Coeur de Charles
la Chev. de Bérénice
LE LION
Régulus
Queue
LA VIERGE
l'Épi
le Sextant
LA COUPE
LE CORBEAU
l'Écliptique
l'Équateur
l'Écliptique
le Pt Lion
LE CANCER
l'Écliptique
Tête
Coeur
L'HYDRE
la Boussole
LE NAVIRE
Degrés de Déclinaison
Degrés de Déclinaison
Degrés d'Ascension droite
Degrés d'Ascension droite
Janvier
Décembre
Novembre
Octobre
Septembre
Août

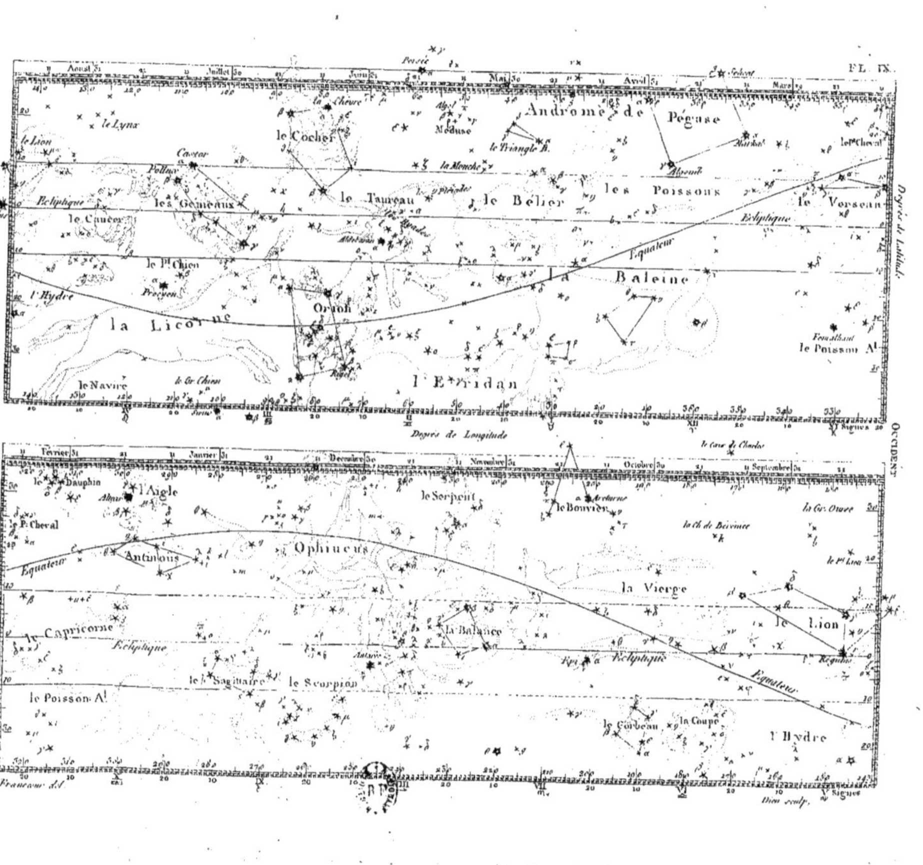

NOTICE

DES

PRINCIPAUX OUVRAGES DE FONDS

ET AUTRES EN GRAND NOMBRE,

COMPOSANT LA LIBRAIRIE DE MME V^E COURCIER,

Imprimeur-Libraire pour les Mathématiques, la Marine, les Sciences
et les Arts,

RUE DU JARDINET, N° 12, QUARTIER SAINT-ANDRÉ-DES-ARCS.

(CI-DEVANT QUAI DES GRANDS-AUGUSTINS, N° 57.)

PARIS.

Mai 1817.

AVIS. Indépendamment des Ouvrages portés sur le présent Catalogue, on trouve à ma Librairie *un assortiment considérable de Livres* anciens et nouveaux sur toutes les parties des Sciences et des Arts en général, mais particulièrement sur les *Mathématiques élémentaires et transcendantes*, l'*Astronomie*, la *Marine*, la *Mécanique*, l'*Optique*, l'*Horlogerie*, l'*Architecture civile et hydraulique*, l'*Art Militaire*, la *Physique*, la *Chimie*, la *Teinture*, la *Minéralogie*, l'*Histoire naturelle*, les *Belles-Lettres*, etc., etc.

Ces Ouvrages sont en partie détaillés sur mon Catalogue général, *que j'enverrai gratis aux personnes qui m'en feront la demande.*

(Les Lettres non affranchies ne me parviennent pas.)

NOTA. Tous les prix marqués sur le présent Catalogue sont *ceux de Paris et brochés;* les personnes qui désireront recevoir les Livres francs de port par la poste, ajouteront un tiers en sus. (*Les Ouvrages reliés et cartonnés ne peuvent être envoyés par cette voie.*)

ADET. *Leçons élémentaires de Chimie*, in-8.,   6 fr.

ANNALES DE MATHÉMATIQUES pures et appliquées, rédigées par M. Gergonne, 6 vol. in-4.,   108 fr.
(*Voyez* à la fin du Catalogue.)

ANNUAIRE présenté au Roi par le Bureau des Longitudes de France, pour 1817, in-18. (Cet Ouvrage paraît tous les ans.)   1 fr.

AZEMAR et GARNIER. TRISECTION DE L'ANGLE, suivie de Recherches analytiques sur le même sujet, in-8., 1809.   2 fr. 50 c.

BAGOT. *Tables analytiques des Calculs d'intérêts*, etc.   2 fr.

BAILLY. HISTOIRE DE L'ASTRONOMIE ANCIENNE ET MODERNE, dans laquelle on a conservé littéralement le texte, en supprimant seulement les calculs abstraits, les notes hypothétiques, les digressions scientifiques; par V. C., 2 vol. in-8.   9 fr.
(Cet Ouvrage se donne très souvent pour prix dans les Lycées.)

BARRUEL, ex-Professeur à l'École Polytechnique. TABLEAUX DE PHYSIQUE, ou Introduction à cette science, à l'usage des Élèves de l'École Polytechnique; nouvelle édition, entièrement refondue et augmentée, grand in-4., cart. 10 fr.

BERLINGHIERI. *Examen des opérations et des travaux de César au siège d'Alezia*, etc., in-8., 1812.   3 fr.

BERNOULLI. (Joannis) *Opera*, 4 vol. in-4., reliés.   48 fr.

BERNOULLI. (Jacobi.) *Opera*, 2 vol. in-4.   36 fr.

—— *Ars conjectandi*, in-4.   21 fr.

BERTHOUD, Mécanicien de la Marine, Membre de l'Institut de France. ŒUVRES SUR L'HORLOGERIE, savoir:

1°. L'ART DE CONDUIRE ET DE RÉGLER LES PENDULES ET LES MONTRES, quatrième édition, augmentée d'une planche, et de la manière de tracer la ligne méridienne du tems moyen. Paris, 1811, vol. in-12, avec 5 pl.   2 fr. 50 c.

2°. ESSAI SUR L'HORLOGERIE, dans lequel on traite de cet art relativement à l'usage civil, à l'Astronomie et à la Navigation, avec 38 pl., 2 vol. in-4.   36 fr.

3°. HISTOIRE DE LA MESURE DU TEMS PAR LES HORLOGES. Paris, 1802, 2 vol. in-4., avec 23 pl. gravées.   36 fr.

4°. TRAITÉ DES HORLOGES MARINES, contenant la théorie, la construction, la main-d'œuvre de ces machines, et la manière de les éprouver, un gros vol. in-4., avec 27 pl.   24 fr.

5°. ÉCLAIRCISSEMENS SUR L'INVENTION, la théorie, la construction et les épreuves des nouvelles machines proposées en France pour la détermination des longitudes en mer par la mesure du tems, servant de suite à l'*Essai sur l'Horlogerie*, et au *Traité des Horloges marines*, etc., 1 v. in-4.   6 fr.

6°. LES LONGITUDES PAR LA MESURE DU TEMS, ou Méthode pour déterminer les longitudes en mer, avec le secours des horloges marines, 1 v. in-4.   9 fr.

7°. DE LA MESURE DU TEMS, ou Supplément au Traité des Horloges marines et à l'Essai sur l'Horlogerie, contenant les principes de construction, d'exécution et d'épreuves des petites horloges à longitudes, portatives, et l'application des mêmes principes de construction, etc., aux montres de poche, etc., un vol. in-4. avec 11 planch. en taille-douce.   18 fr.

8°. TRAITÉ DES MONTRES A LONGITUDES, contenant la description et tous les détails de main-d'œuvre de ces machines, leurs dimensions, la manière de les éprouver, etc.

9°. Suite du TRAITÉ DES MONTRES A LONGITUDES, contenant la construction des Montres verticales portatives et celle des Horloges horizontales, pour servir dans les plus longues traversées, un vol. in-4. avec deux planches en taille-douce.—*Prix de ces deux derniers volumes réunis en un seul*, 24 fr.

10°. Supplément au TRAITÉ DES MONTRES A LONGITUDES, suivi de la Notice des recherches de l'Auteur, depuis 1752 jusqu'en 1807.   9 fr.

BERTRAND. *Développement nouveau* de la partie élémentaire des Mathématiques. Genève, 1778, 2 vol. in-4.   33 fr.

BEXON. APPLICATION DE LA THÉORIE DE LA LÉGISLATION PÉNALE, ou Code de la Sûreté publique et particulière, fondé sur les règles de la morale universelle, sur le droit des gens, ou primitif des sociétés, et sur leur droit particulier dans l'état actuel de la civilisation, rédigé en Projet pour les États de Sa Majesté le Roi de Bavière, dédié à Sa Majesté, et imprimé avec son autorisation, un vol. in-fol., 1807.   36 fr.

BEZOUT. COURS COMPLET DE MATHÉMATIQUES à l'usage de la Marine, de l'Artillerie et des Élèves de l'École Polytechnique, en 6 vol. in-8., édition revue et augmentée par MM. Reynaud, Examinateur des Candidats de l'École Polytechnique; Garnier, ex-professeur à l'École Polytechnique, et Rossel, Membre de l'Institut.   29 fr.

Chaque volume se vend séparément, savoir:

—— ARITHMÉTIQUE, AVEC DES NOTES fort étendues, et des Tables de Logarithmes, etc., par Reynaud, huitième édition, 1816, 1 vol. in-8.   3 fr.

—— GÉOMÉTRIE, AVEC DES NOTES fort étendues, par Reynaud, 1812. 5 fr.

—— ALGÈBRE DE BEZOUT et application de cette science à l'Arithmétique et à la Géométrie. Nouvelle édition, avec des Notes fort étendues, par Reynaud, in-8., 1812.   5 fr.

—— MÉCANIQUE, nouvelle édition, revue et considérablement augmentée, par M. Garnier, 2 vol. in-8.   10 fr.

—— TRAITÉ DE NAVIGATION, nouvelle édition, revue et augmentée de Notes, et d'une Section supplémentaire où l'on donne la manière de faire les Calculs des Observations, avec des nouvelles Tables qui les facilitent, par M. de Rossel, Membre de l'Institut et du Bureau des Longitudes, ancien Capitaine de Vaisseau, etc. Novembre 1814, un vol. in-8. avec 10 planches.   6 fr.

Cette édition du *Cours de Mathématiques de Bezout* est la plus correcte et la plus complète de toutes celles qui ont paru jusqu'à ce jour.

BICQUILLEY. *Du Calcul des Probabilités*, in-8.   2 fr. 50 c.

BIOT, Membre de l'Institut, etc. TRAITÉ ÉLÉMENTAIRE D'ASTRONO-
MIE PHYSIQUE, destiné à l'enseignement dans les Lycées, etc., 3 vol.
in-8., 1810.   25 fr.
—— ESSAI DE GÉOMÉTRIE ANALYTIQUE appliquée aux Courbes et aux
Surfaces du second ordre, in-8., 5e édition, 1813,   5 fr. 50 s.
—— PHYSIQUE MÉCANIQUE de Fischer, traduite de l'allemand, in-8.,
2e édition, 1813.   6 fr.
—— TABLES BAROMÉTRIQUES portatives, donnant la différence de niveau
par une simple soustraction, in-8.   1 fr. 50 c.
—— Essai sur l'histoire générale des Sciences pendant la révolution, in-8., 1 fr. 50 c.
BLAVIER. Nouveau Barrême, ou Comptes faits en livres, sous et francs, suivi
d'un Barrême pour les Mesures, in-8.   7 fr.
BOILEAU et AUDIBERT. BARRÊME GÉNÉRAL, ou Comptes faits de tout
ce qui concerne les nouveaux poids, mesures et monnaies de la France; suivi
d'un Vocabulaire des différens poids, mesures et monnaies, tant français qu'é-
trangers, comparés avec ceux de Paris, un vol. de 480 pages, in-8., broché,
1803.   6 fr.
BOILEAU. Art poétique, traduit en vers latins par Paul, in-8. 5 fr.
BORDA. TABLES TRIGONOMÉTRIQUES DÉCIMALES, calculées par
Ch. Borda, revues, augmentées et publiées par J, B. J. Delambre. Paris, de
l'Imprimerie de la République, an IX, in-4.   12 fr.
BOSSUT. Histoire générale des Mathématiques, depuis leur origine jusqu'à
l'année 1808, 2 vol. in-8., 1810.   12 fr.
—— Saggio sulla Storia generale delle Matematiche, prima edizione italiana, con
riflessioni ed aggiunte di Gregoria Fontana. Milano, 4 vol. in-8., br. 15 fr.
BOUCHARLAT, Professeur de Mathématiques transcendantes aux Écoles mi-
litaires, Docteur ès-Sciences, etc. THÉORIE DES COURBES ET DES SUR-
FACES DU SECOND ORDRE, précédée des principes fondamentaux de la
Géométrie analytique, seconde édit., augmentée, in-8.   5 fr.
—— ÉLÉMENS DE CALCUL DIFFÉRENTIEL ET DE CALCUL INTÉ-
GRAL, in-8., 1814.   4 fr. 50 c.
—— ÉLÉMENS DE MÉCANIQUE, in-8., 1815.   6 fr.
BOUCHER. Institution au Droit maritime, etc., Ouvrage utile aux marins, né-
gocians, etc., etc., 1 vol. in-4.   18 fr.
BOUCHESEICHE. Notions élémentaires de Géographie; Ouvrage qui a été
jugé propre à l'Instruction publique, quatrième édition, considérablement aug-
mentée, in-12, 1809.   2 fr. 50 c.
BOUILLON-LAGRANGE. Manuel d'un Cours de Chimie, ou Principes
théoriques et pratiques de cette science, avec 7 tableaux, 23 planches, et la série
des expériences faites à l'École Polytechnique, 3 vol. in-8., 5e édition. 20 fr.
—— Manuel du Pharmacien, in-8., seconde édition.   6 fr. 50 c.
BOURDON. THÈSE DE MÉCANIQUE qui a été soutenue le 9 Mars 1811
devant la Faculté des Sciences de Paris, suivie du Programme de la Thèse
d'Astronomie qui a été soutenue le 25 Mars 1811, devant la même Faculté,
in-4.   2 fr. 50 c.
BREISLACK. Introduction à la Géologie, traduite de l'italien par Bernard,
1 vol. in-8., 1812.   7 fr.
BRISSON. Pesanteur spécifique des Corps. Ouvrage utile à l'Histoire naturelle,
aux Arts et au Commerce, 1 vol. in-4. avec planches.   15 fr.
—— Dictionnaire raisonné de Physique, 6 vol. in-8. et atlas in-4. 36 fr.
BUDAN. Nouvelle Méthode pour la résolution des Équations numériques d'un
degré quelconque, d'après laquelle tout le calcul exigé pour cette résolution se
réduit à l'emploi des deux premières règles de l'arithmétique, in-4. 1807. 5 fr.
BULLIARD. Histoire des Plantes vénéneuses et suspectes de la France, un vol.
in-8., nouvelle édition.   4 fr. 50 c.
BUQUOY. Exposition d'un nouveau principe de Dynamique, in-4., 1815.
                                                               2 fr. 50 c.
BURCKHARDT, Membre de l'Institut et du Bureau des Longitudes de France.
TABLE DES DIVISEURS POUR TOUS LES NOMBRES DU 1er, 2e
et 3e MILLION, avec les Nombres premiers qui s'y trouvent; 1 vol. grand
in-4., papier vélin, 1817.   36 fr.
NOTA. Chaque million se vend séparément, savoir : le 1er million 15 fr., et les 2e
et 3e million, chacun 12 fr.
—— TABLES DE LA LUNE, Ouvrage faisant partie des Tables astronomiques
publiées par le Bureau des Longitudes, in-4., 1812.   8 fr.
CAGNOLI TRAITÉ DE TRIGONOMÉTRIE, trad. de l'italien par M. Chompré,
deuxième édition, revue et considérablement augmentée, in-4., 1808. 18 fr.

CANARD. *Traité élémentaire du Calcul des inéquations*, in-8., 1808. 6 fr.

CARNOT, Membre de l'Institut et de la Légion-d'Honneur. GÉOMÉTRIE DE POSITION, in-4., papier vélin, 1803. 18 fr.

—— *Idem*, grand papier vélin. 36 fr.

—— *Mémoire* sur la relation qui existe entre les distances respectives de cinq points quelconques pris dans l'espace, suivi d'un Essai sur la théorie des Transversales, in-4., 1806. 5 fr.

—— DE LA DÉFENSE DES PLACES FORTES, Ouvrage composé par ordre du Gouvernement, pour l'instruction des Élèves du Corps du Génie, 2e édition, 1811, in-8. 6 fr.

—— Le même Ouvrage, *troisième édition*, considérablement augmentée, un vol. in-4. avec 11 planches très bien gravées, 1812. 24 fr.

—— DE LA CORRÉLATION DES FIGURES DE GÉOMÉTRIE. Paris, an 9, in-8., grand papier. 3 fr.

—— RÉFLEXIONS SUR LA MÉTAPHYSIQUE DU CALCUL INFINI-TÉSIMAL, seconde édit., 1813. 3 fr. 50 c.

—— *Exposé de sa conduite politique*, depuis le 1er juillet 1814, in-8., 1815. 1 fr. 25 c.

CARTE BOTANIQUE de la Méthode naturelle de Jussieu, in-8., et 4 tableaux, format atlantique. 6 fr.

CHAMBON-DE-MONTAUX. *Traité de la Fièvre maligne simple*, et des Fièvres compliquées de malignité, 4 vol. in-12. 10 fr.

CHANTREAU. Histoire de France abrégée et chronologique, depuis la première expédition des Gaulois jusqu'en septembre 1808, etc., 1808, 2 vol. in-8. 16 fr.

—— *Tablettes chronologiques* et documentaires pour servir à l'étude de l'Histoire civile et militaire de la France, depuis l'arrivée de Jules-César dans les Gaules jusqu'à nos jours, etc., in-8. 4 fr.

CHLADNI, Docteur en Philosophie et en Droit, Membre de la Société royale d'Harlem, de la Société des Scrutateurs de la Nature de Berlin, Correspondant de l'Académie de Saint-Pétersbourg, etc. TRAITÉ D'ACOUSTIQUE, avec 8 pl. in-8., 1809. 7 fr. 50 c.

CHOMPRÉ. Méthode la plus naturelle et la plus simple d'enseigner à lire, in-8., 1813. 1 fr. 25 c.

CHORON, Correspondant de l'Institut. MÉTHODE ÉLÉMENTAIRE DE COMPOSITION, où les préceptes sont soutenus d'un grand nombre d'exemples très clairs et fort étendus, et à l'aide de laquelle on peut apprendre soi-même à composer toute espèce de Musique ; traduite de l'allemand de Albrechtsberger (J. Georg.), Organiste de la Cour de Vienne, etc., et enrichie d'une Introduction et d'un grand nombre de Notes, par A. Choron, 2 vol. in-8., dont un de Musique, 1814. 12 fr.

CHRISTIAN. DES IMPOSITIONS et de leur influence sur l'Industrie agricole manufacturière et commerciale, et sur la prospérité publique, in-8., 1814. 2 fr. 50 c.

CLAIRAUT. ÉLÉMENS D'ALGÈBRE, sixième édition, avec des Notes et des Additions très étendues, par M. Garnier, précédé d'un Traité d'Arithmétique par Théveneau, et une Instruction sur les nouveaux poids et mesures, 2 vol. in-8., 1801. 9 fr.

—— THÉORIE DE LA FIGURE DE LA TERRE, tirée des principes de l'Hydrostatique, in-8., deuxième édition, 1808. 10 fr.

CONDILLAC. Langue des Calculs, in-8. 5 fr.

—— Le même ouvrage, 2 vol. in-12. 4 fr.

—— Grammaire française, 1 vol. in-12. 2 fr.

CONDORCET. *Essai* sur l'application de l'Analyse aux probabilités des décisions rendues à la pluralité des voix, 1 vol. in-4. 15 fr.

—— *Moyen d'apprendre à compter* sûrement et avec facilité ; Ouvrage posthume, deuxième édition, in-12. 1 fr. 50 c.

CONNAISSANCE DES TEMS à l'usage des Astronomes et des Navigateurs, publiée par le Bureau des Longitudes de France, pour l'année 1817, avec Additions, broché. 6 fr.

—— *Id.*, pour l'année 1817, sans Additions. 4 fr.

—— *Id.*, pour l'année 1818, avec Additions. 6 fr.

—— *Id.*, pour l'année 1818, sans Additions. 4 fr.

—— *Id.*, pour l'année 1819, avec Additions. 6 fr.

—— *Id.*, pour l'année 1819, sans Additions. 4 fr.

On peut se procurer la Collection complète ou des années séparées de cet Ouvrage, depuis 1760 jusqu'à ce jour.

CORDIER (Edmond), Instituteur. *L'Abeille française*, 2 vol. in-8. 6 fr.

CORDIER. *Mémorial de Théodore*, in-8.   1 fr. 25 c.
—— *Préparation à l'étude de la Mythologie*, in-8., 1810.   3 fr.
COUSIN. TRAITÉ ÉLÉMENTAIRE de l'Analyse mathématique ou d'Algèbre,
in-8.   4 fr. 50 c.
—— TRAITÉ DU CALCUL DIFFÉRENTIEL et intégral, 2 vol. in-4., 6 pl. 21 fr.
D'ABREU. PRINCIPES MATHÉMATIQUES de feu Joseph-Anastase da Cunha,
Professeur à l'Université de Coimbre (comprenant ceux de l'Arithmétique, de
la Géométrie, de l'Algèbre, de son application à la Géométrie, et du Calcul
différentiel et intégral), traités d'une manière entièrement nouvelle, traduit litté-
ralement du portugais, in-8., 1816.   5 fr.
D'ALEMBERT. (Collection complète de ses ouvrages sur les Mathématiques.)
D'ARÇON. *De la force militaire* considérée dans ses rapports conservateurs, un
vol. in-8.   3 fr.
DAUBE. Essai d'Idéologie, in-8.   4 fr.
D'AUBUISSON. *Mémoire sur les Basaltes de la Saxe*, accompagné d'obser-
vations sur l'origine des Basaltes en général, lu à la Classe des Sciences physiques
et mathématiques de l'Institut national, an XI, in-8.   3 fr.
DAULNOY. *Calcul des Intérêts* de toutes les sommes à tous les taux, et pour
tous les jours de l'année, etc.   1 fr. 80 c.
DÉFENSE D'ANCONE et des Départemens romains, le Tronto, le Musone et le
Metauro, par le général Monnier, aux années 7 et 8, 2 vol. in-8.   10 fr.
DELAISTRE, ancien Professeur à l'École Militaire de Paris. *Encyclopédie de
l'Ingénieur*, ou Dictionnaire des Ponts et Chaussées, 3 vol. in-8., avec un vol.
de pl., in-4.   48 fr.
DELAMBRE, Secrétaire perpétuel de l'Institut, Membre de la Légion-d'Honneur,
Trésorier de l'Université royale de France, etc. TRAITÉ COMPLET D'AS-
TRONOMIE THÉORIQUE ET PRATIQUE, 3 vol. in-4., avec 29 planch.,
1814.   60 fr.
NOTA. Cet ouvrage est sans contredit le *meilleur Traité d'Astronomie* et le
plus complet qui ait encore paru ; il remplace celui de Lalande qui est épuisé.
—— Abrégé du même Ouvrage, ou LEÇONS ÉLÉMENTAIRES D'ASTRO-
NOMIE THÉORIQUE ET PRATIQUE, données au Collège de France,
un vol. in-8., avec 14 planch., 1813.   10 fr.
—— MÉTHODES ANALYTIQUES pour la détermination d'un arc du Méridien.
Paris, an 7, in-4.   6 fr.
—— TABLES ASTRONOMIQUES publiées par le Bureau des Longitudes de
de France, Première partie, Tables du Soleil par M. Delambre ; Tables de la
Lune par M. Bürg, in-4., 1806.   18 fr.
—— TABLES ASTRONOMIQUES publiées par le Bureau des Longitudes de
France, nouvelles Tables de Jupiter et de Saturne calculées d'après la théorie
de M. Laplace, et suivant la division décimale de l'angle droit, par M. Bouvard,
in-4.   9 fr.
—— TABLES ASTRONOMIQUES du Bureau des Longitudes ; Tables éclip-
tiques des Satellites de Jupiter, d'après la théorie de M. Laplace et la totalité
des observations faites depuis 1662 jusqu'à l'an 1802, par M. Delambre, in-4.,
1817.   9 fr.
—— TABLES DE LA LUNE (*voyez* BURCKHARDT.)
—— *Bases du Système métrique*, 3 vol. in-4. (*Voyez* BORDA.)   66 fr.
DELAMÉTHERIE, Professeur au Collège de France, Rédacteur du Journal de
Physique, etc. CONSIDÉRATIONS SUR LES ÊTRES ORGANISÉS, 2 vol.
in-8.   12 fr.
—— DE LA PERFECTIBILITÉ et de la dégénérescence des Êtres organisés,
formant le tome 3e des Considérations sur les Êtres organisés, 1 vol. in-8. 6 fr.
—— DE LA NATURE DES ÊTRES EXISTANS, 1 vol. in-8.   6 fr.
—— LEÇONS DE MINÉRALOGIE données au Collège de France, 2 vol. in-8.,
1812.   14 fr.
—— LEÇONS DE GÉOLOGIE données au Collège de France, 3 vol. in-8.,
1816.   18 fr.
DELAU. DÉCOUVERTE DE L'UNITÉ et généralité de principe, d'idée et
d'exposition de la Science des Nombres, son application positive et régulière à
l'Algèbre, à la Géométrie, et surtout à la pratique, aux développemens et à
l'extension du précieux système décimal, etc.   3 fr.
DELUC. TRAITÉ ÉLÉMENTAIRE DE GÉOLOGIE, in-8., 1809.   5 fr.
DESTUTT-TRACY, Pair de France, Membre de l'Institut. ÉLÉMENS D'I-
DÉOLOGIE, 4 vol. in-8.   22 fr.
   Chaque volume se vend séparément, savoir :
—— IDÉOLOGIE proprement dite, in-8., 2e édition.   5 fr.

DESTUTT-TRACY. GRAMMAIRE, in-8.   5 fr.
—— LOGIQUE, in-8.   6 fr.
—— TRAITÉ DE LA VOLONTÉ ET DE SES EFFETS, 4e et 5e Parties,
  in-8., 1815.   6 fr.
—— PRINCIPES LOGIQUES, ou Recueil de faits relatifs à l'intelligence humaine,
  in-8., 1817.   2 fr.
DEVELEY. ÉLÉMENS DE GÉOMÉTRIE, avec figures, seconde édition, in-8.,
  1816.   6 fr.
—— Physique d'Emile, in-8.   4 fr.
Et autres ouvrages du même Auteur.
DIEUDONNÉ-THIÉBAULT, Proviseur du Lycée de Versailles. GRAMMAIRE
  PHILOSOPHIQUE, ou la Métaphysique, la Logique en un seul corps de doc-
  trine, 2 vol. in-8.   7 fr.
—— Traité du Style, 2 vol. in-8.   9 fr.
DIONIS-DU-SÉJOUR. TRAITÉ DES MOUVEMENS APPARENS DES
  CORPS CÉLESTES, 2 vol. in-4.   48 fr.
—— *Essai sur les Phénomènes*, etc., in-8.   6 fr.
DRUET. *Mémoire sur différentes questions relatives à la Physique générale*, in-8.,
  1811.   1 fr. 25 c.
DUBOURGUET. *Traité de Navigation*, Ouvrage approuvé par l'Institut de
  France, et mis à la portée de tous les Navigateurs, 1808, in-4., avec figures et
  tableaux.   22 fr.
—— *Traités élémentaires de Calcul différentiel* et de Calcul intégral, indépen-
  dans de toutes notions de quantités infinitésimales et de limites ; Ouvrage mis à
  la portée des Commençans, et où se trouvent plusieurs nouvelles théories et mé-
  thodes fort simplifiées d'intégrations, avec des applications utiles aux progrès des
  Sciences exactes, 2 vol. in-8.   16 fr.
DUCHATELET. *Principes mathématiques* de la Philosophie naturelle, 2 vol.
  in-4.   24 fr.
DUCREST. *Vues nouvelles* sur les Courans d'eau, la Navigation intérieure et
  la Marine, in-8. 1803.   4 fr.
DUFRESNE. *Barrême, ou Comptes faits*, pour les achats et ventes d'eau-de-vie,
  in-8.   2 fr. 50 c.
DUPIN, Capitaine du Génie maritime, etc. DÉVELOPPEMENS DE GÉO-
  MÉTRIE, avec des applications à la stabilité des vaisseaux, aux déblais et rem-
  blais, au défilement, à l'optique, etc., pour faire suite à la Géométrie descriptive et à la Géométrie analytique de M. Monge, in-4., avec planch., 1813. 15 fr.
—— ESSAIS SUR DÉMOSTHÈNES et sur son éloquence, contenant une traduction des Harangues pour Olynthe, avec le texte en regard ; des considérations
  sur les beautés des pensées et du style de l'Orateur athénien, in-8., 1814. 4 fr.
—— *Du rétablissement de l'Académie de Marine*, in-8., 1815.   1 fr. 50 c.
—— *Tableau de l'Architecture navale militaire*, analyse, etc., in-4., 1815.
                                                                   1 fr. 50 c.
DUPUIS. MÉMOIRE EXPLICATIF DU ZODIAQUE *chronologique et my-
  thologique*, Ouvrage contenant le tableau comparatif des maisons de la Lune
  chez les différens peuples de l'Orient, et celui des plus anciennes observations qui
  s'y lient, d'après les Égyptiens, les Chinois, les Perses, les Arabes, les Chaldéens et les Calendriers grecs, in-4., 1806.   6 fr.
DUPUIS. ANALYSE RAISONNÉE DE L'ORIGINE DE TOUS LES
  CULTES, ou Religion universelle ; sur l'ouvrage publié en l'an III, vol. in-8. 3 fr.
DURAND. *Statique élémentaire*, ou Essai sur l'état géographique, physique et
  politique de la Suisse ; Ouvrage consacré à l'instruction de la jeunesse, 4 vol.
  in-8.   12 fr.
DUTENS. Analyse raisonnée des principes fondamentaux de l'Economie politique,
  in-8.   3 fr.
DUVILLARD. RECHERCHES SUR LES RENTES, les Emprunts, etc., in-4.,
                                                                   6 fr.
—— ANALYSE ET TABLEAU de l'influence de la petite vérole sur la mortalité
  à chaque âge, et de celle qu'un préservatif tel que la vaccine peut avoir sur la
  population et la longévité, 1806, in-4.   10 fr.
Éloge de l'Ivresse, nouv. édit., fig., in-12.   1 fr. 50 c.
Éloge de Voltaire, par Laharpe, in-8.   1 fr. 50 c.
EULER. ÉLÉMENS D'ALGÈBRE, nouv. édit., 1807, 2 vol. in-8.   12 fr.
—— Cette édit. est la meilleure et la plus complète qui ait encore paru. La première
  partie contient l'Analyse déterminée, revue et augmentée de Notes par M. Garnier.
  La deuxième partie contient l'Analyse indéterminée, revue et augmentée de Notes
  par M. Lagrange, Sénateur, Membre de l'Institut, etc.

EULER. LETTRES A UNE PRINCESSE D'ALLEMAGNE, sur divers sujets de Physique et de Philosophie, nouv. édit., conforme à l'édition originale de Saint-Pétersbourg, revue et augmentée de l'Éloge d'Euler par Condorcet, et de diverses Notes par M. Labey, Docteur ès-Sciences à l'Université, ex-Instituteur à l'École Polytechnique, etc., 3 forts vol. in-8. de 1180 pag., imprimés en caractère neuf dit *Cicero gros-œil*, et sur pap. carré fin, avec le portrait de l'Auteur, 1812, brochés. 15 fr.

—— Et papier vélin, dont on a tiré quelques exemplaires. 30 fr.

—— Introductio in Analysin infinitorum, 2 vol. in-4. 24 fr.

Et tous les autres Ouvrages de cet Auteur.

FISCHER. PHYSIQUE MÉCANIQUE, traduite de l'allemand, avec des Notes de M. Biot, in-8., seconde édit., 1813. 6 fr.

FLEURIEU, Membre de l'Institut national des Sciences et des Arts, et du Bureau des Longitudes, etc. VOYAGE AUTOUR DU MONDE, pendant les années 1790, 1791 et 1792, par ETIENNE MARCHAND, précédé d'une Introduction historique, auquel on a joint des Recherches sur les Terres australes de Drake, et un Examen critique du Voyage de Roggeween, avec Cartes et Figures, par P. C. CLARET-FLEURIEU, Membre de l'Institut national des Sciences et des Arts, et du Bureau des Longitudes, etc., 4 vol. in-4., 1809. 40 fr.

—— Le même Ouvrage, 5 vol. in-8., avec Atlas in-4. 25 fr.

—— *Application du Système métrique et décimal à l'Hydrographie et aux Calculs de Navigation, in-4.* 5 fr.

FLORE NATURELLE ET ÉCONOMIQUE DES PLANTES QUI CROISSENT AUX ENVIRONS DE PARIS, au nombre de plus de 400 genres et de 1400 espèces, contenant l'énumération de ces Plantes, rangées suivant le système de Jussieu, et par ordre alphabétique, leurs noms triviaux, leurs synonymies françaises, leurs descriptions, les endroits où se trouvent les plus rares, leurs propriétés pour les alimens, les médicamens, l'art vétérinaire, les arts et métiers et l'ornement des jardins : 2e édit., augmentée de la Flore naturelle et de 24 planches soigneusement gravées; par une Société de Naturalistes, 2 vol. in-8. de plus de 980 pages. 10 fr.

FOURCROY. TABLEAUX SYNOPTIQUE DE CHIMIE, in-fol., cart. 9 fr.

—— *Analyse chimique* de l'Eau sulfureuse d'Enghien, pour servir à l'histoire des eaux sulfureuses en général, in-8. 5 fr.

FRANÇAIS, Professeur à Metz. *Mémoire sur le mouvement de rotation* d'un corps solide autour de son centre de masse, in-4. 1818. 2 fr. 50 c.

FRANCHINI. *Mémoires* sur l'intégration des Équations différentielles, in-4. 1 fr. 50 c.

FRANCŒUR, Professeur de la Faculté des Sciences de Paris, Examinateur des Candidats de l'École Polytechnique, etc.

1°. COURS COMPLET DE MATHÉMATIQUES PURES, dédié à S. M. Alexandre Ier, Empereur de toutes les Russies; Ouvrage destiné aux Élèves des Écoles Normale et Polytechnique, et aux Candidats qui se préparent à y être admis, 2 vol. in-8., avec planches. 15 fr.

2°. TRAITÉ ÉLÉMENTAIRE DE MÉCANIQUE, à l'usage des Lycées, etc., 4e édit., in-8. 7 fr.

3°. ÉLÉMENS DE STATIQUE, in-8. 3 fr.

4°. URANOGRAPHIE, ou TRAITÉ ÉLÉMENTAIRE D'ASTRONOMIE, à l'usage des personnes peu versées dans les Mathématiques, accompagné de Planisphères, 1 vol. in-8. 7 fr.

FULTON. (Robert) *Recherches* sur les moyens de perfectionner les Canaux de navigation, et sur les nombreux avantages des petits Canaux, etc., avec le Supplément. 7 fr. 50 c.

FURGENSEN. (Urbain) Horloger. *Principes généraux* de l'exacte mesure du temps par les Horloges, etc. Copenhague, 1805, 1 vol. in-4., avec atlas de 19 planches. 30 fr.

GARNIER, ex-Professeur à l'École Polytechnique, Docteur de la Faculté des Sciences de l'Université, Professeur de Mathématiques à l'École royale militaire. COURS COMPLET DE MATHÉMATIQUES, comprenant :

1°. TRAITÉ D'ARITHMÉTIQUE à l'usage des Élèves de tout âge, deuxième édition, in-8. 1818. 2 fr. 50 c.

2°. ÉLÉMENS D'ALGÈBRE à l'usage des Aspirans à l'École Polytechnique, troisième édition, in-8., 1811, revue, corrigée et augmentée. 5 fr.

3°. Suite de ces Élémens, 2e partie. ANALYSE ALGÉBRIQUE, nouvelle édit., considérablement augmentée, in-8., 1814. 6 fr.

4°. GÉOMÉTRIE ANALYTIQUE, ou Application de l'Algèbre à la Géométrie, seconde édition, revue et augmentée, un vol. in-8. avec 14 pl., 1813. 5 fr. 50 c.

GARNIER. 5°. LES RÉCIPROQUES DE LA GÉOMÉTRIE, suivis d'un Recueil de Problèmes et de Théorèmes, et de la construction des Tables trigonométriques, in-8., 2e édition, considérablement augmentée, 1810.   5 fr.

6°. ÉLÉMENS DE GÉOMÉTRIE, contenant les deux Trigonométries, les Élémens de la Polygonométrie et du levé des Plans, et l'Introduction à la Géométrie descriptive, un vol. in-8., avec pl., 1812.   5 fr.

7°. LEÇONS DE STATIQUE à l'usage des Aspirans à l'École Polytechnique, un vol. in-8., avec 12 pl., 1811.   5 fr.

8°. LEÇONS DE CALCUL DIFFÉRENTIEL, 3e édition, un vol. in-8., avec 4 pl., 1811.   7 fr.

9°. LEÇONS DE CALCUL INTÉGRAL, un vol. in-8., avec pl., 1812.   7 fr.

10°. Discussion des Racines des Equations déterminées du premier degré à plusieurs inconnues, et élimination entre deux équations de degrés quelconques à deux inconnues, deuxième édition.   3 fr. 80 c.

GAUSS. RECHERCHES ARITHMÉTIQUES, traduites par M. Poulet-Delisle, Elève de l'Ecole Polytechnique, et Professeur de Mathématiques à Orléans, 1 vol. in-4., 1807.   18 fr.

GIRARD, Ingénieur en chef des Ponts et Chaussées, Directeur du Canal de l'Ourcq et des eaux de Paris. RECHERCHES EXPÉRIMENTALES SUR L'EAU ET LE VENT considérés comme forces motrices, applicables aux moulins et autres machines à mouvement circulaire, traduit de l'anglais de Smeaton, in-4., avec planches, 1810.   9 fr.

—— Traité analytique de la résistance des Solides, et des Solides d'égale résistance, in-4.   13 fr.

GIRAUDEAU. La Banque rendue facile aux principales nations de l'Europe, suivie d'un nouveau Traité de l'achat et de la vente des matières d'or et d'argent, avec l'Art de tenir les Livres en parties doubles, 1793, in-4.   15 fr.

—— Le Flambeau des Comptoirs, contenant toutes les écritures et opérations de Commerce de terre, de mer et de Banque, nouvelle édition, corrigée et augm., 1797, in-4.   6 fr.

GIROD-CHANTRANS. ESSAI SUR LA GÉOGRAPHIE PHYSIQUE, le climat et l'histoire naturelle du département du Doubs, 2 vol. in-8.   10 fr.

GOUDIN (Œuvres de M. B.), contenant un Traité sur les propriétés communes à toutes les Courbes, un Mémoire sur les éclipses de Soleil, nouvelle édition, in-4.   7 fr. 50 c.

GRASSET-SAINT-SAUVEUR. L'ANTIQUE ROME, ou Description historique et pittoresque de tout ce qui concerne le peuple romain, dans ses costumes civils, militaires et religieux, dans ses mœurs publiques et privées, depuis Romulus jusqu'à Auguste; Ouvrage orné de 50 portraits, 1 vol. in-4.   12 fr.

—— MUSÉUM DE LA JEUNESSE, ou Tableau historique des Sciences et des Arts; Ouvrage orné de gravures coloriées, représentant ce qu'il y a de plus intéressant sur l'Astronomie, la Géologie, la Météorologie, la Géographie, les trois règnes de la Nature, les Mathématiques, la Mécanique, la Physique, etc., un gros vol. in-4., renfermant 24 livraisons, 1812.   80 fr.

GUYOT. Récréations de Mathématiques, nouvelle édition, 3 vol. in-8., avec 100 figures.   18 fr.

HACHETTE, ex-Professeur à l'Ecole Polytechnique. PROGRAMME D'UN COURS DE PHYSIQUE, ou Précis des Leçons sur les principaux phénomènes de la nature, et sur quelques applications des Mathématiques à la Physique, in-8., 1809.   5 fr. 50 c.

—— Traité des Surfaces du second degré, in-8., 1813.   4 fr. 50 c.

—— Traité élémentaire des Machines, 1 vol. in-4., avec 28 pl., 1811.   20 fr.

—— Correspondance sur l'Ecole Polytechnique, premier volume, contenant 10 Numéros, in-8.   12 fr.

—— Idem, tome II, comprenant cinq Numéros, avec pl.   12 fr.

—— Idem, tome III, comprenant trois Numéros, avec pl.   12 fr.

On vend séparément chaque Numéro et chaque Volume.

HASSENFRATZ. Cours de Physique céleste, seconde édition, avec 29 planc., 1 vol. in-8.   7 fr. 50 c.

HATCHETT, Membre de la Société royale de Londres. EXPÉRIENCES NOUVELLES ET OBSERVATIONS SUR LES DIFFÉRENS ALLIAGES DE L'OR, leur pesanteur spécifique, etc., traduites de l'anglais par Lerat, Contrôleur du monnoyage à Paris, avec des Notes par Guyton-Morveau, etc., in-4.   9 fr.

HAÜY, Membre de l'Institut et de la Légion-d'Honneur. Traité élémentaire de Physique, 2 vol. in-8., pap. vélin (le papier ordinaire est épuisé).   33 fr.

—— TABLEAU COMPARATIF DES RÉSULTATS DE LA CRISTALLOGRAPHIE et de l'Analyse chimique, relativement à la classification des Minéraux, vol. in-8.   5 fr. 50 c.

HAUY. *Traité de Minéralogie*, 4 vol. in-4. et atlas. 66 fr.
—— *Essai d'une théorie* sur la structure des Cristaux, in-8. 4 fr.
HISTOIRE DES INSECTES NUISIBLES ET UTILES A L'HOMME, aux bestiaux, à l'agriculture, au jardinage et aux arts, avec la méthode de détruire les nuisibles et de multiplier les utiles, cinquième édit., 2 vol. in-12. 4 fr.
HISTOIRE DES PRISONS DE PARIS et des Départemens, contenant des Mémoires rares et précieux ; le tout pour servir à l'Histoire de la Révolution française. Ouvrage dédié à tous ceux qui ont été détenus comme suspects, 4 vol. in-12 ornés de 8 figures, 1797. 12 fr.
HOMASSEL, Elève gagnant maîtrise, et ex-Chef des Teintures de la Manufacture royale des Gobelins. COURS THÉORIQUE ET PRATIQUE SUR L'ART DE LA TEINTURE EN LAINE, soie, fil, coton, fabrique d'indienne en grand et petit teint, suivi de l'Art du Teinturier-Dégraisseur et du Blanchisseur, avec les expériences faites sur les végétaux colorans, revu et augmenté par Bouillon-Lagrange, Professeur et auteur d'un Cours de Chimie, 1 vol. in-8., nouv. édit. 5 fr.
(Cet Ouvrage est le plus pratique et le meilleur qui ait encore paru sur la Teinture.)
JANTET. *Traité élémentaire de Mécanique*, in-8. 6 fr.
JANVIER. (Antide) *Manuel Chronométrique*, ou précis de ce qui concerne le Tems, ses divisions, ses mesures, leurs usages, in-18., fig., 1815. 3 fr.
—— *Essai sur les Horloges publiques*, etc., in-8. 3 fr.
JOURNAL DE L'ÉCOLE POLYTECHNIQUE, par MM. Lagrange, Laplace, Monge, Prony, Fourcroy, Berthollet, Vauquelin, Lacroix, Hachette, Poisson, Sganzin, Guyton-Morveau, Barruel, Legendre, Haüy, Malus.
—— La Collection jusqu'à la fin de 1816 contient seize Cahiers in-4. renfermés en quinze, avec des planches ; elle comprend les 1er, 2e, 3e, 4e, 5e, 6e, 7e, 8e, 10e, 11e, 12e, 13e, 14e, 15e, 16e et 17e Cahiers. 96 fr.
—— Chaque Cahier séparé se vend, 6 fr.
—— Excepté les 14e et 17e Cahiers, qu'on vend, 9 fr.
—— Et le 16e, 7 fr.
NOTA. Il n'existe pas de 9e Cahier ; on prend la Théorie des Fonctions analytiques de Lagrange pour former ce 9e Cahier.
JOURNAL DE PHYSIQUE, DE CHIMIE, D'HISTOIRE NATURELLE et des Arts, 83 vol. in-4., avec pl., etc. (*Voy*. à la fin du Catalogue.) 1000 fr.
KRAMP, Professeur de Mathématiques. *Elémens d'Arithmétique universelle*, in-8., 1808. 7 fr.
—— *Elémens de Géométrie*, in-8. 7 fr.
LACAILLE. LEÇONS ÉLÉMENTAIRES DE MATHÉMATIQUES, augmentées par MARIE, avec des Notes par M. LABEY, Professeur de Mathématiques, et ex-Examinateur des Candidats pour l'Ecole Polytechnique ; Ouvrage adopté par l'Université pour l'enseignement dans les Lycées, etc., in-8., fig., 1811. 6 fr. 50 c.
LACAILLE. *Leçons d'Optique*, augmentées d'un Traité de Perspective, in-8., seconde édit., 1801. 6 fr.
LACOUDRAYE. *Théorie des Vents et des Ondes*, in-8. 4 fr.
LACROIX, Membre de l'Institut et de la Légion-d'Honneur, Professeur au Collège royal de France, etc. COURS COMPLET DE MATHÉMATIQUES à l'usage de l'Ecole centrale des Quatre-Nations ; Ouvrage adopté par le Gouvernement pour les Lycées, Ecoles secondaires, Colléges, etc., 9 vol. in-8. 38 fr. 50 c.
Chaque volume se vend séparément, savoir :
—— TRAITÉ ÉLÉMENTAIRE D'ARITHMÉTIQUE, 13e édit., 1813. 2 fr.
—— ÉLÉMENS D'ALGÈBRE, 11e édition, 1815. 4 fr.
—— ÉLÉMENS DE GÉOMÉTRIE, 10e édit., 1814. 4 fr.
—— TRAITÉ ÉLÉMENTAIRE DE TRIGONOMÉTRIE RECTILIGNE ET SPHÉRIQUE, et d'Application d'Algèbre à la Géométrie, 6e édit., 1813. 4 fr.
—— COMPLÉMENT DES ÉLÉMENS D'ALGÈBRE, 3e édition. 4 fr.
—— COMPLÉMENT DES ÉLÉMENS DE GÉOMÉTRIE, ou Élémens de Géométrie descriptive, 4e édit., 1812. 3 fr.
—— TRAITÉ ÉLÉMENTAIRE DE CALCUL DIFFÉRENTIEL et de Calcul intégral, 2e édit., 1816. 7 fr. 50 c.
—— ESSAIS SUR L'ENSEIGNEMENT en général, et sur celui des Mathématiques en particulier, ou Manière d'étudier et d'enseigner les Mathématiques, 1 vol. in-8., 2e édit., 1816. 5 fr.
—— TRAITÉ ÉLÉMENTAIRE DU CALCUL DES PROBABILITÉS, in-8., 1816. 5 fr.
Ce Cours de Mathématiques, le plus complet qui existe, est généralement adopté dans l'instruction publique.
—— TRAITÉ COMPLET DU CALCUL DIFFÉRENTIEL ET INTÉGRAL,

2ᵉ édition, revue et considérablement augmentée, tome I et II, in-4. 40 fr.
Le tome II, qui vient de paraître, se vend séparément, 20 fr.
NOTA. Il reste encore des exemplaires du troisième volume de la première édition de cet Ouvrage, contenant un Traité des Différences et des Séries, et qui peut compléter ledit Ouvrage, en attendant que la seconde édition de ce troisième volume soit imprimée; il se vend séparément, 15 fr.

LAGRANGE, Membre de l'Institut et du Bureau des Longitudes de France, etc. MÉCANIQUE ANALYTIQUE, nouv. édit., revue et considérablement augmentée par l'Auteur, 2 vol. in-4., 1811 et 1815. 36 fr.
——THÉORIE DES FONCTIONS ANALYTIQUES, contenant les principes du Calcul différentiel, dégagés de toute considération d'infiniment petits, d'évanouissans, de limites et de fluxions, et réduite à l'Analyse algébrique des quantités finies, nouv. édit., revue et augmentée par l'Auteur, in-4., 1813. 15 fr.
——LEÇONS SUR LE CALCUL DES FONCTIONS, nouv. édition, revue, corrigée et augmentée, in-8., 1806. 6 fr. 50 c.
——DE LA RÉSOLUTION DES ÉQUATIONS NUMÉRIQUES de tous les degrés, avec des Notes sur plusieurs points de la théorie des Equations algébriques, in-4., 1808, nouvelle édition, revue, corrigée et considérablement augmentée; Ouvrage adopté par l'Université pour l'enseignement dans les Lycées. 12 fr.

LAGRIVE. MANUEL DE TRIGONOMÉTRIE PRATIQUE, revu par les Professeurs du Cadastre, MM. Reynaud, Haros, Plausol et Bozon, et augmenté des Tables des Logarithmes à l'usage des Ingénieurs du Cadastre, 1 v. in-8. 7 fr.

LA HARPE. *Mélanie*, ou *la Religieuse*, in-18. 1 fr. 50 c.

LALANDE. TABLES DES LOGARITHMES pour les nombres et les sinus, etc., revues par M. REYNAUD, Examinateur des Candidats de l'Ecole Polytechnique, précédées de la Trigonométrie analytique, par le même, 1 vol. in-18. 2 fr. 50 c.
——*Abrégé de Navigation* historique, théorique et pratique, avec des Tables horaires pour connaître le temps vrai par la hauteur du soleil et des étoiles dans tous les temps de l'année, etc., in-4. 24 fr.
——HISTOIRE CÉLESTE FRANÇAISE, in-4. 18 fr.
——BIBLIOGRAPHIE ASTRONOMIQUE, in-4. 30 fr.

LANGLET-DUFRESNOY. *Principes de l'Histoire*, pour l'éducation de la jeunesse, etc. Amsterdam, 1760, 6 vol. petit in-8. 32 fr.

LANS et BETANCOURT. *Essai sur la composition des Machines*, in-4., avec 12 planch., 1808. 12 fr.

LAPLACE, Pair de France, Grand-Officier de la Légion-d'Honneur, Membre de l'Institut et du Bureau des Longitudes de France, etc. TRAITÉ DE MÉCANIQUE CÉLESTE, 4 vol. in-4., avec trois Supplémens. 66 fr.
——Le quatrième volume de cet Ouvrage, qui contient de plus la Théorie de l'Action capillaire et un Supplément faisant suite au dixième livre de la Mécanique céleste, se vend séparément. 21 fr.
——Chaque Supplément séparément. 3 fr. 50 c.
——EXPOSITION DU SYSTÈME DU MONDE, quatrième édition, revue et augment., in-4., 1813, avec le portrait de l'Auteur. 15 fr.
——Le même Ouvrage, 2 vol. in-8., sans portrait. 12 fr.
——THÉORIE ANALYTIQUE DES PROBABILITÉS, in-4., seconde édit., 1814, avec un Supplément imprimé en 1816. 20 fr.
——ESSAI PHILOSOPHIQUE SUR LES PROBABILITÉS, troisième édit., in-8, 1816. 3 fr.

LAROCHEFOUCAULT-LIANCOURT. Voyage dans les Etats-Unis d'Amérique, faits en 1795, 96, 97, 8 vol. in-8. 30 fr.

LASSALE. HYDROGRAPHIE DÉMONTRÉE et appliquée à toutes les parties du pilotage, à l'usage des Élèves ou Aspirans de la Marine militaire ou marchande, in-8. 6 fr.

LASUITE. *Élémens d'Arithmétique*, in-8. 2 fr. 50 c.

LAVIROTTE. *Découvertes philosophiques de Newton*, in-4. 12 fr.

LEFEVRE, Ingénieur-Géomètre en chef du département d'Ille-et-Vilaine. NOUVEAU TRAITÉ GÉOMÉTRIQUE DE L'ARPENTAGE, à l'usage des personnes qui se destinent à la mesure des terrains et au levé des plans et nivellement, troisième édit., revue et augmentée, 2 vol. in-8., 1811, avec 25 planc. 12 fr.
C'est sans contredit le meilleur Traité d'Arpentage et le plus complet qui ait encore paru.

LEFRANÇOIS. ESSAIS DE GÉOMÉTRIE ANALYTIQUE, seconde édit., revue et augmentée, 1 vol. in-8. 2 fr. 50 c.

LEGENDRE, Membre de l'Institut et de la Légion-d'Honneur. ESSAI SUR LA THÉORIE DES NOMBRES, deuxième édit., revue et considérablement augmentée, 1 vol. in-4., avec le Supplément imprimé en 1816. 21 fr.
——Le Supplément se vend séparément. 3 fr.

LEGENDRE. *Nouvelle méthode* pour la détermination des Orbites des Comètes, avec un Supplément contenant divers perfectionnemens de ces méthodes, et leur application aux deux Comètes de 1805, 1806, in-4. 6 fr.

—— *Exercices de Calcul intégral* sur divers ordres de Transcendantes et sur les Quadratures, avec quatre Supplémens, in-4. 46 fr.

—— Les quatre Supplémens, imprimés en 1815 et 1816, se vendent séparément, 26 fr.

—— *Élémens de Géométrie*, in-8. 6 fr.

LEGENDRE (Arithméticien). *L'Arithmétique en sa perfection*, mise en pratique selon l'usage des Financiers, Banquiers, etc., 1 vol. in-12, 1806. 3 fr.

Nota. Cet Ouvrage n'est pas du même auteur que les précédens.

LEIBNITZ, *Opera*, 6 vol. in-4. 72 fr.

Le Mierre. Les Fastes, ou les Usages de l'année, Poëme en 16 chants, in 8. 4 fr.

LÉONARD DE VINCI. *Essai* sur ses Ouvrages Physico-Mathématiques, avec des fragmens tirés de ses manuscrits apportés d'Italie, par J.-B. Venturi, Professeur de Physique à Modène, in-4. 2 fr. 50 c.

LEPAUTE, Horloger du Roi. TRAITÉ D'HORLOGERIE, contenant tout ce qui est nécessaire pour bien connaître et pour régler les Pendules et les Montres, la description des pièces d'Horlogerie les plus utiles, etc., volume in-4., avec 17 planches, 1767. 24 fr.

LEPILEUR-D'APLIGNY. *L'Art de la Teinture* des fils et étoffes de coton, in-12. 1 fr. 80 c.

LIBES, Professeur de Physique au Lycée Charlemagne, à Paris, etc. HISTOIRE PHILOSOPHIQUE DES PROGRÈS DE LA PHYSIQUE, 4 vol. in-8., 1811 et 1814. 20 fr.

—— Le quatrième volume, qui vient de paraître, se vend séparément. 5 fr.

—— TRAITÉ COMPLET ET ÉLÉMENTAIRE DE PHYSIQUE, seconde édition, revue, corrigée et considérablement augmentée, 3 vol. in-8. avec fig., 1813. 18 fr.

Nota. Tous les Journaux et les Savans en général ont fait le plus grand éloge de ces deux Ouvrages.

LIDONNE. *Tables de tous les Diviseurs* des nombres calculés depuis un jusqu'à cent deux mille, in-8., 1808. 6 fr.

MAINE-BIRAN. INFLUENCE DE L'HABITUDE sur la faculté de penser; ouvrage qui a remporté le prix sur cette question proposée par la Classe des Sciences morales et politiques de l'Institut national : Déterminer quelle est l'influence de l'habitude sur la faculté de penser, ou, en d'autres termes, faire voir l'effet que produit, sur chacune de nos facultés intellectuelles, la fréquente répétition des mêmes opérations, 1 vol. in-8. 5 fr.

MAIRE et BOSCOVISCH. *Voyage astronomique et géographique*, in-4. 12 fr.

MANILIUS. *Astronomicon*, libri quinque, édit. Pingré, 2 vol. in-8. 12 fr.

MARCHAND. *Voyage*, etc. (Voyez FLEURIEU).

MARÉCHAL (le) de poche, qui apprend comment il faut traiter un Cheval en voyage, et quels sont les accidens ordinaires qui peuvent lui arriver en route, etc., in-18, avec figures. 2 fr. 50 c.

MASCHERONI. *Géométrie du Compas*, in-8. 7 fr.

—— PROBLÈMES DE GÉOMÉTRIE résolus de différentes manières, traduit de l'italien, vol. in-8. 3 fr.

MAUDRU. ÉLÉMENS RAISONNÉS DE LA LANGUE RUSSE, ou principes généraux de la Grammaire appliqués à la Langue russe, 2 vol. in-8. 12 fr.

—— *Nouveau Système de Lecture*, 2 vol. in-8. et atlas. 9 fr.

—— *Élémens raisonnés de Lecture*, à l'usage des Écoles primaires, in-8., figures. 1 fr. 50 c.

MAUDUIT. *Introduction aux Sections coniques*, pour servir de suite aux Élémens de Géométrie de M. Rivard, in-8. (et autres Ouvrages du même Auteur.) 3 fr.

MÉMOIRE sur la Trigonométrie sphérique, et son application à la confection des Cartes marines et géographiques, par un Officier de l'État major de l'Armée du Rhin. 1 fr.

MÉMOIRES de l'Institut de France. (Collection complète).

MILLOT. *Tableau de l'Histoire romaine*; Ouvrage posthume, orné de 48 figures qui en représentent les traits les plus intéressans, un vol. in-folio, papier vélin, figures avant la lettre, cartonné. 36 fr.

MISSIESSY, Vice-Amiral. *Installation des Vaisseaux*, in-4., figures. 21 fr.

—— *Arrimage des Vaisseaux*, in-4., fig. 21 fr.

MOLLET. GNOMONIQUE GRAPHIQUE, ou Méthode élémentaire de TRACER LES CADRANS SOLAIRES sur toutes sortes de plans, sans aucun calcul, et en ne faisant usage que de la règle et du compas, in-8., 1815. avec planch., 1 fr. 80 c.

—— *Études du Ciel*, ou Connaissance des Phénomènes astronomiques, in-8. 6 fr.

MONGE , Sénateur. TRAITÉ ÉLÉMENTAIRE DE STATIQUE, à l'usage des Écoles de la Marine , in-8., cinquième édition, revue par M. Hachette, Instituteur de l'École Polytechnique, 1810 ; Ouvrage adopté par l'Université, pour l'enseignement dans les Lycées.   3 fr. 25 c.
—— APPLICATION DE L'ANALYSE A LA GÉOMÉTRIE, à l'usage de l'École Polytechnique, in-4., quatrième édition, 1809.   16 fr. 50 c.
—— GÉOMÉTRIE DESCRIPTIVE, Leçons données aux Écoles Normales, nouv. édit., avec un SUPPLÉMENT par M. Hachette, in-4., 1811, 35 pl.   15 fr.
—— Le Supplément à la Géométrie descriptive, par M. Hachette, 1 vol. in-4., avec 11 planches, se vend séparément,   6 fr.
—— Description de l'Art de fabriquer les Canons, in-4. fig.   24 fr.
MONRO. Traité d'Ostéologie, traduit de l'anglais, 2 vol. grand in-folio, cartonnés.   40 fr.
MONROY. Architecture pratique, in-8.   5 fr.
MONTEIRO-DA-ROCHA, Commandeur de l'Ordre du Christ, Directeur de l'Observatoire de l'Université de Coimbre, etc. MÉMOIRES SUR L'ASTRONOMIE PRATIQUE, trad. du portugais, par M. de Mello, in-4., 1808. 7 fr. 50 c.
MONTUCLA. HISTOIRE DES MATHÉMATIQUES, dans laquelle on rend compte de leurs progrès depuis leur origine jusqu'à nos jours ; où l'on expose le tableau et le développement des principales découvertes dans toutes les parties des Mathématiques ; les contestations qui se sont élevées entre les Mathématiciens, et les principaux traits de la vie des plus célèbres. Nouvelle édition, considérablement augmentée, et prolongée jusqu'à l'époque actuelle, achevée et publiée par Jérôme de Lalande, 4 vol. in-4., avec fig.   60 fr
NOTA. Cet Ouvrage est ce qui existe de plus complet jusqu'à présent sur cette partie.
MOROGUE. Tactique navale, ou Traité des Évolutions et des Signaux, in-4., avec fig.   15 fr.
MOUSTALON. Morale des Poëtes, ou Pensées extraites des plus célèbres poëtes latins et français, etc., in-12, 1816.   3 fr. 50 c.
NÉCESSAIRE, (le) ou Recueil complet de modèles de Lettres, à l'usage des personnes des deux sexes ; suivi de la Relation d'un Voyage instructif et intéressant dans toutes les parties de l'Europe, 2 vol. in-12.   4 fr.
NEVEU. Cours théorique et pratique des Opérations de Banque, et des nouveaux poids et mesures, in-8.   5 fr.
NEWTON. Arithmétique universelle, traduite en français par M. Beaudeux, avec des Notes explicatives, 2 vol. in-4., 14 pl.   18 fr.
—— Opuscula mathematica, 3 vol. in-4.   36 fr.
NIEUPORT. Mélanges Mathématiques, 2 vol. in-4.   24 fr.
Nouvelle théorie des Parallèles, avec un Appendice contenant la manière de perfectionner la Théorie des Parallèles, de A. M. Legendre, in-8.   2 fr.
ŒUVRES DE FRÉRET, de l'Académie des Inscriptions et Belles-Lettres, nouvelle édit., où l'on a réuni tous ses Ouvrages, 20 vol. petit in-12.   20 fr.
ŒUVRES DE PLUTARQUE, traduites par M. Amiot, avec des Notes de MM. Brottier et Vauvilliers ; nouvelle édition, revue, corrigée et augmentée de la version de divers fragmens de Plutarque, par E. Clavier, 25 vol. in-8., ornés de figures en taille-douce, et de 136 médaillons d'après l'antique.   120 fr.
PARISOT. TRAITÉ DU CALCUL CONJECTURAL, ou l'Art de raisonner sur les choses futures et inconnues, in-4., 1810.   15 fr.
PAJOT-DES-CHARMES. L'Art du Blanchiment des toiles, fils et cotons de tous genres, 1 vol. in-8., avec 8 planches.   5 fr.
PERSON. RECUEIL DE MÉCANIQUE et description des Machines relatives à l'Agriculture et aux Arts, etc., 1 vol. in-4., avec 18 planches.   10 fr.
POISSON, Membre de l'Institut, Professeur de Mathématiques à l'École Polytechnique et à la Faculté des Sciences de Paris, et Membre adjoint du Bureau des Longitudes. TRAITÉ DE MÉCANIQUE, 2 vol. in-8. de plus de 500 pages chacun, avec 8 planches, 1811.   12 fr.
Ce Traité de Mécanique, le plus complet qui existe, a été adopté par l'École Polytechnique pour l'instruction des Élèves. Il renferme, en outre, les notions de Statique élémentaire qu'on exige des Candidats qui se destinent pour ladite École ou pour l'École Normale.
POMMIÉS. MANUEL DE L'INGÉNIEUR DU CADASTRE, contenant les connaissances théoriques et pratiques utiles aux Géomètres en chefs et à leurs collaborateurs, pour exécuter le levé général du plan des communes du Royaume, conformément aux Instructions du Ministre des Finances, sur le Cadastre de France ; précédé d'un Traité de Trigonométrie rectiligne, par A. A. Reynaud, 1 vol. in-4., 1808.   12 fr.
PORTALIS fils. Du devoir de l'Historien, de bien considérer le caractère et le génie de chaque siècle, en jugeant les grands hommes qui y ont vécu.   2 fr.

POULET-DELISLE, Professeur de Mathématiques au Lycée à Orléans. APPLI-
CATION DE L'ALGÈBRE A LA GÉOMÉTRIE, in-8., 1806.   4 fr. 5o c.
—— RECHERCHES ARITHMÉTIQUES, trad. du latin de Gauss, in-4.   18 fr.
PUISSANT, Chef de Bataillon au Corps royal des Ingénieurs-Géographes. TRAITÉ
DE GÉODÉSIE, ou Exposition des Méthodes astronomiques et trigonométri-
ques, appliquées soit à la mesure de la Terre, soit à la confection du canevas des
Cartes et des Plans, 1 vol. in-4., avec 8 planches, 1805.   18 fr.
—— TRAITÉ DE TOPOGRAPHIE, D'ARPENTAGE ET DE NIVELLE-
MENT, avec deux Supplémens contenant la théorie de la Projection des Cartes,
in-4.; Ouvrage adopté par l'Université, pour l'enseignement dans les Lycées,
Écoles secondaires, etc.   18 fr.
—— Les deux Supplémens au Traité de Topographie, contenant la Théorie de la
Projection des Cartes, se vendent séparément,   6 fr.
—— RECUEIL DE DIVERSES PROPOSITIONS DE GÉOMÉTRIE, résolues
ou démontrées par l'Analyse, pour servir de suite au Traité élémentaire de l'Ap-
plication de l'Algèbre à la Géométrie de Lacroix, in-8.   2 fr.
—— Le même ouvrage, 2e édition, considérablement augmentée, et précédé d'un
PRÉCIS SUR LE LÉVÉ DES PLANS, in-8., 1809.   6 fr. 5o c.
—— TRAITÉ DE LA SPHÈRE ET DU CALENDRIER de Rivard, 7e édition,
augmentée des Notes de M. Puissant, in-8., 1816.   4 fr.
PUJOULX. *Leçons de Physique* de l'École Polytechnique, in-8.   5 fr. 5o c.
QUARTIER DE RÉDUCTION (*nouveau*) à l'usage des Marins, augmenté
d'une Instruction abrégée sur la manière de s'en servir; grand Tableau in-4., très
bien gravé, 1814. *Prix* de la douzaine en feuilles,   6 fr.
RAMATUEL. *Tactique navale*, in-4., avec planch.   3o fr.
RAMOND, Membre de l'Institut, etc. *Mémoire* sur la formule barométrique de
la Mécanique céleste, et les dispositions de l'atmosphère qui en modifient les propriétés, etc., in-4., 1811.   12 fr.
RAYMOND. LETTRE A M. VILLOTEAU, touchant ses vues sur la possibilité
et l'utilité d'une théorie exacte des principes naturels de la Musique, etc.   4 fr.
—— ESSAI SUR LA DÉTERMINATION des bases physico-mathématiques de
l'Art musical, etc., in-8.   2 fr.
REBOUL. *Notes et Additions* aux trois premières sections du Traité de Navigation
de Bezout, in-8.   3 fr.
Recueil de Tables utiles à la Navigation, traduit de l'anglais de Norie, par
Violaine, in-8, 1815.   9 fr.
RELIGION (la) chrétienne méditée, 6 vol. in-12.   18 fr.
RESTAUT. Principes généraux et raisonnés de la Grammaire française, nouvelle
édition, 1 gros vol. in-12.   2 fr. 5o c.
REYNAUD, Examinateur des Candidats de l'École Polytechnique. COURS DE
MATHÉMATIQUES, comprenant :
1°. ARITHMÉTIQUE, 6e édition, in-8.   2 fr. 5o c.
2°. ALGÈBRE, 1re section, 3e édition, in-8., 1810.   5 fr.
3°. ALGÈBRE, 2e section, in-8., 1810.   5 fr.
4°. TRIGONOMÉTRIE ANALYTIQUE, précédée de la Théorie des Logarithmes, et suivie des TABLES DES LOGARITHMES des Nombres et des
Lignes trigonométriques de Lalande, etc., in-18.   2 fr. 5o c.
5°. *Arithmétique* à l'usage des Ingénieurs du Cadastre, in-8.   5 fr.
6°. *Manuel de l'Ingénieur du Cadastre*, par MM. Pommiés et Reynaud,
in-4.   12 fr.
7°. *Traité d'Arpentage* de Lagrive, avec les Notes de Reynaud, in-8.   7 fr.
Notes sur Bezout, par Reynaud.

8°. *Arithmétique de Bezout*, avec les Notes, 8e édition, in-8., 1816.   3 fr.
9°. *Géométrie de Bezout*, avec les Notes, 2e édition, in-8., 1812.   5 fr.
10°. *Algèbre* et application de l'Algèbre à la Géométrie de Bezout, avec les Notes,
in-8., 1812.   5 fr.
RIVARD. TRAITÉ DE LA SPHÈRE ET DU CALENDRIER, septième édi-
tion (faite sur la sixième donnée par M. de Lalande), revue et augmentée de Notes
et Additions, par M. Puissant, Officier supérieur du Génie, 1 vol. in-8., avec 3
planches bien gravées, 1816.   4 fr.
ROSAZ. *Élémens théoriques et pratiques du Calcul des Changes étrangers*, etc., 1 vol. grand in-8., 1809.   6 fr.
ROSSEL. (DE) *Calcul des Observations que l'on fait en mer*; Ouvrage faisant
partie de la Navigation de Bezout, le tout formant un vol. in-8., 1814.   6 fr.
ROY. *Élémens d'Équitation militaire*, nouvelle édition, in-12.   2 fr. 5o c.
RUELLE. *Opérations des Changes* des principales places de l'Europe, in-8.   6 fr.

RUCHE PYRAMIDALE (la), ou Méthode de conduire les Abeilles de manière à en retirer chaque année un panier plein de cire ou de miel, outre au moins un essaim, etc., par Ducouédic, in-8., 2e édit., revue et considérablement augm. 3 fr.

SACOMBE. ÉLÉMENS DE LA SCIENCE DES ACCOUCHEMENS, avec un Traité sur les Maladies des Femmes et des Enfans, un fort vol. in-8, avec portrait. 5 fr.

—— LA LUCINIADE, poème en dix chants, sur l'Art des Accouchemens, in-12. 1 fr. 50 c.

SAINT-MARTIN. *ECCE HOMO*, vol. in-12. 1 fr. 50 c.

—— LE NOUVEL HOMME. (Nous ne pouvons nous lire que dans Dieu lui-même, et nous comprendre que dans sa propre splendeur. *Ecce Homo*, page 19), vol. in-8. 4 fr.

—— LE CROCODILE, ou la guerre du Bien et du Mal, arrivée sous le règne de Louis XV, vol. in-8. 4 fr.

SCOPPA, Employé extraordinaire à l'Université, Membre de l'Académie des Arcades, de celle *del Bon Gusto* de Palerme, etc. LES VRAIS PRINCIPES DE LA VERSIFICATION, développés par un Examen comparatif entre la Langue italienne et la française.

On y examine et l'on y compare l'accent, qui est la source de l'harmonie des vers; la nature, la versification et la musique de ces deux langues. — On y fait voir l'analogie qui existe entr'elles. — On propose les règles pour composer des vers lyriques, et les moyens d'accélérer les progrès de la Musique en France, etc. Trois gros vol. in-8., avec 56 planches de Musique gravée. 24 fr.

—— Le tome III, qui vient de paraître, contenant les 56 planches de Musique, se vend séparément, 10 fr.

Tous les journaux, ainsi que l'Institut de France, ont fait le plus grand éloge de cet Ouvrage.

—— *Élémens de la Grammaire italienne*, mis à la portée des Enfans de 5 à 6 ans; Ouvrage en Dialogues, divisé en 36 Leçons, etc., etc., in-12. 1 fr. 80 c.

Seances des Écoles Normales, nouv. édit., 13 v. in-8. et 1 v. de planches. 45 fr.

SERVOIS. *Essai sur un nouveau mode d'exposition des Principes du Calcul différentiel*, etc., in-4., 1814. 2 fr. 50 c.

SHAKSPEAR'S (Will.) Plays with the corrections and illustrations of various commenta tors. To wich a re added notes by Sam. Jonhson and G. Steevens; a new editon, with a glossarial index, 23 vol. in-8., Basil., 1800—1802. 90 fr.

SIMPSON. (Thomas) *Élémens d'Analyse pratique*, augmentés d'un Abrégé d'Arithmétique, in-8. 5 fr.

SMITH. *Traité d'Optique*, traduit de l'anglais par Duval-Leroy, in-4. 24 fr.

—— *Supplément audit Traité*, par le même, in-4. 10 fr.

—— *Cours complet d'Optique*, traduit par Pezenas, 2 vol. in-4., reliés. 24 fr.

SOULAS. *La levée des Plans* et l'Arpentage rendus faciles, à l'usage des Arpenteurs, 1 vol. in-18., avec planch. 3 fr.

SOULET. *Barréme des Arbitrages et des Changes*, in-8. 6 fr.

SPIESS. ESSAI DE RECHERCHES ÉLÉMENTAIRES SUR LES PREMIERS PRINCIPES DE LA RAISON, in-8., 1809. 4 fr.

STAINVILLE, Répétiteur à l'École Polytechnique, etc. MÉLANGES D'ANALYSE GÉOMÉTRIQUE ET ALGÉBRIQUE, 1 gros vol. in-8., avec 8 planches, 1815. 7 fr. 50 c.

STIRLING. *ISAACI NEWTONI ENUMERATIO LINEARUM TERTII ORDINIS*; sequitur illustratio ejusdem tractatûs, in-8. 7 fr. 50 c.

SUZANNE, Docteur ès-Sciences, Professeur de Mathématiques au Lycée Charlemagne, à Paris. DE LA MANIÈRE D'ÉTUDIER LES MATHÉMATIQUES; Ouvrage destiné à servir de guide aux jeunes gens, à ceux surtout qui veulent approfondir cette Science, ou qui aspirent à être admis à l'École Normale ou à l'École Polytechnique, 3 gros vol. in-8., avec figures. 18 fr. 50 c.

Chaque volume se vend séparément, savoir :

—— *Première partie*, PRÉCEPTES GÉNÉRAUX et ARITHMÉTIQUE, 2e édition, considérablement augmentée, in-8. 6 fr.

—— *Seconde partie*, ALGÈBRE, in-8. 5 fr.

—— *Troisième partie*, GÉOMÉTRIE, in-8. 6 fr. 50 c.

TABLES BAROMÉTRIQUES, servant à ramener à une température donnée les hauteurs du baromètre observées à une température quelconque, broch. in-8., 1812. 1 fr.

TEDENAT, Proviseur du Lycée de Nismes. LEÇONS ÉLÉMENTAIRES D'ARITHMÉTIQUE ET D'ALGÈBRE, in-8. 4 fr.

—— LEÇONS ÉLÉMENTAIRES DE GÉOMÉTRIE, in-8. 5 fr.

—— LEÇONS ÉLÉMENTAIRES D'APPLICATION DE L'ALGÈBRE À LA GÉOMÉTRIE, et Calculs différentiel et intégral, 2 vol. in-8. 8 fr.

THÉVENARD, Vice-Amiral. *Mémoires relatifs à la Marine*, 4 v. gr. in-8. 3o fr.
THÉVENEAU. COURS D'ARITHMÉTIQUE à l'usage des Écoles centrales et du Commerce, in-8. 3 fr.
THIOUT aîné, maître Horloger à Paris. TRAITÉ D'HORLOGERIE THÉORIQUE ET PRATIQUE, approuvé par l'Académie royale des Sciences, 2 vol. in-4., avec 91 planches, 1741. 36 fr.
TRINCANO. *Élémens de Fortification*, 2 vol. in-8. 15 fr.
—— *Arithmétique*, in-8. 5 fr.
Trisection (la) et la multisection de l'Arc pour la règle et le compas seulement, par P., in-8. 1 fr.
VALMONT DE BOMARE. *Dictionnaire raisonné universel d'Histoire naturelle*, 15 vol. in-8., nouvelle édition. 6o fr.
VAUCHER. *Histoire des Conferves d'eau douce*, in-4., avec fig. 12 fr.
VEGA. *Tabulæ logarithmico-trigonometricæ*, 2 vol. in-8. 33 fr.
—— *Thesaurus et Logarithmorum completus*, in-fol. 6o fr.
VIEL. *Des fondemens des Bâtimens publics et particuliers*, in-4. 2 fr. 5o c.
VIOLAINE. RECUEIL DE TABLES UTILES A LA NAVIGATION, traduit de l'anglais de Jonh William NORIE, Professeur d'Hydrographie à Londres; précédé d'un Abrégé de Navigation pratique, contenant ce qui est nécessaire et indispensable à toutes les classes de Marins; enrichi de plus, d'un Vocabulaire des termes les plus usités dans la Marine; le tout extrait des meilleurs Auteurs français, anglais, espagnols, etc.; recueilli, mis en ordre, et augmenté de remarques et observations nouvelles, par P.-A. VIOLAINE, ex-Commissaire de Marine, Professeur de Mathématiques et de Navigation, etc.; 1 vol. in-8.; très bien imprimé, beau papier, 1815. 9 fr.
NOTA. Cet Ouvrage est extrêmement utile pour les Marins.
VOIRON. HISTOIRE DE L'ASTRONOMIE depuis 1781 jusqu'à 1811, pour servir de suite à l'Histoire de l'Astronomie de Bailly., in-4., 1811. 12 fr.
NOTA. Cet Ouvrage est indispensable aux personnes qui possèdent les 5 vol. de l'Astronomie de Bailly.
VOLNEY, Pair de France, Membre de l'Institut, etc. VOYAGE EN SYRIE ET EN ÉGYPTE pendant les années 1783, 84, 85; 4e édit., 2 vol. in-8., 1807. 12 fr.
—— LES RUINES, ou Méditation sur les Révolutions des Empires, 5e édition, revue et augmentée par l'Auteur, 1 vol. in-8., belle édition, 1817. 6 fr.
—— LEÇONS D'HISTOIRE prononcées à l'École Normale en l'an III de la République française; Ouvrage élémentaire, contenant des vues neuves sur la nature de l'Histoire, etc.; accompagné de Notes, et de trois plans relatifs à l'art de construire les salles d'assemblées publiques et délibérantes, 1 vol. in-8., nouvelle édition, 1810. 4 fr.
—— Tableau du climat du sol des États-Unis d'Amérique, 2 vol. in-8. 9 fr.
—— Simplification des Langues orientales, ou méthode facile d'apprendre les Langues arabe, persane et turque, in-8. 5 fr.
—— Recherches nouvelles sur l'Histoire ancienne, 3 vol. in-8., 1815. 15 fr.
—— Questions de Statistique à l'usage des Voyageurs, in-8., 1813. 75 c.
—— La Loi naturelle, ou Catéchisme du Citoyen français, 1 vol. in-18. 1 fr. 25 c.
VOYAGES du Professeur Pallas, 8 vol. in-8. et atlas. 6o fr.
VUILLIER. *Arithmétique* découverte par un Enfant de dix ans, ou manière d'enseigner l'Arithmétique aux Enfans, in-8. 4 fr.
WRONSKI, Officier supérieur au service de Russie. *Introduction à la Philosophie des Mathématiques, et Technie de l'Algorithmie*, in-4., 1811. 15 fr.

Parmi les Ouvrages anciens ou rares qui se trouvent en petit nombre à ma Librairie mathématique, on distingue particulièrement les suivans : les Ouvrages mathématiques d'*Euler*, *Dalembert*, *Newton*, *Descartes*, *Bernoulli*, *Kepler*, *Ticho*, *Fermat*, *Leibnitz*, *Galilée*, *Pappus*, *Huygens*, *Viète*, *Boscovich*, *Agnesi*, *Wallis*, *Wolff*, *Sgravesande*, *Cramer*, *Cassini*, *Neper*, *Mersenne*, *Cavalerius*, *Ptolémée*, *Kircker*, *Taylor*, *Simpson*, *Saunderson*, *Emerson*, etc., etc.; diverses éditions d'*Euclide*, de *Diophante*, d'*Archimède*, d'*Appollonius*. — Les Mémoires de l'Académie des Sciences de *Paris*, *Berlin*, *Pétersbourg*, *Turin*, les Mémoires de l'Institut, les Transactions philosophiques de Londres, etc.

JOURNAL DE PHYSIQUE, DE CHIMIE, D'HISTOIRE NATURELLE ET DES ARTS, avec des planches en taille-douce ; rédigé par J.-C. Delamétherie, Professeur au Collége de France ; Ouvrage périodique qui paraît tous les mois par cahier de dix feuilles d'impression, format in-4., ce qui forme deux volumes par an.

Prix de l'abonnement pour Paris, 27 fr. pour un an , 33 fr. pour les départemens , et 39 fr. pour l'étranger.

On peut se procurer des Collections complètes, des volumes, et même des Numéros séparés dudit Journal de Physique.

Il a paru jusqu'à ce jour 83 volumes de cet important Ouvrage, qui renferme la plus grande partie des Mémoires curieux et intéressans qui ont été publiés depuis vingt-cinq ans, sur la Physique, la Chimie, l'Histoire naturelle et les Arts, etc.

— Le prix de chaque volume , contenant six mois , est de .... 14 fr.

ANNALES DE MATHÉMATIQUES PURES ET APPLIQUÉES. rédigées par M.-J.-D. Gergonne, Professeur au Lycée de Nismes , etc. ; Ouvrage périodique, qui paraît tous les mois, par Cahier de 4 à 5 feuilles d'impression, in-4°.

Il a paru jusqu'à ce jour six volumes de cet Ouvrage, qui renferme beaucoup de Mémoires curieux sur les Sciences Physiques et Mathématiques.

Prix des six volumes, ... 108 fr.
Chaque volume séparé , ... 18 fr.

Le prix de l'abonnement annuel est de 21 fr. pour toute l'étendue de la France , et de 24 fr. pour l'étranger ; le tout franc de port.

Ouvrages sous presse chez le même Libraire, pour paraître fin de Juillet 1817.

HISTOIRE DE L'ASTRONOMIE ANCIENNE, par M. Delambre, Membre de l'Institut, Professeur au Collége de France, etc., 2 vol. in-4. avec planches.

VOYAGE ASTRONOMIQUE fait en Espagne par ordre du Bureau des Longitudes de France, rédigé par MM. Biot et Arago, Membres de l'Institut. (Ouvrage formant le tome IV de la Base du Système métrique de M. Delambre.) 1 vol. in-4.

NOTA. On se charge à l'adresse ci-dessous de toutes les Impressions, de quelle nature qu'elles soient.

De l'Imprimerie de Mme Ve COURCIER, rue du Jardinet, n° 12.

$$a - p = b - q;$$

cette égalité ne sera pas moins vraie. Car en supposant

$$a - b = p - q,$$

qu'on ajoute d'abord b des deux côtés, on aura

$$a = b + p - q;$$

qu'on soustraie ensuite p des deux côtés, il viendra

$$a - p = b - q.$$

Ainsi, comme

$$12 - 7 = 9 - 4,$$

on a aussi

$$12 - 9 = 7 - 4.$$

393. On peut aussi, dans toute proportion arithmétique, mettre le second terme à la place du premier, si on fait en même temps une transposition pareille du troisième et du quatrième. C'est-à-dire que si

$$a - b = p - q,$$

on aura aussi

$$b - a = q - p.$$

Car $b - a$ est la négative de $a - b$, et de même $q - p$ est la négative de $p - q$. Ainsi, puisque

$$12 - 7 = 9 - 4,$$

on a pareillement

$$7 - 12 = 4 - 9.$$

394. Mais la propriété principale d'une proportion arithmétique quelconque, est celle-ci : que la somme du second et du troisième terme est constamment égale à la somme du premier et du quatrième terme. Cette propriété, à laquelle il faut bien faire attention, s'exprime aussi de cette façon : la somme